《煤矿防灭火细则》专家解读

《〈煤矿防灭火细则〉专家解读》编委会　组织编写

黄学志　王洪权　时国庆　曹　凯　**主编**

中国矿业大学出版社

· 徐州 ·

内容简介

为了更好地贯彻落实《煤矿防灭火细则》的各项规定，加强煤矿防灭火工作，防止和减少火灾事故，我们组织了多位煤矿防灭火技术方面的专家编写了《〈煤矿防灭火细则〉专家解读》一书。本书对《煤矿防灭火细则》条文逐一进行深入、细致解读，便于读者全面、准确地把握《煤矿防灭火细则》的精神实质和科学内涵。

本书共分三部分，第一部分为《煤矿防灭火细则》条文解读，第二部分为初起火灾的应急处置与避灾逃生，第三部分为煤矿防灭火相关标准和规范。

本书可供煤矿企业防灭火管理、技术人员和相关从业人员参考使用，也可供从事煤矿防灭火研究和设备制造的研究人员和技术人员参考使用。

图书在版编目(CIP)数据

《煤矿防灭火细则》专家解读/黄学志等主编. —
徐州：中国矿业大学出版社，2021.11

ISBN 978-7-5646-5232-6

Ⅰ. ①煤… Ⅱ. ①黄… Ⅲ. ①煤矿—矿井火灾—矿山防火②煤矿—矿井火灾—灭火 Ⅳ. ①TD75

中国版本图书馆 CIP 数据核字(2021)第 233288 号

书　　名 《煤矿防灭火细则》专家解读
主　　编 黄学志　王洪权　时国庆　曹　凯
责任编辑 吴学兵　满建康
出版发行 中国矿业大学出版社有限责任公司
（江苏省徐州市解放南路　邮编 221008）
营销热线 (0516)83884103　83885105
出版服务 (0516)83995789　83884920
网　　址 http://www.cumtp.com　**E-mail**:cumtpvip@cumtp.com
印　　刷 徐州中矿大印发科技有限公司
开　　本 787 mm×1092 mm　1/16　**印张** 21.75　**字数** 412 千字
版次印次 2021 年 11 月第 1 版　2021 年 11 月第 1 次印刷
定　　价 65.00 元

国家矿山安全监察局关于印发《煤矿防灭火细则》的通知

矿安〔2021〕156 号

各产煤省、自治区、直辖市及新疆生产建设兵团煤矿安全监管部门、煤炭行业管理部门，国家矿山安全监察局各省级局，司法部监狱管理局，有关中央企业：

《煤矿防灭火细则》已经国家矿山安全监察局 2021 年第 22 次局务会议审议通过，现予印发，请认真遵照执行。

国家矿山安全监察局

2021 年 10 月 12 日

《〈煤矿防灭火细则〉专家解读》

编　委　会

主　　编　黄学志　王洪权　时国庆　曹　凯

副 主 编　（按姓氏音序排列）

曹伐柯　范多水　姜　光　李文龙　刘学功
刘永刚　孙学峰　汤笑飞　仝　盼　王丙成
王雁鸣　兀帅东　辛海会　杨传乐　杨西栋
杨志新　张芬平　赵　睿　赵云矿

参编人员　（按姓氏音序排列）

白　宇　陈　涛　杜柏川　房新亮　付晓光
郭宏兵　郭伟伟　姜　涛　焦向东　李　涛
李福亮　李俊彦　李文旭　李志华　刘　柏
刘　琪　刘　笋　刘　威　刘加军　卢　杰
马改焕　马修成　苗常青　潘浩萌　邱家川
石志泉　宋兆雪　王　斌　王永湘　吴建明
武沛武　肖国伟　辛　民　徐小风　叶小三
尹　鹏　张　会　张　微　张广东　张红兵
张俊虎　张全伍　赵　韦　赵青山　朱　超

主　　审　刘发义　王太续　张元宝

本书数字化配套内容使用说明

微信扫码关注“中国矿业大学出版社煤炭知识服务”公众号，回复“防灭火”，本书中各类参考性示例等可供在线下载使用

前　言

《煤矿防灭火细则》(矿安〔2021〕156 号，以下简称《细则》)已经国家矿山安全监察局 2021 年第 22 次局务会议审议通过，并于 2021 年 10 月 12 日印发，自 2022 年 1 月 1 日起施行。

一、《细则》出台的必要性

1. 安全生产形势发展的客观要求。近年来，全国煤矿事故总量、较大事故量、煤矿百万吨死亡率持续下降，煤矿安全形势持续稳定向好。但部分煤矿违法违规生产、个别国有煤矿安全管理滑坡、汲取事故教训走过场等现象时有发生，煤矿安全生产形势依然严峻。为此，需进一步规范章程、加大安全整治力度，明确煤矿防灭火要求，确保煤矿安全形势继续稳定向好。

2. 总结吸取事故教训的需要。总结近年来发生的几起煤矿火灾事故教训，严格查缺补漏，建立防灭火管理机制和管理规定，避免同类事故再次发生。

3. 部分条款需进一步准确界定。对以往有关煤矿防灭火相关规程、规范中部分条款内容界定含糊、不明晰的情形，《细则》对这些条款进行了重新定义和准确界定，避免了执行《细则》过程中出现随意性和误判情形。

4. 同新法律法规保持一致。近年来，国家颁布实施了一系列有关煤矿防灭火的法律法规、部门规章、国家标准及行业标准，为贯彻落实好这些新规定、新要求，本次修订将相关内容都纳入了《细则》中，从而更加有针对性地指导煤矿防灭火工作。

二、《细则》出台的重要性

1.《细则》是国家矿山安全监察局出台的保障煤矿防灭火工作的指导性规章，对强化煤矿火灾事故隐患治理和保障防灭火工作具有里程碑式的重要意义。

2.《细则》是《中华人民共和国安全生产法》《煤矿安全规程》等相关法律法

规在煤矿防灭火工作中的具体落实，总结了近年来煤矿防灭火实践经验与事故教训，吸收创新管理举措，坚持火灾事故隐患排查和治理导向，科学总结、精准施策，体现和反映了国家对煤矿防灭火工作的重视和关切，是今后一个时期煤矿防灭火管理、确保安全生产形势持续稳定向好的重要章程。

3.《细则》是继国家颁布实施《防治煤矿冲击地压细则》《煤矿防治水细则》《防治煤与瓦斯突出细则》后又一部部门规章，从而形成了煤矿安全生产比较完整的规章体系，对于煤矿安全生产形势继续稳定向好有着深远的现实意义。

三、《〈煤矿防灭火细则〉专家解读》的编写特点

为了更好地贯彻落实《细则》的各项规定，真正让煤矿企业各级管理人员和相关从业人员深入理解、领会《细则》内容和精神实质，加强煤矿防灭火工作，防止和减少火灾事故，我们组织编写了《〈煤矿防灭火细则〉专家解读》一书，对《细则》条文逐一进行深入、细致解读，便于读者全面、准确地把握《细则》的精神实质和科学内涵。本书在编写中重点突出以下特点：

1. 严格按照《细则》的章节条文进行科学严谨、精确到位的解读，以实用、够用为原则，避免过多理论性阐述，对部分规定详细的内容不做解读。解读内容紧紧围绕煤矿防灭火工作实际，突出实用性，并对《细则》中要求的规章制度、专项措施等给出了详细的示例供参考，力求为煤矿企业各级管理人员和相关从业人员提供一本具有实用价值的参考书，以便于根据《细则》更好地指导现场防灭火工作。

2. 对《细则》具体条款制定的目的、意义进行解释的同时，对关键语句、关键词、关键数据进行阐释，使煤矿企业各级管理人员和相关从业人员更加准确地把握《细则》相关规定的内涵和实质。

3. 紧扣条文，选择有代表性、典型性的事故案例融入解读之中，以便于从业人员吸取事故教训，发挥警示教育作用，增强安全意识。

4. 结合条文，对照《煤矿安全生产标准化管理体系基本要求及评分方法(试行)》中防灭火标准化相关基本要求及评分方法进行解读，有助于提升标准化管理考核水平。

5. 介绍了初起火灾常见的应急处置措施及避灾逃生方法，以便于相关从业人员学习掌握。

6. 本书后附有与防灭火相关的标准和规范，可作为参考资料辅助《细则》的执行和应用。

7. 书中附有自测题,供读者自行测验。

本书的编写出版得到了山东能源集团、河南能源化工集团、晋能控股集团、永城煤电集团、中煤平朔集团、中国平煤神马集团、中国矿业大学、华北科技学院、淮北矿业集团、淮南矿业集团、大屯煤电(集团)、义马煤业集团、长治市应急管理综合行政执法队、上党区熊山集团、河南大有能源股份有限公司、神火集团、神达能源集团、山西朔州平鲁区国强煤业有限公司等单位的鼎力支持和帮助,在此表示衷心的感谢!

本书既是一部煤矿企业从事防灭火管理工作和安全管理工作的必备书籍,同时又是一部编制防灭火设计、方案、措施不可多得的参考工具书。

由于编写时间紧、任务重,书中难免存在疏漏或不足之处,敬请广大读者批评指正。

《〈煤矿防灭火细则〉专家解读》编委会

2021 年 11 月

目　录

第一部分　《煤矿防灭火细则》条文解读

第二部分 初起火灾的应急处置与避灾逃生

第三部分 煤矿防灭火相关标准和规范

第一部分

《煤矿防灭火细则》条文解读

第一章 总 则

第一条 为了加强煤矿防灭火工作，有效防控煤矿火灾事故，保障煤矿安全生产及从业人员生命安全和健康，根据《中华人民共和国安全生产法》《中华人民共和国矿山安全法》《国务院关于预防煤矿生产安全事故的特别规定》《煤矿安全规程》等法律、法规、规章和规范性文件的规定，制定《煤矿防灭火细则》(以下简称细则)。

【解读】 本条是关于《煤矿防灭火细则》立法目的和立法依据的规定。

原煤炭工业部于1988年3月26日颁布了《关于下发〈矿井防灭火规范(试行)〉的通知》[(88)煤安字第237号]，该规范自实施以来，对提升全国煤矿防灭火工作水平，有效防范火灾事故，发挥了重要作用。《矿井防灭火规范(试行)》出台距今已有30多年，很多内容已不适应当前煤矿防灭火工作的要求；同时，随着煤炭工业的快速发展，煤矿火灾防治理念不断更新，防灭火技术、装备和管理水平有了很大提升，因此，在原有《矿井防灭火规范(试行)》的基础上，依据《中华人民共和国安全生产法》(以下简称《安全生产法》)、《中华人民共和国矿山安全法》(以下简称《矿山安全法》)、《国务院关于预防煤矿生产安全事故的特别规定》、《煤矿安全规程》等法律、法规，结合煤矿安全生产需要和当前相关技术装备发展水平等，制定《煤矿防灭火细则》。

《煤矿防灭火细则》作为针对单项灾害防治和安全技术问题的规范性文件，具有专业性、实时指导性的特征，是以《安全生产法》《煤矿安全规程》等为依据，从基础保障、综合治理、效果检验和应急处置等方面进行细化，充实内容，提高煤矿防灭火工作的科学性、系统性和规范性。

第二条 煤矿企业、煤矿和有关单位的煤矿防灭火工作，适用本细则。

【解读】 本条是关于《煤矿防灭火细则》适用范围的规定。

在本细则中，煤矿企业是指从事煤炭生产与煤矿建设具有法人地位的企业；煤矿是指直接从事煤炭生产和煤矿建设的业务单元，可以是法人单位，也可以是非法人单位，包括井工煤矿和露天煤矿。在中国境内开办的各类煤矿企业、煤矿，以及从事煤矿防灭火的设计单位、科研院校、中介机构等都必须按照本细则要求认真开展煤矿防灭火工作。

第三条　煤矿企业、煤矿的主要负责人（法定代表人、实际控制人）是本单位防灭火工作的第一责任人，总工程师是防灭火工作的技术负责人。

煤矿企业、煤矿应当明确防灭火工作负责部门，建立健全防灭火管理制度和各级岗位责任制度。开采容易自燃和自燃煤层的矿井应当配备满足需要的防灭火专业技术人员。

【解读】　本条是关于煤矿企业、煤矿主要负责人和总工程师在防灭火方面的责任，煤矿企业必须设置专门防灭火管理机构，以及建立健全防灭火管理制度和岗位责任制的规定。

《安全生产法》第五条规定：生产经营单位的主要负责人是本单位安全生产第一责任人，对本单位的安全生产工作全面负责。《中共中央 国务院关于推进安全生产领域改革发展的意见》规定：企业实行全员安全生产责任制度，法定代表人和实际控制人同为安全生产第一责任人，主要技术负责人负有安全生产技术决策和指挥权，强化部门安全生产职责，落实一岗双责。

一般情况下，企业的法定代表人由董事长或总经理担任，也是企业实际控制人。但是，一些煤矿特别是一些中小煤矿的法定代表人背后往往另有实际控制人，他们对企业的重大事项有最终的决策权。本条规定煤矿企业、煤矿的主要负责人（法定代表人、实际控制人）是本单位防灭火工作的第一责任人，一方面是落实《安全生产法》和《中共中央 国务院关于推进安全生产领域改革发展的意见》的体现，另一方面做好煤矿火灾防治工作必须要有人力、物力和资金等的大力支持，将煤矿企业、煤矿的主要负责人规定为防灭火工作的第一责任人，有利于防灭火工作有效推进。

安全生产专业性特点非常突出，近年来发生的一些重大煤矿火灾事故集中暴露了煤矿企业和煤矿存在一些安全技术管理问题。煤矿防灭火工作技术性更强，因此规定总工程师（技术负责人）负责煤矿防灭火技术管理工作。总工程师要按照本细则的要求，提出防灭火机构设置、人员配备、技术装备和专项资金等建议；根据矿井煤层自然发火等级，制定防灭火各项规章制度，组织编写防灭火规划、专门防灭火设计和措施等；定期组织开展火灾隐患排查活动，研究制定治理措施。

为加强煤矿防灭火管理工作，要求煤矿企业、煤矿必须配备防灭火工作的机构和专业技术人员。煤矿防灭火工作由通防专业相关部门负责，配备矿井通风副总工程师，设立专门的防灭火机构，防灭火机构与通防部门合署办公。煤矿防灭火专业技术人员是指受过正规院校安全工程、矿井通风专业教育的技术人员。煤矿配备的防灭火专业技术人员一般不少于3人。

煤矿防灭火管理制度是矿井安全管理制度的一部分，是火灾防治工程设计、施工措施编制和安全管理的依据，是防灭火工作必须遵循的行为准则，也是火灾防治工作职责划分和责任追究的依据。这些制度要具有全面性、针对性和可操作性。为了使防灭火工作任务明确、责任清楚，煤矿企业、煤矿应当建立健全火灾防治岗位责任制、火灾防治技术管理制度、自然发火预测预报制度、火灾隐患排查治理制度等。

《煤矿防灭火细则》要求煤矿企业审批的项目见表1-1。

表1-1　《煤矿防灭火细则》要求煤矿企业审批的项目

序号	项目	依据	审批人	备注
1	在井下主要硐室、主要进风井巷和井口房内进行电焊、气焊和喷灯焊接的安全措施	《煤矿防灭火细则》第三十九条	矿长	批准
2	在井下煤岩体加固、充填密闭、喷涂堵漏风等施工中选用反应型高分子材料的施工方案和专项安全措施	《煤矿防灭火细则》第四十条	矿总工程师	审核
			矿长	批准
3	采用惰性气体防火的安全专项措施	《煤矿防灭火细则》第六十六条	矿总工程师	审批
4	采用均压防火的专项方案	《煤矿防灭火细则》第七十三条	上级企业技术负责人	批准
5	采用密闭防火的密闭设计	《煤矿防灭火细则》第七十六条	矿总工程师	批准
6	火区缩封过程安全保障措施	《煤矿防灭火细则》第九十四条	上级企业技术负责人	批准
7	火区注销或者启封报告	《煤矿防灭火细则》第一百零五条	上级企业技术负责人	批准
8	已熄灭的火区启封计划和安全措施	《煤矿防灭火细则》第一百零六条	上级企业技术负责人	批准
9	矿井防灭火专项设计	《煤矿防灭火细则》附录	矿总工程师	审批

煤矿火灾防治岗位责任制(参考性示例)

为加强矿井防灭火工作，杜绝重大火灾事故发生，保障职工生命安全，保护国家资源和财产，保证矿井安全生产，根据《煤矿安全规程》《煤矿防灭火细则》相关要求，特制定《××煤矿火灾防治岗位责任制》，望认真贯彻执行。

（一）防灭火岗位职责的划分

1. 矿长是矿井防灭火工作的第一任者，负责领导矿井的防灭火工作，保障防灭火工作人力、物力、财力的投入。

2. 矿总工程师对矿井火灾防治负全面技术责任，主抓矿井火灾防治和各种技术措施的制定、审批和实施工作；定期主持召开防灭火工作会议，专门研究、解决防灭火工作中的问题，检查防灭火工作的落实、执行情况。通防副总工程师协助矿总工程师做好以上各项工作。

3. 生产副矿长负责井上下防灭火工作的组织实施，优先安排井上下防灭火工作所需人、财、物的落实，在实际工作中对井上下防灭火工作存在的问题会同总工程师提出解决的措施和方案。分管采掘副总工程师协助生产副矿长做好以上各项工作。

4. 机电副矿长负责井上下各机电硐室、机电设备的防灭火工作。机电副总工程师协助机电副矿长做好以上各项工作。

5. 安全副矿长对矿井各项防灭火措施的落实负监督检查责任，对矿井、采区和工作面等防灭火系统的完好负监督检查责任。

6. 工会主席负责利用各种宣传形式，对广大职工进行井上下防灭火知识教育，增强职工的矿井火灾防范意识，提高职工自主保安能力。

7. 财务总监在矿长的领导下负责井上下防灭火工作所需资金和设备的落实，保证井上下防灭火工作的顺利开展。

8. 通防科人员在矿总工程师的领导下，负责全矿防灭火工作。主要包括：根据矿井实际情况编制中长期防灭火规划和年度工作计划，并组织实施防灭火基础资料的收集整理、矿井自然发火预测预报、矿井防灭火方案的编制和报批、防灭火工程施工安全技术措施的编制及检查落实、防灭火工程质量的抽查验收。

9. 安监处通防科负责监督矿井年度防灭火计划的执行情况，负责监督通防科下达的自然发火预测预报的执行情况，同时还负责监督防灭火工程的施工和安全技术措施的执行情况。

10. 机电科负责井上下各类硐室、机电设备的防灭火监督检查工作。

11. 调度信息中心负责井上下防灭火工作的协调工作，紧急情况下启动矿井火灾救援预案。

12. 物供中心负责防灭火设备及主要材料的采购供应，确保防灭火设施设备满足矿井火灾防治的要求。

13. 培训中心负责组织对所有职工进行井上下防灭火相关知识的培训工作。

14. 通防工区是井下防灭火工作具体实施单位，负责井下火灾防治措施的编制，做好井下自然发火预测预报工作，维护好防火注浆设备及管路、注氮机及管路、束管监测系统、防灭火钻机、凝胶设备等防灭火设施设备。

15. 各区队必须全力配合防灭火工作，在防灭火设备设施运输、施工过程中优先提供支持。

（二）通防科工作人员防灭火岗位责任制

1. 通防科长防灭火岗位责任制

(1) 熟练掌握并认真贯彻执行党的安全生产方针和国家的安全生产法律、法规及相关的专业知识，严格遵守上级安全指示、指令和各类规章制度。

(2) 在矿总工程师和通防副总工程师的领导下，积极开展火灾防治工作，保证煤矿在生产、建设过程中遵守国家有关安全生产的法律、法规、规章、标准和技术规范。

(3) 建立健全煤矿各项防灭火管理制度，并组织落实。

(4) 排查煤矿防灭火方面的安全隐患，并组织落实解决措施。

(5) 参加编制矿井灾害预防和处理计划及重大隐患排查计划，协助总工程师做好本单位业务范围内的重大隐患排查和治理措施的制定。

2. 防灭火工作人员安全生产责任制

(1) 严格执行《煤矿安全规程》《煤矿防灭火细则》，做好矿井防灭火工作。

(2) 在通防科长的领导下，定期进行自然发火隐患地点预测预报工作，建立健全防灭火台账。

(3) 深入现场跟踪采掘工程的进度，及时编制受火灾威胁的采掘工作面在生产过程中的防灭火措施，并监督指导防灭火工程实施，防止重大火灾事故发生。

(4) 掌握井下各工作面生产情况，及时收集各种防灭火设施的原始资料，并于当日进行整理，认真填写各类台账及图纸，确保资料的可靠性和准确性。

(5) 对工作中出现的各类防灭火问题，应及时向上级领导汇报，并与主要技术负责人共同分析研究，以保证工作顺利进行。

(6) 不断掌握新技术、新经验、新材料、新设备，用现代科技手段确保防灭火工程技术的合理性、先进性和可靠性。

(7) 督促有关部门、人员落实防灭火等方面的安全隐患整改措施。

(8) 及时上报分管业务范围内的技术资料、报表。

(9) 及时向通防科长提出改进工作的集体意见。

矿井火灾防治技术管理制度(参考性示例)

为进一步加强矿井防灭火工作,有效预防火灾事故的发生,保障矿井安全生产,特制定本管理制度。

(一) 一般规定

1. 矿井必须建立完善的防灭火注浆系统、注惰气系统、安全监控系统、束管监测系统,配齐注凝胶、钻孔施工设备和气体、温度检测仪器。矿井主要生产采区必须具备相互独立的注浆、注氮管路系统,满足同时进行注浆和注氮(二氧化碳)的需要。

2. 配备防灭火队伍,熟练掌握注凝胶、注浆、注惰气、充填密闭等防灭火工艺。

3. 建立健全防治煤层自然发火的各项管理制度。

(二) 煤巷自然发火的预防

1. 长期使用的煤巷(工作面回采结束封闭的巷道除外)应全部喷浆,喷层厚度不小于 30 mm。

2. 对有顶煤自燃危险(如顶煤松动、断层处)的巷道(含工作面开切眼)要及时进行喷浆,压注防灭火材料,并对顶煤情况进行监测,监测点应位于顶煤上部的回风侧。巷道高冒处,支护应接顶接实,必要时还应采用不燃性材料充填。

3. 沿空巷道在掘进期间应敷设注浆管路。要对沿空煤柱压酥段、邻面停采线、揭露采空区、断层等处采取喷浆、注胶等有效的防漏风措施。对相邻停采线、开切眼、老火区、原自燃隐患点、揭露采空区等处压注防灭火材料,消除火灾隐患。因周边采掘作业影响,形成采空区漏风通道的,必须对沿空掘进巷道采取喷涂堵漏措施(滞后掘进工作面迎头不得超过 50 m)。

(三) 采煤工作面自然发火的预防

1. 开采前

(1) 开切眼要预埋注浆管路和监测束管。埋设的管路要满足注浆和注惰气的需要,埋设束管要考虑自然风压的影响。

(2) 顺槽内的外错小硐室必须用不燃性材料充填密实。

(3) 相邻工作面停采线、开切眼等重点地点，要设置监测束管和温度探头，并补注胶体泥浆、粉煤灰复合胶体等防灭火材料，注入量应达到有效覆盖可燃物和阻断漏风的要求。

(4) 工作面调试期间，严禁拉移支架。

2. 开采初期(前 200 m)

(1) 工作面开始回采，必须保持连续推进，月推进速度不得小于 80 m。

(2) 利用埋设的束管对开切眼附近的气体进行监测，每天至少测定一组数据。

(3) 工作面进、回风侧端头每隔一定距离(5～30 m)应施工一道隔离墙。

(4) 当工作面月推进速度小于 80 m 时，应对开切眼、隔离墙内进行注浆或压注阻燃材料，并编制专门防灭火措施。

3. 开采期间

(1) 工作面过影响推进速度的断层时，接近断层前 50 m 要预埋注浆管路和监测束管；当月推进速度低于 80 m 或有自燃征兆时，应施工隔离墙，并对浮煤进行阻化处理。

(2) 如相邻区段沿空掘进巷道与本面有漏风联系，应在本面开采期间对沿空掘进巷道侧的顺槽进行充填处理。

(3) 推过的联络巷、溜煤眼的处理：

① 永久不用的联络巷应采用不燃性材料进行充填封闭。不具备充填条件的密闭，必须增设一道可压缩密闭(采用膨胀型可塑性材料)。复用联络巷的永久不用段，必须采用充填方式进行封闭，联络巷门口施工夹缝墙，夹缝采用膨胀型可塑性材料进行充填。

② 永久不用的溜煤眼(或永久不用段)应采用不燃性材料进行充填。用煤充填的，必须对松散煤体注入水泥进行固化。需复用的溜煤眼上口必须进行封堵处理，下口注入水玻璃凝胶进行封堵。

(4) 工作面临时停采超过 15 天的，必须进行封闭，并采取惰化措施。

4. 末采(距停采线 100 m)及停采期间

(1) 工作面保持连续推进，月推进速度不应小于 80 m。

(2) 采煤区队负责在工作面进回风侧端头每隔一定距离(5～30 m)施工一道隔离垛墙，并埋管注入胶体充填。

(3) 通防科编制专门的防灭火方案，并上报通防部备案。防灭火方案应包括如下内容：

① 工作面概况。

② 丢煤情况分析(包括丢煤图)。

③ 预防性措施(包括系统、设备、材料、钻孔布置、注胶量、气体监测等)。

④ 应急处理预案。

⑤ 工作面封闭方案。

(4) 停采、回撤期间,应及时调整工作面风量。

(5) 停采时,必须在工作面配备完善的注浆(胶)系统、压风供水系统,备足注胶设备、钻机、钻具、防灭火材料。

(6) 停采后,应在工作面进回风端头各施工一道隔离墙,并充填胶体。

(7) 停采线存在自燃危险的,必须进行注胶预处理。

(8) 撤面期间,通过监测束管、一氧化碳传感器、温度探头、红外测温仪、人工取样等对采空区、回风流、架间松散煤体进行气体、温度监测,并进行自燃危险性预测。采空区所埋设束管,每班至少测定一组数据。

(9) 工作面回采结束后,必须在45天内进行永久性封闭。15天内不能及时组织回撤的综放工作面,必须立即进行封闭,并及时采取惰化措施。

(四) 采空区永久封闭

1. 采空区密闭的原则

(1) 密闭墙体应具有足够的承压强度、气密性能和使用寿命,并具备抗冲击性能。

(2) 永久密闭应优先选择充填方式封闭,不具备充填条件的巷道,必须采用柔性与刚性结合的密闭方式进行封闭,即在内层构建由板闭和金属网组成的柔性密闭,外层构建钢筋混凝土刚性密闭,钢筋混凝土密闭厚度一般为600 mm,密闭的施工标准必须符合煤矿有关规定。

(3) 大面积采空区封闭,可选择封闭长期不用巷道的方式,实现大范围封闭。

(4) 有水地点施工密闭时必须按照地质测量科的要求留设反水池或泄水管,并在确保不漏风的前提下,保证其泄水能力。

2. 基本要求

(1) 密闭位置应选择在动压影响小、围岩稳定、巷道规整的巷段内。密闭施工后,应对密闭周边巷道进行注浆加固处理。

(2) 永久密闭墙体必须与巷壁紧密结合,连成一体。

(3) 密闭要设观测孔、注浆管、束管等设施,具备封闭后对停采线等重点地点实施注浆和监测的条件。密闭前设置警标、说明牌板和检查箱，密闭至巷道口大于 2 m 的要设置栅栏。

(4) 停采线注浆(胶)量必须满足有效覆盖可燃物和阻断漏风的要求。

(5) 采取风压调节措施，减少停采线漏风。调节风门不得设在采空区密闭墙之间。

(6) 矿井应建立完善的观测制度，掌握采空区内的气体情况，采空区密闭内每半月至少进行一次气体浓度分析，并检查密闭墙的完好状态及漏风情况。

(7) 与采空区连通的泄水孔实行建档、挂牌管理，及时进行封堵。

(8) 所有密闭施工必须做到一工程一措施。

（五）采区设计和接续安排

1. 采取有利于预防煤层自然发火的巷道布置、开采顺序和开采方法。

2. 同一区段采空区两侧不得同时进行采掘活动，掘进工作面不得尾随采煤工作面掘进。

3. 同一采区内不同区段的停采线应停齐。近距离煤层的顺槽、开切眼、停采线不得外错布置。

4. 采区之间必须留设隔离煤柱，采区隔离煤柱不得小于 50 m。

（六）资料要求

1. 矿井防灭火专项设计必须符合《煤矿安全规程》《煤矿防灭火细则》的要求。

2. 必须对所有煤层的自燃倾向性进行鉴定。

3. 火区处理结束后，通防工区应绘制火区管理卡片、火区位置关系图，及时填入工作面推进速度、采空区遗煤情况、外错小硐室、隐蔽工程、注浆量及注浆范围等信息。

4. 地质测量科应及时绘制采煤工作面开切眼、停采线、两顺槽的剖面素描图，留有顶煤的巷道也要绘制剖面素描图，并标出顶煤厚度。

5. 矿井防灭火使用的凝胶、阻化剂及进行充填、堵漏、加固用的高分子材料，应有对其安全性和环保性进行评估的资料，并有安全监测制度和防范措施。

自然发火预测预报制度(参考性示例)

（一）矿井现开采的煤层属于自燃煤层，且煤尘具有爆炸性，因此矿井所有采掘工作面都必须建立自然发火预测预报制度。

（二）矿井自然发火预测预报工作由总工程师负责，具体业务由通防科负责组织实施。

（三）定期组织自然发火分析预测。每月由通防副总工程师组织通防科、通防工区技术人员对井下自燃隐患点进行分析。根据气体化验检测结果，并依据温度、自然发火标志性气体（CO、C_2H_4、C_2H_2）变化趋势，做出预测判断：CO（一氧化碳）出现表明煤已经开始氧化，采空区内浓度大于150 ppm（1 ppm＝10^{-6}，下同）并呈上升趋势，确定出现煤层自燃隐患；C_2H_4（乙烯）出现且变化速率明显加快是煤进入加速氧化阶段的标志，其出现的临界温度为155～157 ℃，只要井下空气样中分析出C_2H_4就可进行预报；C_2H_2（乙炔）出现，表明煤体局部温度达到200 ℃以上。

（四）设立井下自然发火观测站。通防部门应在自燃隐患地点及时设立观测站，安设束管、一氧化碳传感器及温度传感器，每周进行一次CO、温度等气体检测。

（五）利用安全监测系统对自然发火进行监控预报。在采掘工作面（岩巷除外）回风流、主要带式输送机巷（驱动部及煤仓上口）、采区回风巷、一翼回风巷和总回风巷设置一氧化碳传感器及温度传感器，对CO浓度和空气温度进行实时检测。

（六）调度信息中心监测系统值班员实行24小时值班制度。当安全监控系统发生CO气体（或其他标志性气体）超限报警时，监控中心站值班人员要立即判断清楚报警地点、性质，并立即向矿调度信息中心汇报。

（七）利用井下束管检测系统进行检测预报。在采煤工作面回风隅角及回风流、工作面停采线、开切眼及采空区密闭（具体由矿总工程师指定）安设束管。其中采煤工作面回风隅角及回风流，每天抽样检测一次；其他地点，每周取样检测一次。其他地点的束管安设及检测日期，根据实际需要进行。

（八）安全监测工按检测周期利用测温仪对检测钻孔内的温度进行测试；对温度超过35 ℃的钻孔取气样送分析室进行色谱分析。

（九）束管监测机房每天对束管及取样气体进行分析化验。当发现监测地点的CO气体浓度变化异常或出现烯烃类气体，可能出现自然发火隐患时，化验员必须及时向工区值班领导汇报。

（十）加强采空区密闭巡查。密闭检查工利用一氧化碳检测仪、温度计每周对井下密闭内外气体、温度进行检测，密闭内如出现气体温度升高、有CO出现、水温升高等现象，必须立即报总工程师，并采取措施防止自燃火灾的发生。

（十一）有下列情况之一者，应发出火灾预报：

1. 巷道中出现雾气或“挂汗”(温度不同的两段风流交汇处,因水蒸气过饱和而凝聚出现的雾气)。

2. 巷道中出现火灾气味时,如煤油味、焦油味、松香油味等。

3. 从煤炭发热或自燃地点流出的水或空气,其温度较平常增高。

4. 空气中有害气体(如 CO、CO_2 等)浓度增加,人体感到不舒服,如头痛、闷热、精神疲乏等。

(十二) 调度信息中心接到自燃隐患报告后,应立即向矿值班领导汇报,同时通知通防工区立即安排瓦斯检查工现场核实情况。经现场瓦斯检查工核实确认气体超限或出现煤层自然发火后,通防工区立即向调度信息中心(调度台)汇报。

(十三) 井下一旦发现自然发火情况,火灾初期,现场人员应立即采取措施灭火;当火势较大,影响人员安全时,由现场班组长组织人员撤离到安全地点,同时向调度信息中心值班员汇报。

(十四) 调度信息中心值班员接到火灾事故汇报后,必须立即通知受威胁地点的人员立即停止工作,按避灾路线撤离。调度信息中心值班员及时向矿值班领导汇报并及时通知通防副总工程师、总工程师。总工程师接到通知后,要立即组织通防副总工程师、通防科、通防工区相关人员,根据现场情况分析判断火区位置、范围,制定并采取措施进行处理。

火灾隐患排查治理制度(参考性示例)

为加强矿井防灭火工作,杜绝重大火灾事故发生,保障职工生命安全,保护国家资源和财产,保证矿井安全生产,根据《煤矿安全规程》《煤矿防灭火细则》的相关要求,特制定本制度,望认真贯彻执行。

(一) 火灾隐患排查治理领导小组

组　长:矿总工程师。

副组长:通防副总工程师。

成　员:通防科、生产技术科、机电科、调度信息中心、安全监察处、通防工区有关人员。

领导小组下设办公室,办公室设在通防科。

(二) 火灾隐患排查制度

1. 严格贯彻执行《煤矿安全规程》《煤矿防灭火细则》及上级有关安全方面的规定,做好本专业业务范围内的安全工作。

2. 每月由矿总工程师组织通防科、生产技术科、机电科、调度信息中心、安全监察处、通防工区等部门召开一次防灭火专题会议，研究解决防灭火工作中存在的问题，检查各项防灭火工程进展情况，在人力、物力、资金等方面给予保证。

3. 每月28日由矿总工程师组织通防科、生产技术科、机电科、调度信息中心、安全监察处、通防工区等部门召开一次自然发火预测预报会议，对下月要施工的区域逐头、逐面进行自然发火隐患分析排查，研究矿井、采区、工作面防灭火方案及措施，并对火灾预测预报效果进行总结。

4. 每月由矿总工程师牵头组织3次井下火灾隐患检查，2次地面火灾隐患排查，并按“五定”原则进行整改。

（三）隐患排查内容

1. 是否编制了年度、月度防灭火计划？

2. 是否编制了年度灾害预防和处理计划？

3. 年度防灭火计划是否得到有效落实？

4. 及时填绘、修改通风系统图、火区卡片等资料？

5. 是否建立有防灭火密闭、防灭火钻孔台账？

6. 采掘工作作业规程是否编制防灭火措施？

7. 是否及时编制了月度自然发火预测预报？

8. 各种要害场所及消防材料库防火设施是否按灾害预防和处理计划配置齐全？

9. 各硐室、带式输送机机头温度、CO、烟雾传感器是否悬挂到位和应用到位？

10. 各灭火设施是否定期进行检查，并有记录可查？

11. 井下进行喷灯焊接等工作，是否得到矿总工程师批准并有安全措施？

12. 井下使用的油类、纸类、布类等易燃物品必须装入盖严的铁筒内，由专人押运至使用地点，剩余油类物品必须运回地面，严禁在井下存放。纸类、布类等易燃物品，使用过的或未使用的都必须放在盖严的铁桶内，不得乱扔乱放，并定期进行处理。

（四）责任追究及处理

1. 各单位对存在的火灾隐患不按规定的时间进行落实整改的，按照《煤矿重大隐患责任追究制度》规定进行处罚。

2. 由于整改不力或不及时整改隐患的，对责任单位领导进行责任追究。

第四条 煤矿企业、煤矿必须保证火灾防治费用投入，满足煤矿防灭火工作需要。

【解读】 本条是关于火灾防治费用投入的规定。

安全投入是保障煤矿企业具备安全生产条件的必要物质基础，是改善劳动条件、提高矿井的抗灾能力、保证安全生产的必备条件。因此，煤矿企业必须按照《企业安全生产费用提取和使用管理办法》(财企〔2012〕16 号)的规定，设立安全技术措施专项资金，并列入财务、供应计划，专项存储、专项核算，做到统筹安排、确保重点、有效合理地使用。为了保证火灾防治费用投入，生产经营单位的决策机构、主要负责人要对规定的防灭火资金投入予以保证。火灾防治费用投入必须符合国家有关规定，对由于防灭火所必需的资金投入不足而导致的后果，煤矿企业主要负责人应承担责任。

第五条 开采容易自燃和自燃煤层的矿井，必须建立注浆系统或者注惰性气体防火系统，并建立煤矿自然发火监测系统。

【解读】 本条是关于开采容易自燃和自燃煤层的矿井必须建立煤矿火灾监测系统及相关防灭火系统的规定。

煤矿火灾监测及监控系统是研究煤矿火灾发展规律和控制火灾发展趋势的有效手段，建立合理、有效的火灾监测及监控系统，是煤矿防灭火工作不可或缺的工程技术方法。目前我国大多数矿井温度、标志气体浓度等重要参数主要通过人工日常观测取样、人工采样分析、安全监控系统实时监测和束管监测系统等监测技术获得，但上述技术存在监测时间、空间的局限性，且不能够对监测的火灾隐患进行控制。煤矿火灾监测及监控系统是用来监测一氧化碳浓度、二氧化碳浓度、氧气浓度、乙烷浓度、乙烯浓度、乙炔浓度、温度、风压、烟雾等，并实现风门控制、均压灭火控制、制氮与注氮控制等功能的系统。该系统能够及时反映当前矿井存在的火灾隐患及火灾动态变化情况，通过分析获得大量的监测数据，从而可以及时采取防治措施，是防治煤矿内因火灾和外因火灾重特大事故的有效措施之一，在煤矿安全生产中发挥着重要作用。因此，所有矿井必须装备火灾监测及监控系统。

防灭火系统主要包括注浆、注惰性气体防灭火系统等。

(1) 采用注浆防灭火时，应当遵守下列规定：

① 采(盘)区设计应当明确规定巷道布置方式、隔离煤柱尺寸、注浆系统、疏水系统、预筑防火墙的位置以及采掘顺序。

② 安排生产计划时，应当同时安排防火注浆计划，落实注浆地点、时间、进度、注浆浓度和注浆量。

③ 对采（盘）区始采线、终采线、上下煤柱线内的采空区，应当加强防火注浆。

④ 应当有注浆前疏水和注浆后防止溃浆、透水的措施。

(2) 采用惰性气体（氮气）防灭火时，应当遵守下列规定：

① 氮气源稳定可靠。

② 注入的氮气浓度不小于97%。

③ 至少有1套专用的氮气输送管路系统及其附属安全设施。

④ 有能连续监测采空区气体成分变化的监测系统。

⑤ 有固定或者移动的温度观测站（点）和监测手段。

⑥ 有专人定期进行检测、分析和整理有关记录、发现问题及时报告处理等规章制度。

(3) 采用惰性气体（液态二氧化碳）快速惰化、降温防灭火技术。

利用液态二氧化碳具有“吸附阻氧、惰化降氧、汽化降温”等防灭火特性，可以快速有效地对煤体进行惰化和降温，具有其他防灭火技术不可比拟的优点。液态二氧化碳防灭火系统示意图如图1-1所示。

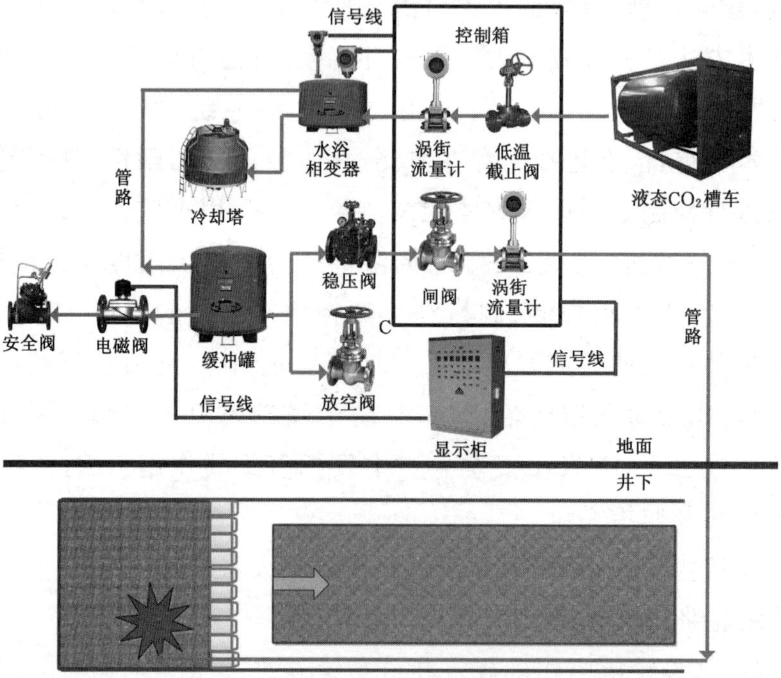

图1-1 液态二氧化碳防灭火系统示意图

该技术与传统的注氮防灭火技术相比，惰化效果好，成本降低了约3/4，效率提高了约50倍，应用工艺简单、初期投资少。矿用移动式液态二氧化碳防灭火装置无须增压装置，直接释放到煤炭自燃区域，比原来的自产气装置速度提高了近10倍，灭火速度快，降温效果好，安全性好。该技术在兖矿集团各大煤矿应用后，成功控制了南屯煤矿、东滩煤矿、赵楼煤矿等自燃隐患，解决了煤炭自燃防控难题。

第六条 煤矿年度灾害预防和处理计划中的火灾防治内容必须根据具体情况及时修改。

煤矿必须编制火灾事故应急预案，每年至少组织1次应急预案演练。

【解读】 本条是对修订年度灾害预防和处理计划中的火灾防治内容以及火灾事故应急预案的规定。

煤矿作业环境复杂，在生产过程中往往受内因火灾和外因火灾的威胁。当矿井发生火灾事故后，如何安全、迅速、有效地抢救人员，保护设备，控制和缩小事故影响范围及其危害程度，防止火灾事故扩大，将火灾事故造成的人员伤亡和财产损失降低到最低限度，是火灾应急救援工作的关键。煤矿生产是一个动态过程，年度灾害预防和处理计划中的火灾防治内容可能与现场实际不符。一旦发生火灾，就不能有效地实施救灾。因此，在煤矿现场实际情况发生变化时，应及时对每年制定的灾害预防和处理计划进行修订，并将修订后的灾害预防和处理计划传达到所有工作人员。

火灾事故专项应急预案是针对可能发生的火灾事故及其影响和后果的严重程度，为应急准备和应急响应的各个方面所预先做出的详细安排，是开展及时、有序和有效火灾事故应急救援工作的行动指南。《生产安全事故应急预案管理办法》(应急管理部令2019年第2号)规定：生产经营单位应当制定本单位的应急预案演练计划，根据本单位的事故风险特点，每年至少组织1次综合性应急预案演练或者专项应急预案演练，每半年至少组织1次现场处置方案演练。

矿井井下火灾事故专项应急预案(参考性示例)

1 适用范围

本预案适用于采煤工作面周围的停采线、联络巷、老巷、上下顺槽至采空区20 m纵深范围内，掘进工作面沿空、顶空掘进巷道的相邻采空区、切眼、停采线、溜煤眼、老硐室及老火区、巷道高冒处、断层处等地点可能发生的内因火灾；井下明火，电气失爆，爆破起火，瓦斯、煤尘燃烧或爆炸，摩擦起火等均可能引发外因火灾，造成人员烧伤或死亡、设备损坏甚至报废；火灾产生的有毒有害气体，可造成人员窒息或中毒等危险情况。

2 应急组织机构及职责

2.1 应急救援指挥部

设立火灾事故应急救援指挥部(以下简称指挥部)，负责组织指挥应急救援工作。总指挥由矿长(或矿长授权人)担任，副总指挥由党委书记、安全生产副矿长、党委副书记、总工程师、分管副矿长、安全监察处处长、总会计师、工会主席担任；第一副总指挥由总工程师担任。

应急救援指挥部下设办公室(设在调度信息中心)。由矿安全生产副矿长任办公室主任，承担救援期间各小组之间的救援工作协调，督导各小组救援工作落实情况，定期向指挥部汇报各小组救援进展情况。

2.2 应急救援专业组及职责分工

应急救援指挥部下设综合协调组、抢险救灾组、技术专家组、安全监督组、医疗救护组、物资供应组、警戒保卫组、后勤保障组、信息发布组和善后处理组10个小组(应急救援指挥部组成及职责见图1-2)。

2.3 行动任务

(1) 抢险救灾组由生产副矿长任组长，负责指挥应急救援队伍和有关人员按照预案规定的职责范围，根据救援要求，选择安全地点建立井下救援基地，实施侦察探险、抢救遇险遇难人员和实施指挥部制定的救援方案。

(2) 技术专家组由总工程师任组长，负责组织副总工程师和相关专业技术负责人，根据事故现场情况变化及遇到的救援技术难题和问题，认真研究制定符合现场实际的技术方案和安全技术措施，为现场救援指挥部提供技术保障。

(3) 警戒保卫组由纪委书记任组长，根据矿井周围的外部环境，调集足够警戒力量，分小组(每组不得少于3人)对通往矿井的各个通道实施警戒，并明确各组负责人，确保救援期间的救援秩序。

(4) 医疗救护组由总会计师任组长，负责根据事故性质调集专业医务人员和足够救护车辆，迅速赶赴事故现场对脱险人员实施医疗救护，或在地面待命等待救援，必要时下井进入现场实施紧急救援行动。

(5) 物资供应组由总会计师任组长，负责根据事故性质提前调集救援所需物资设备，对每种物资设备安排专人负责，动态掌握救援物资设备运抵的位置和时间，保证在规定时间内调集运达救援现场。

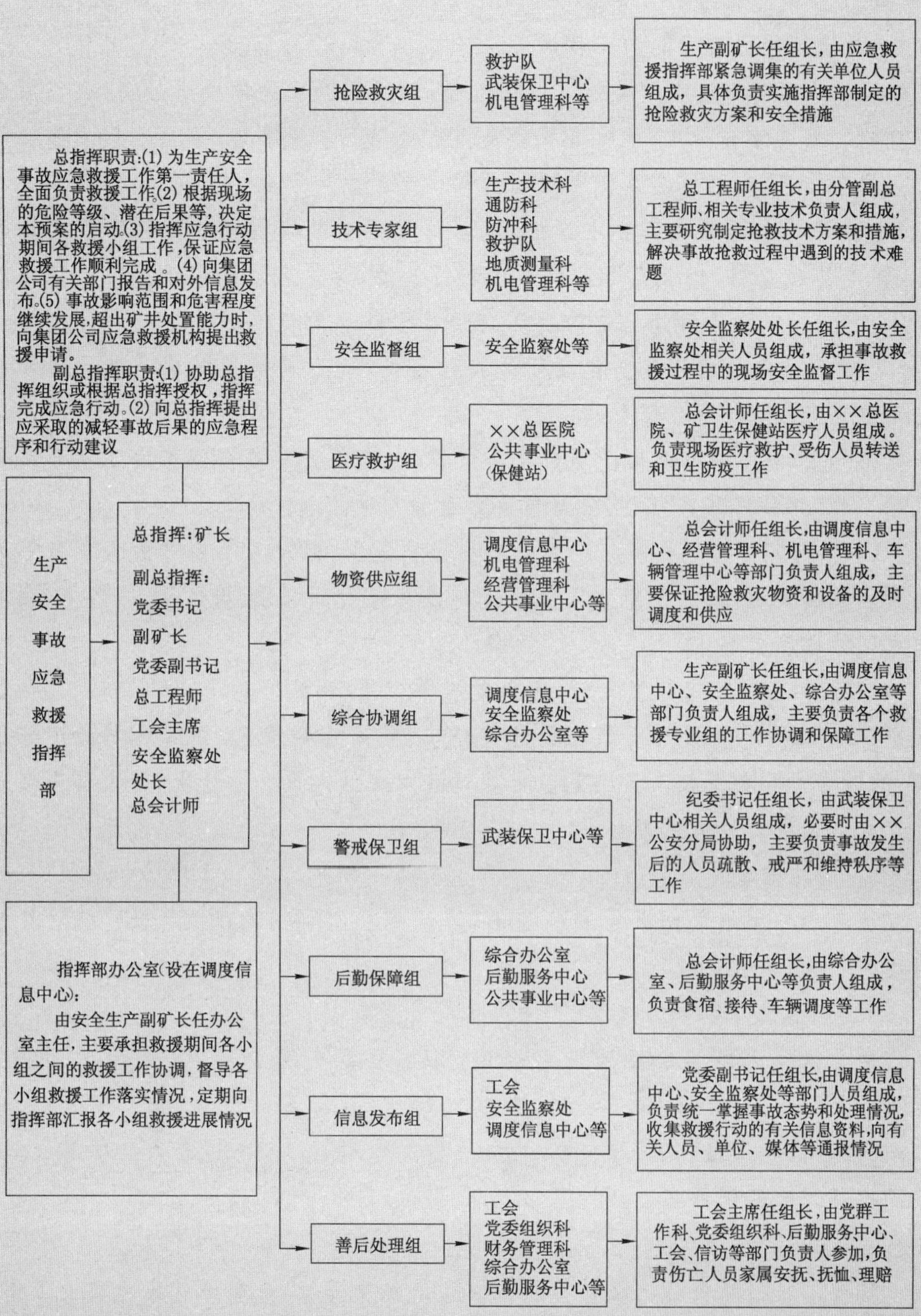

图 1-2　生产安全事故应急救援指挥部组成

(6) 后勤保障组由总会计师任组长，负责分组安排专人保证救援人员生活安排、救援期间办公设施和车辆调度。

(7) 信息发布组由党委副书记任组长，负责根据事故救援进展情况，经应急救援指挥部的审查批准，及时向社会发布有关信息。必要时，采用新闻发布会的形式发布信息，新闻发言人由救援指挥部确定。

(8) 善后处理组由工会主席任组长，负责根据事故规模和遇险遇难人员数量，调集足够力量，分组安排人员分散进行处置，对每名遇险遇难人员必须明确具体负责人，保证善后处理中的生活、安抚、抚恤等工作。

(9) 安全监督组由安全监察处处长任组长，负责承担救援期间救援现场的安全监督工作。

(10) 综合协调组由生产副矿长任组长，负责各个救援专业组的工作协调和保障工作，并做好联系社会、公司救援力量的沟通工作。

(11) 指挥部应根据事故严重程度和影响范围，确定井下停产撤人和留守人员范围及撤人程序；井下留守人员要及时将留守人员单位、岗位地点、姓名、联系方式汇报调度信息中心。

(12) 井下实施停产撤人时，应急救援办公室(调度信息中心)应利用人员位置监测系统实时监测井下人员数量及分布、撤离升井情况，并随时向指挥部汇报；同时安排相关单位人员到副井上井口清点统计人员升井情况，待人员全部升井后立即汇报调度信息中心。

3 响应启动

应急领导小组根据事故影响范围，启动相应级别应急响应，开展应急救援行动。

3.1 召开应急会议

由总指挥立即组织召开应急会议，并根据事态发展情况，随时召开应急会议。

3.2 信息上报

执行综合应急预案。

3.3 资源协调

矿应急救援指挥部调集救护队、医院、应急物资等，组织开展应急救援工作。

3.4 信息公开

根据现场救灾情况，按照实事求是、客观公正、及时准确的原则，由信息发布组收集、汇总事故发展态势及现场救援信息，拟定信息发布材料，报应急救援指挥部审查批准后，指定信息发布人及时向社会发布事故应急救援有关信息。必要时，采用新闻发布会的形式进行。

3.5 后勤保障

后勤保障组做好应急救援指挥人员、应急救援队伍、医疗救护队伍、受困人员家属接待、食宿等工作。

3.6 财力保障

应急响应启动后，应急救援指挥部根据事故应急救援工作需要，紧急调拨应急储备金，保障应急救援资金。

4 处置措施

4.1 应急处置指导原则

(1) 停产撤人原则。根据井下火灾事故现场情况，迅速组织危险区域人员沿避灾路线撤离。

(2) 坚持以人为本、预防为主的原则，最大限度地减少事故造成的人员伤害。

4.2 应急处置措施

(1) 火灾事故发生后，灾害现场负责人(区队以上带班人员、班组长、安监员或施工负责人)立即停止工作，先判定火灾事故大小，若火势小，现场能够扑灭，则立即组织人员进行灭火；若火势较大，难以扑灭，则组织人员撤离并电话汇报矿调度信息中心和区队值班领导，汇报清楚事故发生的性质、时间、地点、灾区人数、危害程度及现状。

(2) 矿调度信息中心迅速了解火灾事故的发生位置、波及范围、人员伤亡情况和通风机运行情况，根据灾情确定停电范围，下达停电撤人命令。

(3) 通知救护队和医院，并立即报告值班矿领导和矿主要领导，通知有关部门和单位各负其责。

(4) 通防科、调度信息中心等相关单位负责提供救援需要的图纸和技术资料；对监测数据进行分析，发现异常立即报告指挥部。

(5) 应急指挥部根据灾情分析判断通风系统破坏程度及发生连续爆炸、火灾的可能性，积极研究制定救灾方案，并根据灾情发展及时调整优化方案。组织人力、调配装备和物资参加抢险救援，做好后勤保障工作。

(6) 救护队按照救援方案携带必要技术装备入井，按照《矿山救护规程》有关规定进行探查，主要负责灾区侦查、抢救遇险遇难人员等。

(7) 井下发生火灾，现场人员在尽可能判明事故地点及灾难程度、蔓延方向等情况的同时，及时切断灾区内的电源并迅速设法通知或协助撤出受火灾影响区域内的人员。火势不大时，在判断无爆炸危险的前提下，应根据现场条件立即组织力量将火直接扑灭。当现场人员无力灭火时，要立即进行自救和沿避灾路线组织人员撤出。

(8) 现场人员在有烟雾的巷道里，要立即戴好自救器，迅速脱离现场，撤到有新鲜风流的巷道。

(9) 内因火灾处置措施：① 发现自燃现象后，要立即汇报矿调度信息中心、值班矿领导及通风调度，撤出所有受威胁区域人员。② 组织人员查找漏风通道，判断火区位置，同时应打钻探明火源准确位置。③ 确定火源后，要采取消除火源、向高温点注浆、压注凝胶或阻化剂、注氮等手段，使高温点得到控制，直至消除隐患。④ 对发火地点应采取均压措施，减少向发火地点供氧。⑤ 当其他措施无效时，应采取隔绝灭火法封闭火区。⑥ 启封火区时，应制定严格的防火制度，严防火区复燃。⑦ 安排专人检查瓦斯情况，制定防止瓦斯爆炸的措施。⑧ 采取反风措施要慎重，未经周密研究不允许行动。⑨ 如遇独头巷道距离较长、有害气体浓度大、支护损坏严重的情况，在确认没有火源、遇险人员已经遇难时，严禁冒险进入作业，在恢复通风、打好支护后，方可搬运遇难人员。

(10) 外因火灾处置措施：① 普通火灾用附近防灭火水源直接扑灭，灭火时从火源的外围逐渐向火源的中心喷射，灭火人员站在上风侧。② 电气设备着火时，应首先切断电源。在电源切断前，只准用不导电的灭火器材灭火。③ 油料着火应使用沙子、干粉等灭火材料，不得用水灭火。④ 机电硐室着火时，应关闭防火门或构筑临时密闭隔离风流。

(11) 抢救遇险人员。到达事故现场的救护小队应首先侦察火灾区域的情况，检查甲烷、一氧化碳、二氧化碳及其他有害气体的含量；迅速抢救被困人员，遇有窒息或中毒人员应先为其戴好呼吸器或自救器再抬运。

(12) 在抢救人员和灭火过程中，必须指定专人检查瓦斯、一氧化碳、煤尘及其他有毒有害气体、风流风向和风量情况，并采取防止瓦斯、煤尘爆炸和人员中毒的安全措施。

(13) 处理火灾时常用的通风方法有正常通风、增减风量、火烟短路、反风、停止主要通风机运转等。所有方法都必须满足下列基本条件：保证灾区和受威胁区人员的安全撤离；防止火灾扩大，创造接近火源直接灭火的条件；避免火灾产生的气体达到爆炸浓度，避免高浓度瓦斯风流通过火区，避免瓦斯、煤尘爆炸；

防止产生火风压造成风流逆转。

(14) 正常通风。保持正常通风是抢救遇险人员、防止发生爆炸事故、创造直接灭火条件的前提。以下情况应保持正常通风：① 火灾的具体位置、范围、火势、受威胁地区等未完全了解清楚时；② 火灾发生在矿井总回风巷或者发生在比较复杂的通风网络中，改变通风方法会造成风流紊乱、增加人员撤离困难、瓦斯积聚等后果时；③ 采掘工作面发生火灾且实施直接灭火时；④ 减少火区供风量可能造成火灾从富氧燃烧向富燃料燃烧转化时。

(15) 减少风量。在采取正常通风方法会使火势扩大，而隔断风流又会使火区瓦斯浓度上升时，应采用减少风量的方法。

(16) 增加风量。在处理火灾的过程中，火区内以及回风侧瓦斯浓度升高时，应增加风量，使甲烷浓度降至1.0%以下；若火区出现火风压、风流可能逆转时，应立即增加火区风量；在处理火灾的过程中，发生瓦斯爆炸或灾区内遇险人员未撤出时，应增加灾区风量，及时吹散爆炸产物、火灾气体及烟雾。

(17) 停止主要通风机运转。① 火灾发生在回风井筒及其车场时，可停止主要通风机，同时打开井口防爆盖，依靠火风压和自然风压排烟；② 火源在进风井筒内或进风井底，因条件限制不能反风，又不能让火灾气体短路进入回风时，可尽快停止主要通风机运转，打开回风井口防爆盖，使风流在火风压作用下自动反向。

(18) 根据已探明的火区位置和范围，确定井下通风方案。① 在处理进风井井口、井筒、井底车场、主要进风巷和硐室火灾时，应当进行全矿井反风。反风前，必须将火源进风侧的人员撤出，并采取阻止火灾蔓延的措施。采取风流短路措施时，必须将受影响区域内的人员全部撤出。② 在处理上、下山火灾时，必须采取措施，防止因火风压造成风流逆转和巷道垮塌使通风受阻。③ 在处理采煤工作面火灾时，应从进风侧利用各种手段进行灭火，在进风侧灭火难以取得效果时，可采取区域反风，从回风侧灭火，但进风侧要设置水幕，并将人员撤出。采煤工作面回风巷着火时，应防止采空区瓦斯涌出和积聚造成危害。④ 在处理掘进工作面火灾时，应当保持原有的通风状态，进行侦察后再采取措施。

(19) 矿井发生火灾时要正常控制风流，必须保证人员安全撤出，缩小火烟蔓延范围。可采取下列方法：① 在火源附近进风侧修筑临时防火密闭，控制进风量，降低火风压和火烟的生成，再迅速灭火或控制火情。② 火灾发生在分支风流，特别是在救人时期，灭火不能采取局部通风机减风或停风措施，必要时还应加大火区风量，以稳定风流、抢救遇险人员。③ 尽可能利用火源附近巷道，将烟气直接引入总回风巷排至地面。④ 火灾发生在采区内，首先防止风流逆转，一般不采取减风措施，并根据瓦斯积聚的可能性、自然风压和火风压大小及其作用方向等情况做出正确判断，拟定合理的风流调节方法。

(20) 直接灭火无效时，必须迅速将火区封闭。封闭火区时，合理确定封闭范围，减小火区氧气的积存量。封闭时应采取在火区的“进、回风巷同时封闭”；不具备同时封闭条件时，可以采用“先封闭进风巷，后封闭火源回风巷”的封闭顺序，不得采用“先回后进”的封闭顺序。指定专人检查甲烷、氧气、一氧化碳、煤尘以及其他有害气体浓度和风向、风量的变化，并采取防止瓦斯、煤尘爆炸和人员中毒、缺氧窒息的安全措施。

(21) 封闭具有爆炸危险的火区时，应采取注入惰性气体等抑爆措施，然后在安全位置构筑进、回风密闭。封闭具有多条进、回风通道的火区，应当同时封闭各条通道；不能实现同时封闭的，应当先封闭次要进回风通道，后封闭主要进回风通道；封闭过程中，密闭墙预留通风孔，封孔时进、回风巷同时封闭；封闭完成后，所有人员立即撤出。检查或者加固密闭墙等工作，应当在火区封闭完成24 h后实施。发现已封闭火区发生爆炸造成密闭墙破坏时，严禁调派救护队侦察或者恢复密闭墙；应当采取安全措施，实施远距离封闭。

5 应急保障

5.1 物资装备保障

井下消防材料库、机电管理科设备库、“三防”物资库储备有各类救灾物资、设备，状态完好。储备资源和设备不能满足救灾需要时，由指挥部及时请求集团公司或地方政府支援。(附联系表)

5.2 技术保障

应急救援技术保障以井下火灾事故专家队伍为主，必要时邀请公司相关专家参与，负责研究制定抢险救灾技术方案和措施，解决事故抢救过程中遇到的技术难题。(附联系表)

5.3 其他保障

通信与信息保障、应急队伍保障、经费保障、交通运输保障、治安保障、医疗保障、后勤保障等执行综合应急预案。

矿井井下火灾事故专项应急预案演练方案(参考性示例)

为提高矿井应对和处置井下火灾事故的能力和水平，更加规范、有序、高效地开展应急演练工作，根据《生产安全事故应急预案管理办法》(应急管理部令

2019年第2号)、《××集团有限公司安全生产应急工作管理办法》(××集团发〔××××〕××号)等文件要求,结合矿井实际,编制矿井井下火灾事故专项应急预案演练方案。

一、演练时间及演练地点

演练时间:××××年××月××日××:××—××:××。

演练地点:××工作面。

二、演练目标

通过矿井井下火灾事故专项应急预案的演练,检验和完善应急预案,落实应急救援职责,锻炼队伍的应急处理能力,普及应急管理知识,评估应急演练工作,提高从业人员生产安全事故现场处置能力、自救互救能力和应急救援能力。

三、组织机构及职责

为确保本次专项应急演练顺利开展,成立应急演练领导小组,明确职责;设立井下火灾事故应急救援指挥部,办公室设在调度信息中心,负责组织指挥应急救援演练工作。

(一) 总指挥:矿长×××

负责控制演练整体进程,对演练过程中出现的特殊情况做出分析、控制和调整决策。演练实施过程中发生特殊或意外情况,总指挥可决定中止演练。

(二) 副总指挥:总工程师×××

协助总指挥组织或根据总指挥授权,指挥完成演练任务。

(三) 现场指挥:跟班矿领导×××

在总指挥的指挥下,负责现场演练过程的组织和实施。

(四) 调度指挥:调度信息中心副主任×××

在总指挥的指挥下,负责演练过程中人员、车辆及物资的调度指挥。

(五) 参与演练单位

参加本次演练具体单位及人数如下:

(1) 通防科(2人):地面指挥部1人,在总指挥的领导下控制演练过程,处理演练过程中出现的各种问题,并记录演练现场情况,演练结束后负责总结评估报告的编写;演练现场1人,在人员撤离后,对工作面通风系统及通防设施进行检查。

(2) 调度信息中心(2人):演练现场1人,地面指挥部1人,参与演练过程的评估;负责接收、处置演练信息,及时报告总指挥,并根据总指挥指示下达命令,做好演练调度记录。

(3) 安全监察处(1 人):做好演练现场的安全监督工作。

(4) 救护中队(12 人):参与全过程演练,负责井下火灾事故现场的救援实施。

(5) 公共事业中心保健站(2 人):参与全过程演练,组织医护人员和救护车待命,负责对事故伤员抢救及紧急治疗。

(6) 综采工区:在总指挥的指挥下,完成演练任务。早班人员负责现场汇报、组织撤离;中班人员负责监督井下现场火灾隐患是否消除并恢复正常生产。

(7) 机电管理科(1 人):井下火灾事故发生后,检查灾害区域及波及范围停电情况。

(8) 通防工区(12 人):救灾期间,对工作面风量及瓦斯、一氧化碳、氧气浓度进行检测。根据现场总指挥安排,对火灾隐患点进行消除。

四、情景设置及演练避灾路线

(一) 情景设置

××××年××月××日早班,综采二区的××综放工作面,当班出勤××人(具体以实际出勤人数为准)。××时××分,工作面胶带顺槽相邻××采空区停采线附近巷道空气中出现烟雾、伴随着煤焦油味,一氧化碳气体呈明显上升趋势,一氧化碳传感器持续报警并且一氧化碳浓度达到 100 ppm 以上,相邻采空区出现自然发火征兆。

(二) 演练避灾路线

1. ××工作面及辅助顺槽

××工作面→××辅助顺槽→××辅助顺槽联络巷→采区进风巷→主要进风巷→井底车场→副井等候室→副井升井。

2. ××胶带顺槽

××胶带顺槽→××胶带顺槽与采区进风巷联络巷→采区进风巷→主要进风巷→井底车场→副井等候室→副井升井。

五、实施步骤

1. ××时××分

综采二区××综放工作面跟班区长××汇报调度信息中心:××胶带顺槽空气中出现烟雾、伴随着煤焦油味,一氧化碳传感器持续报警并且一氧化碳浓度达到 100 ppm 以上。已通知本工作面所有人员撤至十二采区辅助运输上山新鲜风流中,同时切断工作面设备电源,待人员全部撤出并清点人数后具体汇报。

2. ××时××分

调度员接到现场汇报后,立即下达命令,要求跟班区长立即安排现场人员和可能波及区域的所有工作人员停止作业，按避灾路线撤离现场并清点人员，切断本工作面及回风路线中所有电气设备电源。

调度员立即通知××救护七中队按照救护规程到矿准备救援；通知公共事业中心保健站组织医护人员到副井井口待命；通知运输工区准备运人车辆；通知机运工区切断灾区电源。

3. ××时××分

调度员汇报值班矿领导、井下带班矿领导、总工程师、矿长、安全监察处处长和通防科、调度信息中心、机电管理科等生产科室有关领导，并汇报公司调度指挥中心。

总指挥指示，迅速启动“井下火灾事故专项预案”应急响应，成立应急救援指挥部，按预案要求各专业工作组立即进入应急抢险状态，开展抢险救援工作。

总工程师要求：安排通防科1人、调度信息中心1人、安全监察处1人、机电管理科1人、通防工区12人准备赶赴现场，由矿跟班领导带领组成现场工作组，组织现场救援。

矿跟班领导接到通知后立即电话通知调度信息中心监控室，监控室立即根据矿井安全监控系统分析工作面气体变化情况。同时，电话询问综采二区跟班区长现场具体情况，包括引起井下火灾的具体原因、通风系统情况、应急物资情况等。

4. ××时××分

救护队到矿，抵达指挥部并向总指挥汇报，领取救援任务。

5. ××时××分

综采二区早班跟班区长×××汇报：现场人员×人已全部安全撤离危险区域，撤离过程中由早班电工×××从变压器上将工作面设备停电，带式输送机机头由司机×××从开关停电，并挂牌。在工作面入口处设置栅栏、警标，严禁所有人员入内。

6. ××时××分

现场工作组人员全部到达副井下井口，救护队员到矿，医护人员到达指定地点。

7. ××时××分

现场工作组及救护队员到达采区进风巷现场警戒处，救护队员立即分成2组（其中1组待命）进入××胶带顺槽，检查沿途巷道内甲烷、一氧化碳及氧气浓度等情况。

8. ××时××分

救护队员原路返回，向矿跟班领导汇报，××胶带顺槽相邻××采空区停采线附近沿空煤柱压酥，巷帮已产生裂隙，采空区内大量漏风，已出现自然发火征兆，需要立即处理。

随即矿跟班领导安排工作组进入事故现场，通防工区测风工负责对工作面及两顺槽风量、瓦斯浓度、氧气浓度进行检测，通防科对工作面通风系统、通防设施进行检查，机电管理科对工作面断电情况进行检查。

矿跟班领导安排通防工区立即调拨注浆设备及材料，对沿空煤柱压酥段进行喷涂充填材料，减少往采空区内漏风。保持工作面现有通风系统，防止引起瓦斯、煤尘爆炸。安排测风工检查瓦斯和煤尘，观测巷道中的气体和风流变化。如甲烷浓度达到2.0%以上并持续增加，全部抢险人员立即撤离至十二采区辅助运输上山并向总指挥报告。

抢险过程中，所有人员按照要求佩戴压缩氧气自救器，防止发生有害气体中毒、窒息事故。

9. ××时××分

经瓦斯检查工现场检测瓦斯、一氧化碳及氧气浓度符合安全指标，工作面各类监控传感器示值正常后，进行现场处理方案制定及措施实施。

10. ××时××分

现场工作组×××汇报：井下火灾事故现场已处理完毕，安全隐患解除，工作面风量、气体状况正常，经现场工作组确认，具备生产条件。

11. ××时××分

调度员立即汇报总指挥，总指挥要求现场确认井下火灾隐患解除后，进行风险评估，确认安全后恢复正常生产。

12. ××时××分

综采二区跟班区长×××汇报：现场安全风险评估完毕，已确认安全，可以按送电程序对工作面设备送电，工作面可以恢复正常生产。

13. ××时××分

总指挥宣布，井下火灾事故专项应急演练结束。

14. ××时××分

调度员汇报公司调度指挥中心，我矿井下火灾事故专项应急预案演练顺利结束，××人参加，用时××分钟。

六、评估标准

1. 演练目标是否明确,演练内容是否科学、合理和具有可操作性。

2. 演练的事故情景是否符合演练单位实际,是否有利于促进实现演练目标和提高应急能力。

3. 演练流程、演练设计的各个环节及整体流程是否科学、合理。

4. 参与人员是否能够以认真的态度融入整体演练活动中,并能够及时、有效地完成演练中设置的角色工作;所有参演单位配合是否默契。

5. 风险控制,对演练中风险是否进行全面分析,并针对这些风险制定和采取有效控制措施。

七、评估方法

演练结束后,评估组负责人或评估人员对整个演练过程进行分析,对演练过程中发现的问题、不足及取得的成效进行点评,针对演练中观察、记录以及收集的各种信息资料,依据评估标准对应急演练活动全过程进行科学分析和客观评价,提出应急预案修改和应急演练改进意见。

八、培训动员

参演人员必须进行应急演练培训,掌握井下火灾事故发生前可能出现的征兆,掌握井下火灾事故发生时应急避灾方法和现场处置方法,掌握井下避灾路线的位置和方向,熟练掌握应急救援设备、器材的使用方法。

九、物资保障

通防科负责组织相关单位配备本次演练所需应急救援物资和设备,设专人管理。应急演练小组掌握主要设备、物资、类型、数量、用途、存放地点、运输方式等,确保井下火灾事故发生时能及时紧急调用。

十、过程控制

本次井下火灾事故演练分别指定演练总指挥、现场指挥和控制人员等,保证演练正常有序开展。

十一、评估总结

演练结束后,评估人员根据评估标准对本次演练的评估情况进行全面分析总结,并编写评估总结报告,经应急演练评估组负责人审定后存档管理,并在规定期限内上报公司有关部门。

十二、资料管理

本次演练结束后,将与本次演练有关的所有资料汇总收集、分类管理,并存放于应急管理资料室内。

第七条 煤矿防灭火工作必须坚持预防为主、早期预警、因地制宜、综合治理的原则,制定井上、下防灭火措施。

开采容易自燃和自燃煤层的矿井,必须编制矿井防灭火专项设计,采取综合预防煤层自然发火的措施。根据矿井具体条件采取注浆、注惰性气体、喷洒阻化剂等两种及以上防灭火技术手段,实施主动预防,并根据煤层氧化早期的一氧化碳或者采空区温度确定发火预兆的预警值,实现早期监测预警和措施优化改进,满足本工作面安全开采需要,并综合考虑采后采空区管理、相邻工作面和相邻煤层的防灭火需求。

煤矿应当对自然发火监测系统、安全监控系统和人工检查结果进行综合分析,实现井下火情早发现、早处置。

【解读】 本条是关于煤矿应采取适当措施进行火灾预防、早期预警、综合治理的规定。

矿井火灾是指发生在矿井井下或地面井口附近,威胁矿井安全生产并形成灾害的一切非控制燃烧。煤矿为地下作业,但供风来源于地面,若地面发生火灾,不仅对井上造成危害,产生的火灾烟流可能进入煤矿井下,威胁井下人员的安全,因此,必须制定井上、下防灭火措施。

开采容易自燃和自燃煤层的矿井,煤的自然发火危险性大,必须根据采煤方法、巷道布置、巷道支护和防灭火条件及编制的防灭火专项设计,采取综合防治措施,确保安全开采。防灭火专项设计应该包括矿井防灭火预测预报(安全监测系统、束管监测系统、人工监测及采样分析方法)、防灭火技术体系(注浆、注阻化剂及注氮等防灭火系统)、矿井火灾应急救援预案及安全管理等内容。

综合预防煤层自然发火的措施包括:① 在开采技术方面,选择有利于防止煤炭自然发火的合理开拓方式、巷道布置、采煤方法、回采工艺和开采程序,加强采掘工作面顶板管理和巷道维护工作,结合煤层赋存条件,尽量减小煤层切割量,提高回采率及加快采掘工作面月推进度等,不给自然发火提供(或创造)碎煤堆积条件。② 在通风管理方面,采用有利于防止煤炭自然发火的合理通风方式,降低通风负压,尽可能减少或杜绝漏风,不给自然发火创造供氧条件。

值得注意的是,煤的自燃倾向性仅反映煤自燃的内因属性,而煤的最小自然发火期反映煤自燃的内、外因属性。但由于影响煤自燃的外因属性众多,即现场环境条件和防治、开采工艺条件因素各异,现场对最小自然发火期的准确统计和实验室的准确模拟都十分困难，故《煤矿安全规程》以能在实验室进行较准确测定的煤的内因属性——自燃倾向性来衡量煤的自燃特性，并据此要求开采容易自燃和自燃煤层的矿井必须编制矿井防灭火专项设计和采取综合预防煤自然发火的措施。但也必须指出，由于煤是有机可燃物，煤的氧化是其固有属性，只存在难易差别，因此，不能忽视不易自燃煤层的自燃防治。

煤自然发火监测系统一般由采样系统、样品分析系统和数据分析及报警系统组成。自然发火监测系统有效运行的前提是如何获得监测点可靠的气体信息。气体的检测手段主要有两种，即人工检测和束管监测系统。人工取样分析方法简单易行、适用性强，但存在工作量大、间隔时间长、无法实时连续监测等不足。当前多数矿井采用束管监测系统＋气相色谱分析系统，可实现对井下气体的连续监测。但实际运行中该系统分析周期长，束管的施工、维护都十分不方便，并且束管路线长，管路易漏气，抽取检测的气体易失真。基于以上原因，一些已经安装了束管监测系统的煤矿并不能正常使用，仍采用人工采样分析的方法对易发火地点进行监测。另外，煤矿安全监测系统也承担了自然发火监测系统的一部分作用。煤矿安全监测系统可以连续监测一氧化碳、二氧化碳、氧气等环境参数，根据这些环境参数的变化进行自燃预报，但存在传感器数量种类少、布置范围小和维护困难的不足。煤矿安全监测系统与煤炭自燃预报的束管监测系统相互配合使用，能更加有效地做好煤自然发火的监测及预测预报工作。

第八条 煤矿应当遵循灾害协同防治的原则，综合考虑多种灾害因素影响，选择合理的开拓布置、矿井通风方式、采煤方法及工艺、巷道支护方式等。

【解读】 本条是关于从矿井整体生产布局、采掘设计、通风方式和方法等基础系统的设计源头思考防灭火工作，为综合防灭火工作体系打牢基础的规定。

科学合理的生产布局、采掘设计与工作面接替是超前做好防治煤层自然发火的关键，坚持设计源头前瞻思考，实现源头管控是根本，也是由被动治理迈向超前防控的基石。在开采技术方面，选择有利于防止煤炭自然发火的合理开拓方式、巷道布置、回采工艺和开采顺序，加强采掘工作面顶板管理和巷道维护工作，结合煤层赋存条件，合理布置工作面及留设煤柱。煤柱的留设要充分考虑自然发火、地应力因素造成的沿空小煤柱挤压变形，减少漏风通道。尽量减小煤层切割量，提高回采率及加快采掘工作面月推进度等。

在通风管理方面，采用有利于防止煤炭自然发火的合理通风方式，工作面开切眼位置、停采线位置要避开通风高负压区，合理利用均压通风技术，减少采煤工作面或采空区进、回风两端压差，以减少采空区漏风，不给自然发火创造供氧条件。

第九条 煤矿企业、煤矿必须对从业人员进行防灭火教育和培训，定期对防灭火专业技术人员进行培训，提高其防灭火工作技能和有效处置火灾的应急能力。

【解读】 本条是关于对从业人员进行防灭火知识培训、教育的规定。

煤矿企业、煤矿应当对职工进行火灾防治知识的教育和培训，使职工了解煤矿火灾防治的基本知识，掌握井下火灾隐患征兆、井下火灾事故应急避险知识，树立煤矿火灾防治理念，增强防灭火安全意识，提高职工火灾防治工作技能和抵御火灾的能力，提升煤矿防灭火技术水平和安全管理能力。煤矿防灭火作业人员应持证上岗。煤矿防灭火专业技术人员的培训应结合本矿实际，采取多种形式。防灭火培训应包括的内容见表1-2。

表1-2 防灭火培训应包括的内容

序号	防灭火培训内容	备注
1	矿井火灾的类型与危害	矿井火灾及其分类
		矿井火灾的危害
2	煤炭自燃	煤炭自燃理论基础
		煤炭自燃的识别与预报
3	内因火灾的预防	开采技术措施
		阻化剂防火
		凝胶防灭火
		预防性注浆
		均压防灭火
		氮气防灭火
		漏风检测与堵漏
		束管监测系统
4	外因火灾的预防	外因火灾预防综述
		电气火灾预防
		带式输送机火灾的防治

表 1-2(续)

序号	防灭火培训内容	备 注
5	矿井火灾的处理	火灾处理的基本要求
		火灾处理的安全技术措施
		火灾时期风流的紊乱及控制
		不同地点的火灾处理
		矿井灭火方法
		矿井防灭火新技术
		矿井防灭火案例
6	火区管理与启封	火区管理
		火区启封

第十条 煤矿闭坑时应当制定闭坑矿井防灭火专项措施，防止闭坑期间及闭坑后发生井下火灾。

【解读】 本条是对矿井闭坑期间防灭火的规定。

煤矿闭坑是煤矿开采过程中的重要环节，煤层开采造成地下岩层被破坏，容易形成漏风通道，具有自燃倾向性未被回收的煤炭资源，在蓄热环境下极易引起煤炭自燃，从而引发火灾。特别是闭坑的高瓦斯矿井，若存在自然发火隐患，可能引起瓦斯爆炸事故。因此，必须高度重视闭坑期间的防灭火工作。

闭坑防灭火专项措施(参考性示例)

1. 防灭火安全技术措施

(1) 回撤机电设备时，严禁带电作业。

(2) 设备回撤时，干粉灭火器和灭火沙箱要全部回收上井。

(3) 油脂要妥善保管，设备回撤时要将设备内的油回收上井，严禁将剩余油、废油泼洒在巷道内，废旧棉纱就地掩埋或集中升井。

(4) 电气设备着火时，应先切断电源，再用灭火器材灭火。

(5) 任何人发现火灾时，应视火灾性质，立即采取一切可能的办法灭火，控制火情，并及时向调度室汇报。

(6) 严禁在井下拆卸矿灯、敲打矿灯，严禁携带点火物品和易燃易爆物品下井，严禁穿化纤衣服下井。

2. 井筒的封闭

(1) 斜井、平硐井筒封闭标准

斜井、平硐井筒封闭时先将斜井井筒距离井口 20 m 范围内的杂物清理干净，按照永久密闭标准进行掏槽，砌筑永久密闭墙，用黄土或其他充填材料充填并夯实至斜井井口，再在井口加砌一道厚度不小于 0.5 m 的密闭墙，并进行抹面。斜井、平硐井筒封闭剖面示意图如图 1-3 所示。

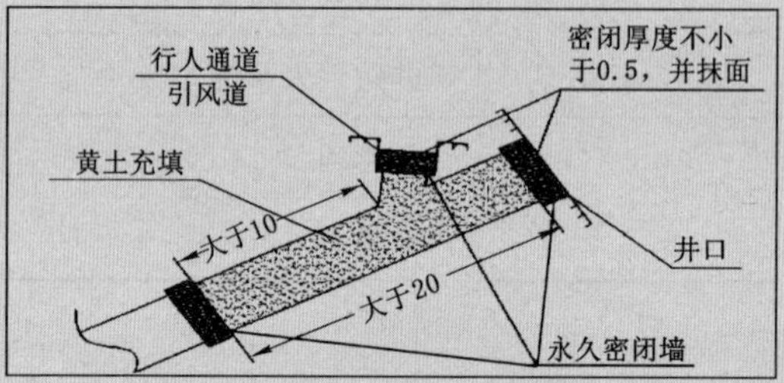

图 1-3 斜井、平硐井筒封闭剖面示意图(单位:m)

(2) 立井井筒封闭标准

立井井筒封闭时，首先把立井井筒中的杂物清理干净，并将井口锁口盘以外周边按照高 0.5 m、宽 0.5 m 标准掏槽处理，然后用工字钢按照 0.3 m 的间距铺排在立井井筒锁口盘上部并两端等长超出，再用预制板盖在工字钢上把立井井口全部盖严，最后在预制板上浇筑一个面积大于井筒断面、厚度不小于 1 m 的混凝土盖板，将立井井筒全部封闭严实，待盖板凝固后全部用夯土盖严夯实。立井井筒封闭剖面示意图如图 1-4 所示。

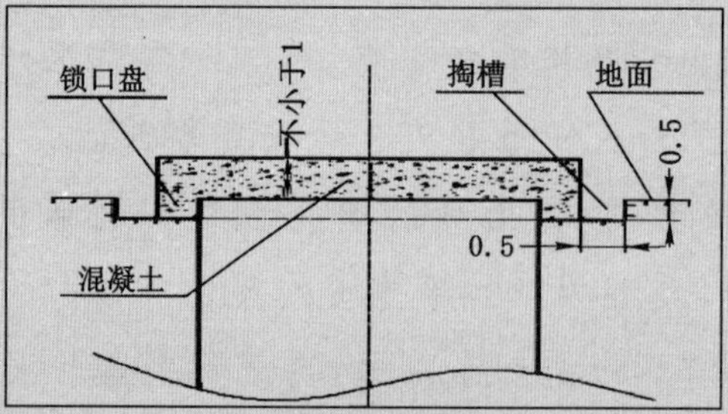

图 1-4 立井井筒封闭剖面示意图(单位:m)

第十一条　鼓励煤矿企业、煤矿和科研单位开展煤矿火灾防治科技攻关，研发、推广新技术、新工艺、新材料、新装备，提高煤矿火灾防治能力和智能化水平。

【解读】 本条是持续推进煤矿防灭火科技进步的有关规定。

煤矿企业、煤矿应持续推进煤矿防灭火科技进步，提高火灾防治工作的科技水平。

要发挥企业科技创新的主体作用。企业应根据自身特点，完善创新体系，提升创新能力；加强考核激励，建立多元化、有活力的创新激励机制；营造宽松良好的政策环境；强化成果推广应用，促进提质增效。

要发挥科研技术平台和科研院校的技术优势。充分发挥煤矿安全技术国家重点实验室（中煤科工集团）、煤矿瓦斯与火灾防治教育部重点实验室（中国矿业大学）等平台的技术优势，解决煤矿火灾防治中的重大难题。

推广应用安全、先进、适用的技术装备，提高科技保障能力。为提高煤矿安全科技装备保障能力和水平，国家矿山安全监察局推动科研院校和广大煤矿企业共同开展科技攻关。此外，煤炭科研院所及一些煤矿企业、煤炭机械制造企业等都竞相研发一些先进适用的煤矿火灾防治技术和装备，各煤矿企业可以根据本矿火灾的特点，选用先进适用的科技装备，以提高防治煤矿火灾的能力和效率。

第二章 一般规定

第一节 内因火灾

第十二条 内因火灾是由于煤炭或者其他易燃物质自身氧化蓄热，发生燃烧而引起的火灾。煤的自燃倾向性分为容易自燃、自燃、不易自燃3类。

新建矿井或者改扩建矿井应当将平均厚度为0.3 m以上煤层的自燃倾向性鉴定结果报省级煤炭行业管理部门、煤矿安全监管部门和矿山安全监察机构。

生产矿井延深新水平时，必须对揭露的平均厚度为0.3 m以上煤层的自燃倾向性进行鉴定。

煤的自燃倾向性鉴定工作应当由具备鉴定能力的机构承担，承担单位对鉴定结果负责。

【解读】 本条是关于煤矿内因火灾定义和煤的自燃倾向性分类与鉴定的相关规定。

（1）内因火灾或称煤的自燃火灾（自燃）是指煤炭在一定条件下，如破碎的煤柱和煤壁、集中堆积的浮煤、采空区遗煤等，在有适度风量的供给条件下，自身发生物理化学变化、吸氧、氧化、发热、热量聚集导致着火而形成的火灾。自燃火灾大多发生在采空区、遗留的煤柱处、破裂的煤壁处、煤巷的高冒区以及浮煤堆积区等地点。

（2）煤炭自燃的条件。煤的自燃是一个相当复杂的过程，它必须具备一定的条件才能发生。研究表明，煤炭自燃必须具备以下4个条件：

① 具有自燃倾向性的煤炭呈破碎堆积状态（即在常温下有较高的氧化活性）；

② 有连续的通风供氧条件，能够维持煤炭氧化过程的发展；

③ 易于积聚热量，使煤的温度升高；

④ 上述3个条件同时具备，且时间大于煤的自然发火期。

(3) 自燃火灾的特点。自燃火灾的发生有一个或长或短的过程，而且有预兆，能够被早期发现。但其火源隐蔽，往往发生在人们难以或不能进入的采空区或煤柱内，要想找到真正的火源并非易事，因此其不能及时被扑灭，以致有的自燃火灾可以持续数月、数年、数十年而不灭。进而火灾燃烧的范围逐渐蔓延扩大，烧毁大量的煤炭资源，冻结大量的开拓煤量，由此造成的损失也是十分巨大的。

(4) 煤的自燃倾向性是表示煤的氧化能力大小的内在属性，是评价煤矿煤层自然发火危险程度的一个重要指标。为便于分类管理，条文将煤的自燃倾向性分为3类：容易自燃、自燃、不易自燃。煤的自燃倾向性类别是煤矿采取火灾防治技术和管理措施的主要依据。

(5) 煤的自燃倾向性与煤的组成及结构密切相关。煤层在形成过程中由于成煤原始物料、生物地球化学作用以及物理化学作用的不同，其在组成、结构、性质上具有显著差异。

(6)《煤自燃倾向性色谱吸氧鉴定法》(GB/T 20104)采用1 g干煤在30 ℃、常压下的吸氧量(物理吸附氧量)作为判别煤自燃倾向性的主要依据。该标准依据的基本原理是：煤的吸氧量越大，煤越易自燃。由于煤的吸氧量与煤的自燃倾向性不完全是正相关，如褐煤和无烟煤都因孔隙率高而吸氧量大，却不易自燃，故该方法以挥发分18%为界进行区分；对不易自燃的无烟煤、贫煤和瘦煤提高吸氧量标准，并增加含硫量作为辅助标准。

《煤自燃倾向性的氧化动力学测定方法》(AQ/T 1068)通过测试煤在低温氧化阶段和快速温升阶段临界点的氧化动力学参数，即煤样70 ℃时的耗氧量和交叉点温度，得出反映煤自燃综合特性的判别指数，据此评价煤的自燃倾向性。

(7) 煤的自燃倾向性是用来区分和衡量不同煤层发火危险程度的一个重要指标，也是对矿井煤炭自然发火采取不同的针对性措施进行有效管理的主要依据。因此，新建矿井或者改扩建矿井应当对平均厚度为0.3 m以上煤层的自燃倾向性进行鉴定，鉴定结果报省级煤炭行业管理部门、煤矿安全监管部门和矿山安全监察机构。生产矿井延深新水平时，必须对揭露的平均厚度为0.3 m以上煤层的自燃倾向性进行鉴定。

(8) 煤的自燃倾向性的鉴定应当由国家应急管理部或者省级安全监管部门及省级矿山安全监察机构批准的具有煤自燃倾向性鉴定甲级或乙级资质的机

构承担，承担单位应对鉴定结果负责。

(9) 安全生产标准化管理体系防灭火基本要求和评分方法的考核要点见表 2-1。

表 2-1 安全生产标准化管理体系防灭火基本要求和评分方法的考核要点

项目	项目内容	基本要求	标准分值	评分方法	检查内容	查阅资料
防灭火	防治措施	按国家规定进行煤层的自燃倾向性鉴定	10	查现场和资料。未鉴定不得分	对揭露的平均厚度为 0.3 m 以上煤层的自燃倾向性进行鉴定	煤层的自燃倾向性鉴定报告

【案例 2-1】 2008 年 9 月 20 日，某矿新二段暗斜井第四联络巷煤炭自燃引发火灾事故，造成 31 人死亡，直接经济损失 1 565 万元。

1. 直接原因

该矿采取压入式通风，防火检测手段落后，未能及时发现煤炭自然发火征兆；易自燃煤层永久巷道锚喷封闭不严，存在自然发火条件，导致该矿进风井第四联络巷煤层自燃引发火灾事故。

2. 间接原因

该矿安全生产主体责任不落实，安全管理、技术管理不到位。从事具体管理工作的生产、安全、机电运输、通风副矿长和技术负责人都没有取得煤矿管理人员安全资格证，均属无证上岗。

第十三条 所有开采煤层应当通过统计法、类比法或者实验测定等方法确定煤层最短自然发火期。

【解读】 本条是关于对开采煤层最短自然发火期进行测定的规定。

1. 自然发火期是表示煤层发火危险性的一个重要指标，也是对煤层自然发火采取预防性措施的主要依据之一。自然发火期越短，发火危险性越大，反之则越小，采取的预防性措施也就不同。

煤的自然发火期是煤炭自然发火危险性的时间量度，即煤体从暴露在空气环境之时起到自燃(温度达到该煤的着火点温度)所需的时间。煤层最短自然发火期是指煤矿某一煤层自然发火观察和记录的数据中最短的一个时间值。

通常所说的煤的自然发火期指的就是最短自然发火期。

2. 所有开采煤层应当通过统计法、类比法或者实验测定等方法确定煤层最短自然发火期。

(1) 统计法:适用于生产矿井。在矿井生产期间,通过对煤层的自燃情况进行统计和记录,将同一煤层发生的各项自燃火灾逐一比较,以其发火时间最短者作为该煤层的自然发火期,一般以月为单位。

巷道中煤层自然发火期以自然发火地点揭露煤之日起至发生自然发火时为止的时间计算。

采煤工作面煤层自然发火期一般以工作面开切眼之日起至发生自然发火时为止的时间计算。

判断是否发生自然发火的依据:① 煤炭自燃引起明火;② 煤炭自燃产生烟雾;③ 煤炭自燃产生煤油味;④ 采空区测得一氧化碳浓度超过矿井实际统计的临界指标。

(2) 类比法:适用于新建矿井。对于新建的开采有自燃倾向性的煤层的矿井,为了在设计时选择有利于防火的开拓方案和矿井通风系统类型以及有关的技术参数,往往也要预测煤层的自然发火期。但是由于矿井尚未进行生产,不会有自然发火,因此,用统计法无法确定自然发火期。在这种情况下,只有根据地质勘探时采集的煤样所做的自燃倾向性鉴定资料,并参考煤层情况、地质条件、赋存条件和开采方法与之相似的采区或矿井,进行类比估算,以供设计参考。

(3) 实验测定法。实验室测定出的发火期可称为煤的最短理论发火期,是在最易自燃的条件(绝热)下获得的。实验室的测定不可能还原影响矿井煤层自燃的外因条件(如地质构造、推进速度等),它所能反映的仅仅是实验条件下(如气体流速、煤起始温度、散热条件等)煤的升温时间,并不能代表矿井中煤的实际自然发火期。

理论发火期远比现场的实际发火期时间短,根据测定出的理论发火期,再考虑现场的实际外因条件,可以建立理论发火期与实际发火期之间的联系,从而推算出现场的实际发火期。

3. 煤层自然发火期的长短,不仅与煤层自燃倾向性直接相关,而且与采煤方法、顶板管理、巷道支护以及通风方法等外部条件有着重要关系。基于煤层自然发火期与开采技术等外部条件的密切关系,可以采取预防煤层自然发火的相关措施,如选择合理的采煤工艺以减小煤体破碎程度,提高采出率以减少遗留浮煤,合理确定并尽量缩短采(盘)区(工作面)及其相关巷道的服务时间等,从而尽量延长煤层自然发火的时间和在自然发火期内将采(盘)区(工作面)开采结束。因此,必须根据煤层自然发火期确定采(盘)区开采期限。

4. 掌握开采煤层的最短自然发火期,对矿井制定防灭火措施具有重要意义。

(1) 矿井在进行防灭火设计时,以最短自然发火期作参考依据,并考虑自燃倾向性等级,使防灭火设计的内容更加科学、全面和详细。

(2) 安全高效矿井可以根据开采煤层的最短自然发火期,合理确定回采速度,降低防灭火成本,有效预防采空区的自燃火灾。

5. 有煤层自燃倾向的矿井,大多数建立了束管监控系统。根据最短自然发火期测定指标,矿井可以充分利用束管监控系统的数据,分析采空区气体变化与温度的关系,更有利于制定防灭火技术方案。

【案例 2-2】 2009 年 12 月 12 日 14 时 30 分,某矿 4322 综放工作面停采回撤液压支架期间,上端头发生一起煤炭自燃火灾事故。

事故原因:

(1) 生产过程中,工作面过断层时没有按过断层的措施施工,使工作面推入底板岩石中,导致推进速度放慢,41 d 仅推进 29 m,超过了最短自然发火期,且工作面频繁冒顶,留下大量顶煤、浮煤(最厚达 5.9 m),给发火创造了条件。

(2) 对煤层自燃特性了解不清,对煤层自燃的早期气体指标等分析不够。(在实验室条件下,该矿煤样起始温度为 33 ℃时,最短自然发火期为 30 d;起始温度为 28.7 ℃时,最短自然发火期为 34 d;起始温度为 20 ℃时,最短发火期为 46 d;出现 C_2H_4 时的煤温为 91 ℃。如 11 月 29 日 105# 支架顶板气样分析一氧化碳高达 1 312 ppm, C_2H_4 浓度为 4.32 ppm,这时的煤温达 91 ℃以上,距出现烟雾只有 10 d 左右的时间。)

(3) 防火措施不当。高达数米的松散煤体堆积在支架后,为自然发火提供了有利的物质条件,所采用的注水、注浆等措施不能有效地包裹煤体,因此,虽然做了大量的防灭火工作,但是效果不明显。

(4) 发现煤炭自燃隐患后,一直未向上级集团公司汇报,直到浓烟滚滚,无法控制时才向集团公司汇报,延误了救灾时机。

(5) 技术、装备储备不够。如:利用地面灌浆系统灌注凝胶、胶体泥浆,但一直未掌握注浆工艺流程,而这种技术正是处理此类问题的有效手段。

【案例 2-3】 2019 年 9 月 12 日,某矿井下 10201 采煤工作面发生一起煤层自然发火事故,事故未造成人员伤亡,直接经济损失 90 776 万元。

1. 直接原因

10201 采煤工作面回采的 K_2 煤层属容易自燃煤层。工作面遇逆断层煤体增厚，采取托顶煤开采时导致顶部煤体冒落遗留在采空区，且过断层导致推进速度缓慢，造成采空区遗煤氧化自燃。

2. 间接原因

(1) 矿井防灭火技术管理不到位。该矿开采容易自燃煤层，未进行煤层实际自然发火期测定工作；未认真确定自然发火标志气体及其临界值，盲目选取矿井有害气体 CO 最高允许浓度 24 ppm 作为自然发火标志气体临界值；未根据煤层自然发火期、矿井地质和开采技术条件确定工作面开采期限；工作面过逆断层期间，使用大量可燃性支护材料后将其遗留在采空区。

(2) 对自然发火灾害认识不足，对采取的防灭火措施的效果判断失误。该矿在组织处理 10201 采煤工作面遇逆断层推进困难的问题时，对煤层自然发火灾害认识不足，在出现 CO 且其浓度持续增高、采取的措施无明显效果的情况下，未果断采取封闭工作面措施。事故当天，CO 浓度达 500 ppm、C_2H_4 达 10 ppm时，仍错误判断为“制定的防灭火和推采措施基本可行，效果基本显现”，错失了封闭工作面的最后时机。

第十四条　采煤工作面采空区自然发火“三带”可划分为散热带、氧化带和窒息带。开采容易自燃和自燃煤层时，同一煤层应当至少测定 1 次采煤工作面采空区自然发火“三带”分布范围。当采煤工作面采煤方法、通风方式等发生重大变化时，应当重新测定。

【解读】 本条是关于采煤工作面采空区自然发火“三带”划分的规定。

(1) 采煤工作面采空区自然发火“三带”的分布范围及状况是防治采空区自然发火的重要参考依据之一。确定采空区的自然发火“三带”分布范围及状况，对有效增强防灭火措施的针对性与实效性，增强防灭火工程的实际效果，有着重要的现实意义，以有效预防自然火灾事故的发生。

采煤工作面通风方式多以 U 形通风布置为主。采用 U 形通风系统的工作面的采空区，按照漏风大小和遗煤发生自燃的可能性，可分为“三带”：散热带 Ⅰ (宽度为 $L_{Ⅰ}$)、氧化带 Ⅱ (宽度为 $L_{Ⅱ}$) 和窒息带 Ⅲ (见图 2-1)。靠近工作面的采空区内冒落岩石处于自由堆积状态，空隙多、间距大，漏风条件好且漏风量大，煤氧化生热少而散发热量多，因而，此范围内煤不易发生自燃，叫作散热带。该区域的宽度为5～20 m。氧化带中岩石密实且岩石之间空隙较小，漏风小，积热储能条件较好。倘若该区域的自然条件保持时间超过了煤层自然发火期，就有可能发生煤层自燃现象，故此范围称为氧化带。该区域的宽度取决于顶板岩性、工作面推进速度、漏风通风压差等，一般宽度为20～70 m。氧化带向采空区内部延伸，便是窒息带。由于该区域距工作面较远，漏风不大或渐近消失，含氧浓度低，失去了自燃条件，此区域煤岩处于惰化状态，原已经发生自燃的遗煤也能窒息熄灭，故叫作窒息带。因此，开采容易自燃和自燃煤层时，同一煤层应当至少测定1次采煤工作面采空区自然发火“三带”分布范围。

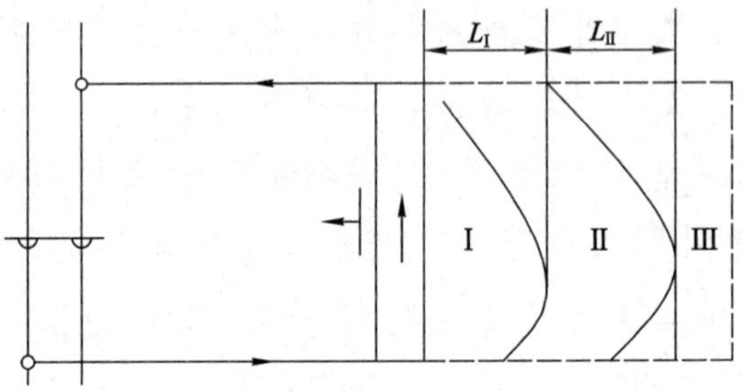

图2-1 采空区自然发火“三带”分布示意图

(2) 当采煤工作面采煤方法、通风方式等发生重大变化时，采煤工作面采空区内的温度、风速、漏风情况会随之发生变化，采空区自然发火“三带”分布范围及状况也会随之变化。因此，此时应当重新测定“三带”分布范围及状况，以便调整防灭火措施和方案，有效增强防灭火措施的针对性和实效性，提高防灭火工作的预防效果，切实预防自燃火灾事故的发生，确保矿井安全生产。

第十五条 开采容易自燃煤层的新建矿井应当采用分区式通风或者对角式通风。初期采用中央并列式通风的只能布置1个采区生产。

【解读】 本条是关于开采容易自燃煤层的新建矿井通风方式选取的规定。

(1) 对于中央并列式通风，通风路线是折返式的，风路长，通风阻力大。当井田走向很长时，边远采区可能出现风量不足的情况，且通过中央采区采空区的漏风较大，不利于通风瓦斯管理和煤炭自然发火的防治，矿井抗灾能力低。

(2) 对于分区式和对角式通风，风流在井下流动线路是直向式，风流线路短，阻力小，内部漏风小，安全出口多，矿井抗灾能力强，且风量易调节，矿井风压相对稳定。因此，开采容易自燃煤层的新建矿井应当优先采用分区式通风或者对角式通风。

(3) 初期采用中央并列式通风的矿井只能布置1个采区生产,后期增加生产采区必须增加回风井,采用分区式、对角式或者混合式通风系统。

【案例2-4】 图2-2所示为某低瓦斯矿井区域性反风示意图。该矿采用对角式通风系统,运输下山进风,轨道下山回风。下山斜长为350 m。由于运输下山中第5部带式输送机着火,当时有65名职工被困在井下烟雾中,火灾顺风流蔓延很快。原通风系统为1→2→3→4→5→6→7→8→9→10→12。

为了抢救人员,根据通风系统图和通风网络图,决定采用反风措施。打开D_3、D_4,10—12建立密闭,2—3建立密闭。通风系统为1→2→11→9→8→7→6→5→4→3→12。

该起事故火灾所产生火风压的作用方向与反风后风流方向一致,反风后风流是稳定的。如果反风后的风流方向与火风压作用方向不一致,要防止风流突然反向情况的发生,避免给抢险救灾工作带来不可预计的危害性。

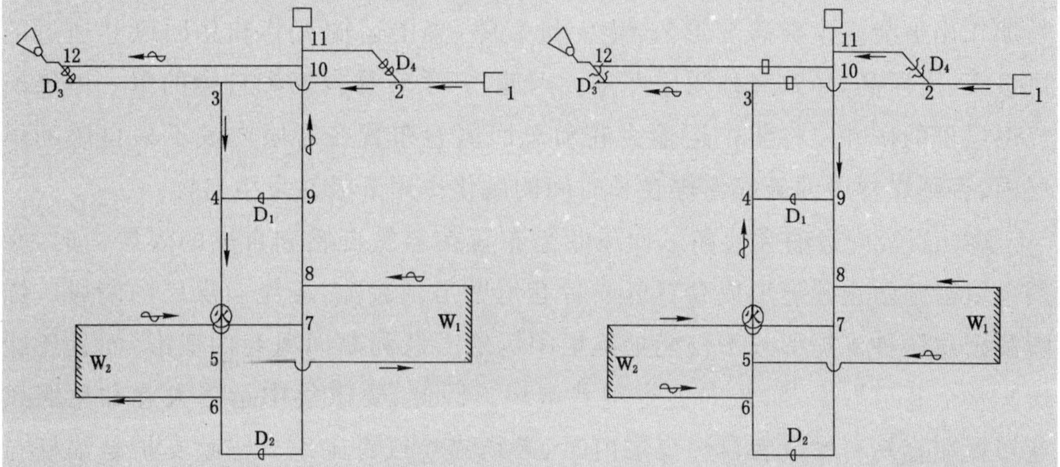

图2-2　区域性反风示意图

【案例2-5】 2010年1月5日12时5分,某煤矿发生特别重大火灾事故,死亡34人,直接经济损失2 962万元。

1. 直接原因

该煤矿中间立井三道暗立井内敷设的非阻燃电缆老化破损,短路着火,引燃电缆外套塑料管、吊箩、木支架及周边煤层,产生大量有毒有害气体,造成人员窒息伤亡。

2. 间接原因

该矿属高瓦斯矿井,没有完整的通风系统,主要通风机平时不运行,违规利用与某矿业公司四矿贯通处回风，地面井口均为进风井。发生事故的中间立井工作面乏风经辅助风机排入东井生产区域的进风流中，形成串联通风。通风方式严重违反《煤矿安全规程》规定。

第十六条 开采容易自燃和自燃的单一厚煤层或者煤层群的矿井，集中运输大巷和总回风巷应当布置在岩层内或者不易自燃的煤层内。布置在容易自燃或者自燃煤层内时，必须锚喷或者砌碹，碹后的空隙和冒落处必须用不燃性材料充填密实，或者用无腐蚀性、无毒性的材料进行处理。

【解读】 本条是关于开采容易自燃和自燃的单一厚煤层或者煤层群的矿井集中运输大巷和总回风巷布置的规定。

（1）集中运输大巷和总回风巷若布置在煤层内，需要留设大量护巷煤柱，增加了煤层在空气中的暴露面积。并且在厚煤层或煤层群开采中，集中运输大巷和总回风巷的服务时间长，短则几年，长则数十年，巷道周围煤柱在围岩应力的长期作用下会发生破碎变形，产生大量裂隙；集中运输大巷和总回风巷通过的风量大、风压高，导致煤柱漏风严重。因此，开采容易自燃和自燃的单一厚煤层或煤层群的矿井应将集中运输大巷和总回风巷布置在岩层内或不易自燃的煤层内，否则煤柱中的破碎浮煤在长时间的氧化作用下极易发生自燃。

（2）当集中运输大巷和总回风巷需布置在容易自燃和自燃的煤层内时，必须采取措施防止巷道形成高冒区或者巷道壁出现裂隙，避免向煤层内漏风。锚喷和砌碹两种支护形式不仅能抵抗集中运输大巷和总回风巷的变形，而且还能密实整个巷道壁面，防止向巷道围巷漏风。因此，要求集中运输大巷和总回风巷布置在容易自燃或者自燃煤层内时，必须锚喷或者砌碹。锚喷支护是锚杆与喷射混凝土联合支护的简称，砌碹是用混凝土、料石等材料筑成连续整体的巷道支护形式。锚喷支护具有更好的支护性能和经济性，应优先选用，但是在地质条件差、顶帮破碎、压力大的部分巷道应采用砌碹支护形式。随着矿井开采的进行，若一些巷道由于局部应力集中导致支护部分失效出现空隙和冒落，此时应及时采用不燃性且无腐蚀性、无毒性材料进行充填。

【案例 2-6】 2007 年 2 月 2 日 6 时 30 分左右，某煤矿井下发生重大火灾事故，造成 24 人死亡，1 人受伤，直接经济损失 910.8 万元。

1. 直接原因

井下巷道均布置在煤层中，采用木棚支护，荆笆、荆梢背帮背顶。煤层自然发火引燃主井底清仓斜巷内支护巷道的荆梢、荆笆和木棚，当班灭火人员没有及时发现发火点，造成火势蔓延和扩大。

2. 间接原因

(1) 该矿无视国家法律法规，无视政府监管，在证照不齐、技改工程未经批准开工的情况下，违法组织生产。

(2) 该矿为开采易自燃煤层的矿井，矿井防灭火系统不完善；矿井安全管理制度不健全，落实不到位；未制定防灭火管理制度、防灭火年度计划；未采取综合预防煤层自然发火的措施。

(3) 该矿安全管理机构不健全，安全生产管理人员安全技术素质差；安全管理制度、防灭火措施落实不到位；矿井未对新工人进行安全培训，工人自我保安意识差，入井未带自救器。

第十七条　开采容易自燃煤层的采(盘)区，必须设置至少1条专用回风巷。

【解读】 本条是关于开采容易自燃煤层的采(盘)区设置专用回风巷的规定。

(1)“专用回风巷”是指在采区巷道中，专门用于回风，不得用于运料、安设电气设备的巷道。

(2) 开采容易自燃煤层的采(盘)区，专用回风巷内不得行人。此处的“不得行人”的规定，是指井下一般人员不得随意进入专用回风巷，通风和巷修人员经过审批程序，制定专项安全措施后，可以进入专用回风巷进行检查和维护工作，但此时应当停止采(盘)区内一切采掘作业并制定严格的安全措施。

(3) 对于走向长壁式开采，专用回风巷指的是采区回风上(下)山；对于倾斜长壁式开采，专用回风巷指的是盘区回风大巷；对于片盘斜井开采，专用回风巷指的是回风斜井。

第十八条　开采容易自燃和自燃煤层时，在采(盘)区开采设计中，必须预先选定采煤工作面构筑防火门的位置。当采煤工作面通风系统形成后，必须按设计构筑防火门墙，并储备足够数量的封闭防火门的材料。

【解读】 本条是关于采煤工作面构筑防火门的规定。

(1) 防火门是在灭火过程中调节风量，控制火灾发展、蔓延乃至封闭整个火区防止风流流向火源的一种构筑物。由于所封闭火区的危险性与封闭时间成正相关，因此，在采（盘）区开采设计中必须预先选定构筑防火门的位置，且在采煤工作面通风系统形成后及时构筑好防火门墙，提前准备好足够数量的封闭防火门的材料，从而减少火区封闭时间，避免贻误灭火时机。在有带式输送机等设备的采掘工作面的进、回风巷设置防火门具有一定难度，但经过防火门形式、施工顺序、材料储备、位置的特殊设计后，仍可设置防火门而不影响正常生产。一旦需要封闭火区，在已建防火门墙的基础上，使用预先储备的防火门封闭材料封闭防火门，减少封闭防火门的时间。实施封闭防火门的条件和时间应在灾害预防和处理计划中明确说明。

（2）在采（盘）区开采设计中，需要构筑防火门墙的地点有：

① 采区进、回风巷各需布置防火门墙一道；

② 采区机电硐室入口处设向外开放的防火铁门；

③ 采区机电硐室处需布置由两道防火门墙构成的双防火门隔断硐室。

（3）在采区进、回风巷两侧各布置防火门墙主要考虑当采区发生火灾时，需要对灾情进行控制与处理，新鲜风流的进入、烟流的蔓延以及火区的发展控制与监测是三个主要的防治着眼点。进风巷中的防火门可有效阻止新鲜空气进入灾区，防止火情扩大或因火势发展烟流逆退、滚退混入进风流而造成风流逆转；回风巷中的防火门墙主要是在有工作面封闭需求时，实现进、回风巷同时快速封闭火区。

（4）采区机电硐室是整个采区设备控制、电力输配的核心；硐室内为高压高温环境，机电设备复杂且数量繁多，是采区发生火灾的高危地点；同时，一旦采区其他位置发生火灾波及此处，将产生次生灾害、造成灾害扩大恶化。因此，采区机电硐室是灾变时期的重点防护场所。

（5）在采区机电硐室设计中，各个入口应当设立向外开放的防火铁门；当采区机电硐室位于单巷一侧时，单巷采区入口前后设立双防火门，两道防火门在巷道中隔出一段距离，形成防火门硐室，可有效阻断来自机电硐室上、下游火灾对于该位置的影响；当采区机电硐室位于进、回风联络巷中时，硐室入口左右两侧各设一道防火门，可有效防止进、回风巷道内的火灾对机电硐室产生影响。防火门硐室的设计有利于矿井在发生火灾时减少财产损失，另外，也可避免在救灾过程中产生次生灾害。

（6）对预先构筑防火门墙的要求：

① 采区或工作面形成生产和通风系统后 10 d 内，按设计确定的位置和规

格，构筑好防火门墙，并与采区同时移交和验收。

② 防火门墙的构筑应符合下列要求：

a. 防火门墙必须采用不燃性材料建筑；

b. 墙体厚度不得小于 600 mm；

c. 墙体四周应与巷壁接实，掏槽深度不得小于 300 mm；

d. 墙体无重缝、干缝，灰浆饱满，不漏风；

e. 防火门采用“内插拆口”结构，其结构如图 2-3 所示；

f. 防火门门口断面，符合行人、通风和运输要求。

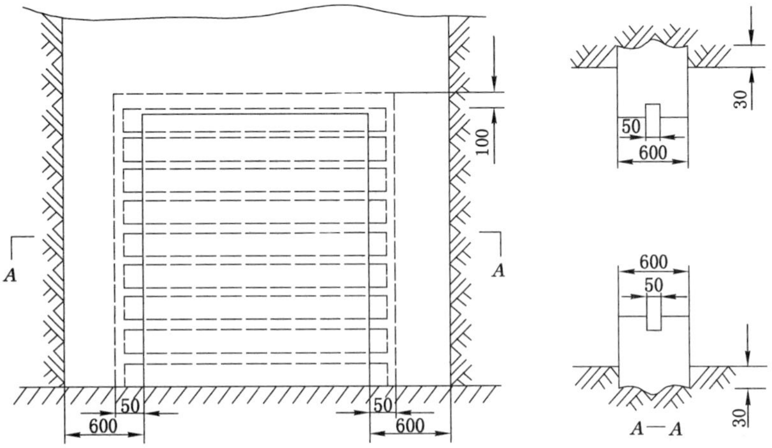

图 2-3　防火门结构示意图

（注：图中尺寸未按比例标注）

③ 封闭防火门所用的板材厚度不得小于 30 mm，每块板材宽度不小于 300 mm，拆口宽度不小于 20 mm，并要外包铁板。

④ 封闭防火门所用的木板要逐次编号，排列摆放整齐，指定人员负责定期进行检查，如发现有变形或丢失要及时更换和补充。

【案例 2-7】 2002 年 10 月 29 日凌晨 3 时左右，某煤矿井下发生一起特大电气火灾事故，造成 30 人死亡，直接经济损失 198.8 万元。

1. 直接原因

由于该煤矿四采区变电所变压器超负荷运行（所安设变压器容量为 320 kV・A，而其供电负荷为 347.7 kW，变压器长期满负荷和超负荷运行，导致电缆加速老化、绝缘性能降低、温度升高）和变压器低压侧接线错误，导致距接线端子 500 mm、距地板 1 m 高处的橡套电缆短路，产生电弧火花，点燃积存在地板上的高压防爆配电箱漏出的绝缘油及渗漏在地板上的变压器油。

2. 间接原因

(1) 四采区既无采区开采设计,也无采区变电所设计,只有一个方案草图和施工进度表,未对变电所内的高、低压馈电开关过负荷保护整定值进行计算;同时,变电所也没有按规定安设防火铁门和配备灭火器材,致使着火初期不能及时扑灭明火,也不能采取其他措施灭火。

(2) 机电管理混乱,矿井无机电设备维护检修制度。变压器低压侧每一个接线柱上错误地压接三个线头的现象长期存在,形成了严重的事故隐患;采区变电所未设专人值班,也没有制定值班人员巡回检查制度;未能及时发现并解决因采区变电所高压防爆配电箱油箱油堵松动、绝缘油流尽的问题;未及时彻底清除渗漏在地板上的变压器油渍。

(3) 日常安全检查不力。入井人员未按规定随身携带自救器,致使发生火灾后,遇险人员不能安全撤出。

(4) 机电专业人员配备不足。该矿机电专业的管理力量薄弱,全矿只有生产科副科长一人是机电专业人员,其他电工技术不熟练,导致隐患得不到及时排除。

第十九条　开采容易自燃和自燃煤层时,采煤工作面必须采用后退式开采,并根据采取防火措施后的煤层自然发火期确定采(盘)区开采期限。在地质构造复杂、断层带、残留煤柱等区域开采时,应当根据矿井地质和开采技术条件,在作业规程中另行确定采(盘)区开采方式和开采期限。回采过程中不得任意留设设计外的煤柱和顶、底煤。采煤工作面采到终采线时,必须采取措施使顶板冒落严实。

【解读】 本条是关于开采容易自燃和自燃煤层时,采煤工作面开采方式与开采期限、煤柱与顶、底煤的留设以及终采线顶板冒落的规定。

(1) 采煤工作面的开采方式包括前进式和后退式。采用后退式开采的工作面,进风巷与回风巷一般都处在未采动的实体煤层内,采空区一侧不存在通风巷道,采空区漏风的范围只是由工作面上、下两端之间的风压差所形成的漏风区域。采用前进式开采时,在采空区侧有通风巷道,向采空区漏风较为严重,采空区中的浮煤更易自燃。开采容易自燃和自燃煤层时,采煤工作面必须采用后退式开采。如果采煤工作面采用 Y 形或 Z 形通风方式,即使采用后退式开采,布置在采空区侧的巷道依然存在向采空区漏风及引发煤自然发火的问题。因此，必须加强采空区的发火监测工作，提高应急处置能力。

（2）煤自燃是在常温状态下发生的氧化升温过程，煤氧化产生的热量需要一定的周期才能使其着火。煤从暴露在空气中到着火的最短时间为煤层自然发火期，通常以月为计量单位。煤层自然发火期是以时间量度表征煤层自然发火危险性的指标，煤层发火期越短，发火危险性越大。煤层自然发火期既反映了煤层自燃的内在属性，又反映了煤层开采方法与技术、地质赋存条件、通风管理和采取的防火措施等对煤自燃影响的外因条件。因此，采取有效的防火技术措施可延长煤层自然发火期，以该发火期确定出采（盘）区开采期限，在低于煤层自然发火期的开采期限内作业就不会发生煤层自燃。

（3）地质构造复杂、断层带、残留煤柱等区域煤体破碎，有大量浮煤堆积并且漏风通道复杂，漏风严重，煤自燃现象频繁发生。因此，在地质构造复杂、断层带、残留煤柱等区域开采时，必须重新设计开采方式，加快回采速度，防止发生煤自燃现象。

（4）增加采空区遗留的煤柱和顶煤、底煤，会使采空区遗煤增多，并且造成采空区顶板不能充分垮落，漏风量增大，导致采空区遗煤自燃的概率大大提高。因此，在回采过程中不得任意留设设计外的煤柱和顶煤、底煤。

（5）采煤工作面终采线附近浮煤堆积量大、漏风严重，是容易自然发火的地点之一。因此，工作面采到终采线时，必须根据具体情况采取有效措施使顶板冒落严实，以减少漏风，防止终采线处的碎煤发生自燃。

【案例 2-8】　某矿 1310 放顶煤综采工作面位于南中央采区东翼，平均走向长度为 980 m，平均倾斜长 146 m；煤层倾角 15°～30°，煤层平均厚度为 8 m，为气煤。该工作面于 2000 年 3 月 17 日停采，3 月 19 日开始铺网，4 月 13 日铺网结束，5 月 20 日刷扩结束，5 月 27 日开始撤除综采支架。6 月 11 日 23 时，81～82 号架间涌出浓烟，出现明火；至 6 月 14 日，先后在 41～42 号架、79～83 号架间出现自燃现象 8 起；从 6 月 11 日至 6 月 14 日，泄排巷密闭前风流、回风隅角及吊装硐室风流中一氧化碳浓度不断上升，最高达 0.052%，回风流中一氧化碳浓度为 0.003%～0.022%，综采支架后煤体一氧化碳浓度最高达 1.9%，巷道风流温度由 28 ℃升至 30 ℃。其上区段 1308 下机巷密闭墙处也出现一氧化碳和甲烷。工作面出现明火时，94 台支架实际安全撤出的只有 11 台。

事故原因：1310 综采工作面采用后退式开采的 U 形通风系统，其自然发火的主要原因是综采支架搁置时间较长，采空区留顶煤较多，工作面下隅角向采空区漏风供氧，导致采空区遗煤氧化发生自燃。从现场观测情况看，42～47 号架、

80～90 号架这两个区段一氧化碳涌出量较大，且出现明火，其他地点相对稳定。从架前向架后采空区利用岩石电钻施工钻孔，这两个区段有浓烟从孔中冒出，同时测量钻孔内一氧化碳浓度高达 0.3%～0.5%。

【案例 2-9】 2001 年 5 月 7 日 23 时 45 分，某矿务局多种经营总公司某公司井(个体承包)发生一起特大火灾事故，造成 54 人死亡，直接经济损失60.2 万元。

1. 直接原因

由于井下＋132 m 标高平巷进风段 38 号密闭内火区长期漏风，造成火区范围扩大，加之此平巷见煤段的煤长期处于氧化状态，致使＋132 m 标高平巷进风段见煤处煤炭自然发火，并引燃巷道木支架发生火灾。

2. 主要原因

(1) 矿井“一通三防”工作未落实，疏于对防灭火的管理。井下＋132 m 标高平巷进风段 38 号密闭内火区长期漏风，平巷见煤段的煤长期处于氧化状态，没有采取及时有效的防止煤自然发火的措施，致使平巷内煤层自然发火，并引发矿井火灾。

(2) 矿务局安全生产责任制未落实。原煤炭工业部和原国家煤炭工业局明确规定，矿办小井安全生产必须纳入大矿统一管理，矿务局局长是矿办小井安全生产的第一责任者。但该矿务局在矿办小井的安全管理上没有明确各级干部及业务处室职责分工，对矿办小井的安全管理失控。

(3) 矿务局多种经营总公司对矿办小井安全管理降低标准，以包代管，将该小井转包给个人，致使其违规生产，在被责令停产整顿后又擅自开工，留下事故隐患。

(4) 矿井不具备安全生产基本条件。矿井采用非正规采煤方法，采区通风系统不合理；火区密闭不严，导致长期漏风；工作面单出口，发生事故时人员无法安全撤出；矿井无备用主要通风机；单回路供电。未铺设完整的灌浆灭火供水管路；工人未佩戴自救器。存在多处重大事故隐患。

第二十条 开采容易自燃和自燃的急倾斜煤层用垮落法管理顶板时，在主石门和采区运输石门上方，必须留有煤柱。禁止采掘留在主石门上方的煤柱。留在采区运输石门上方的煤柱，在采区结束后可以回收，但必须采取防止自然发火措施。

【解读】 本条是关于开采容易自燃和自燃的急倾斜煤层用垮落法管理顶板时，在主石门和采区运输石门上方留设、回收煤柱的规定。

（1）开采容易自燃和自燃的急倾斜煤层并采用垮落法管理采空区顶板时，主石门和运输石门易受采空区影响，也易出现向采空区漏风而引发煤炭自燃的情况。因此，在主石门和运输石门上方留有煤柱有利于保持石门完整性和稳定性，以防止向采空区漏风。

（2）开采急倾斜煤层时，主石门服务于整个矿井的开采年限，担负着运输、通风、行人、管路敷设等任务，其上方留设的煤柱对隔离采空区、保护主石门完整性具有重要作用，因此，禁止采掘留在主石门上方的煤柱。

（3）在采区回采结束后回收煤柱时，石门煤柱受工作面采动压力的影响，煤层松散，漏风通道增加，煤柱回收工作面易发生煤的自然发火，故必须制定相应的防灭火技术措施，确保煤柱的安全回收。

【案例 2-10】 2013 年 3 月 29 日 21 时 56 分，某矿发生特别重大瓦斯爆炸事故，造成 36 人遇难，12 人受伤，直接经济损失 4 708.9 万元。

1. 直接原因

该矿忽视防灭火管理工作，防灭火措施不落实，一工作面上区段采空区漏风，煤炭自然发火，引起采空区瓦斯爆炸，爆炸产生的冲击波和大量有毒有害气体造成人员伤亡。

2. 间接原因

企业安全生产主体责任不落实，严重违章指挥、违规作业。该矿对井下采空区的防灭火措施不落实，管理不力。

一是采空区相通。该矿－416 m 采区急倾斜煤层的区段煤柱预留不合理，开采后即垮落，不能起到有效隔离采空区的作用，导致上、下区段采空区相通，向上部的老采空区漏风。

二是密闭漏风。巷道压力大，使得－250 m 石门密闭出现裂隙，从而造成漏风。

三是防灭火措施不落实。没有采取灌浆措施，仅在封闭采空区后注过一次氮气，没有根据采空区内气体变化情况再及时补充注氮，导致注氮效果无法满足防火要求。

四是未设置防火门。违反《煤矿安全规程》规定，没有在－416 m 采区预先设置防火门。

第二十一条 开采容易自燃和自燃煤层时，必须制定防治采空区（特别是采煤工作面始采线、终采线、上下煤柱线和三角点）、巷道高冒区、煤柱破坏区自然发火的技术措施。

【解读】 本条是关于开采容易自燃和自燃煤层时，必须制定防治采空区、巷道高冒区、煤柱破坏区自然发火技术措施的规定。

开采容易自燃和自燃煤层时，采煤工作面始采线、终采线、上下煤柱线和三角点、巷道高冒区、煤柱破坏区较易形成自然发火的三个条件如下：

(1) 破碎煤体。在采空区内，特别是工作面始采线和终采线处浮煤较多；上下煤柱线处因进、回风巷保护煤柱无法开采，留在采空区中的煤柱在长期的应力作用下呈破碎状态堆积；三角点即工作面的上、下隅角，作为工作面的边角，不可能将三角点处的煤完全采出，也会留有大量浮煤。巷道高冒区、煤柱破坏区都是因原煤体受外力作用发生破碎，易形成浮煤堆积。

(2) 漏风供氧。采空区、巷道高冒区和煤柱破坏区都与矿井的通风巷道相连，无法完全隔绝与通风巷道之间的漏风，造成氧气与浮煤充分接触。

(3) 良好蓄热。破碎状态下的浮煤具有良好的蓄热条件，又很少受外界条件变化的影响，有较为稳定的持续氧化时间。

因此，采空区（特别是采煤工作面始采线、终采线、上下煤柱线和三角点）、巷道高冒区、煤柱破坏区是煤矿井下最容易发生煤自然发火的区域。为了降低煤的自然发火危险，避免火灾事故发生，必须制定在这些地点防治自然发火的技术措施。

【案例 2-11】 2003 年 12 月 23 日 5 时许，某矿东翼带式输送机巷－540～－530 m 上山段过 C_{13} 煤层高冒区时，发生一起严重自然发火事故。

事故原因：

(1) 因高冒区处漏风，造成煤自燃并引燃支护木垛，过煤段高冒区支护处理采用木垛接顶，未用不燃材料充填，为火势扩大提供了物质基础。

(2) 受 1152(3) 工作面回采矿压影响，过煤段附近浆皮脱落，产生裂缝。同时，过煤段高冒区与采空区裂隙沟通，形成漏风通道。另外，通风是下行风，进而造成有适合煤自燃的连续供氧条件。

(3) 由于是冬季，通风眼被人为封堵，造成带式输送机道处于微风状态。高冒区氧化热量不能被迅速带走，从而形成了良好的蓄热条件。

(4) 由于缺乏对 C_{13} 过煤段高冒区原高温点的早期预报工作，造成火势扩大，转为明火阶段。

【案例 2-12】 2005 年 10 月 30 日，某煤矿在检查人员发现该矿 12190 工作面下巷 892 m 处出烟后，通风区立即安排采用常规的打钻孔注黄泥浆方法处理火区，同时向矿领导汇报。由于此段巷道处于断层附近，煤层变软，并且是以 11°～13°的上坡由煤层底板向煤层顶板的过渡地段，巷道顶煤破碎，空顶严重。因此，高冒区面积大，漏风严重；同时，由于工作面的风速较大(超过 2 m/s)以及巷道高冒区内积存有瓦斯，导致火区面积不断扩大，一氧化碳浓度急剧上升。11 月 3 日上午，上巷一氧化碳浓度达到 0.08%，11 月 4 日急增至 0.18%，巷道内浓烟滚滚，能见度不足 0.5 m，常规的灭火手段收效甚微，新贯通的工作面面临封闭，整个矿井的安全生产受到非常严重的威胁。

事故原因：该工作面地质结构较为简单，煤层整体为一向东南倾斜的单斜构造。下巷发火地点前后巷道处于断层边缘附近，煤层结构复杂、条理紊乱、煤层松软，造成巷道周边煤体大量破碎，顶板形成大面积的空顶。并且该矿为了开切眼防火的需要，使巷道以 11°～13°的上坡由煤层底板过渡到煤层顶板，引起巷道变坡地带的风流紊乱，造成下巷高冒区的煤自然发火。

第二十二条　矿井必须制定防止采空区自然发火的封闭及管理专项措施，及时构筑各类密闭并保证质量。采煤工作面回采结束后，必须在 45 天内进行永久性封闭。

构筑、维修采空区密闭时必须编制设计，制定专项安全措施。

采空区疏放水前，应当对采空区自然发火的风险进行评估。采空区疏放水时，应当加强对采空区自然发火危险的监测与防控，制定防止采空区自然发火的专项措施。采空区疏放水后，应当关闭疏水闸阀，采用自动放水装置或者永久封堵，防止通过放水管漏风。与封闭区连通的各类废弃钻孔必须永久封闭。

【解读】 本条是关于制定防止采空区自然发火的封闭及管理专项措施和采空区疏放水的规定。

(1) 采空区是煤矿最易发生煤自然发火的区域之一，因范围大和火源隐蔽，一旦发生火灾，治理将十分困难，是防火重点区域。封闭采空区是防止采空区自然发火的一项关键技术措施，其主要内容包括：根据防火要求和现场条件制定可靠周详的封闭方案；选用注泥浆、注惰性气体、注三相或阻化泡沫、均压防灭火和防止漏风等措施对采空区火源进行防治；建立完善的火灾预测预报系统，并对采空区情况进行实时监测和记录。

(2) 矿井中各类密闭是防止井下空气进入采空区或废弃区域引发煤自燃的重要隔离设施。开采容易自燃、自燃煤层,应当及时构筑各类密闭并保证质量。

(3) 采煤工作面回采结束后,必须及时对采空区进行永久性封闭。综合考虑我国煤层的最短自然发火期和煤矿现有的技术条件,必须在 45 d 以内完成对采空区的封闭。

(4) 构筑采空区密闭,首先要精准确定密闭构筑的位置,以保证位置合理,满足防火要求和现场条件;另外,密闭材料及规格要求、质量标准、组织措施等事项,必须在编制的设计里体现并满足防火要求。维修采空区密闭时,要结合现场状况,制定科学的施工方法、人员安全保障措施和施工质量保障措施等,同时必须制定专项安全措施。

(5) 采空区疏放水,是指对采煤工作面回采结束已经按规定封闭的空间进行疏放水。在疏放水前,应当对采空区自然发火的风险进行评估。评估的内容包括采空区内有无自燃的煤炭存在、有无含氧量较高的空气流过、采空区漏风情况、采取灌浆防火等防止煤自然发火的措施是否到位等。

(6) 采空区疏放水时,因存在漏风,采空区内温度、风速及含氧量都会发生变化,因此,应当加强对采空区自然发火危险的监测与防控,掌握温度、风速及含氧量变化情况,有针对性地制定防止采空区自然发火的专项措施。

(7) 采空区疏放水后,为保证采空区内温度、含氧浓度相对稳定,达不到自然发火条件,应当关闭疏水闸阀,采用自动放水装置或者永久封堵,防止通过放水管漏风,引起采空区复燃,导致火灾事故发生。

(8) 与采空区连通的各类废弃钻孔以及排水后的原积水空间向采空区提供了漏风通道,是导致采空区自燃的又一主要原因。因此,与封闭区连通的各类废弃钻孔必须永久封闭,以消除自燃火灾隐患。

(9) 安全生产标准化管理体系防灭火基本要求和评分方法的考核要点见表 2-2。

表 2-2 安全生产标准化管理体系防灭火基本要求和评分方法的考核要点

项目	项目内容	基本要求	标准分值	评分方法	检查内容	查阅资料
防灭火	封闭时限	及时封闭与采空区连通的巷道及各类废弃钻孔;采煤工作面回采结束后 45 d 内进行永久性封闭	5	查现场和资料。1处不符合要求扣2分	1. 查是否及时封闭与采空区连通的巷道及各类废弃钻孔; 2. 查采煤工作面回采结束后 45 d 内是否进行永久性封闭; 3. 查生产记录和密闭时间(台账和施工说明)	1. 密闭台账; 2. 密闭检查记录; 3. 采煤工作面停采封闭记录; 4. 废弃钻孔台账; 5. 封闭安全技术措施

【案例 2-13】 2007 年 7 月 10 月 25 日，某煤矿启封 11052 运输巷时，11051 工作面停采线与 11052 运输巷重叠处发现 CO 浓度超标，区内煤炭自燃，随后对该工作面进行再次封闭，在回风巷布置隔离墙施工巷对发火区进行注浆。

煤层自燃原因分析：

(1) 11052 工作面回风巷、运输巷沿 11051 工作面回风巷、运输巷正下方布置，未留防自然发火煤柱。

(2) 11052 工作面回风巷、运输巷没有采取喷浆等防止漏风措施。

(3) 11051 工作面回采结束后未按防火密闭要求进行封闭。

(4) 未对 11051 工作面停采线和 11052 工作面采取注浆等防火措施。

(5) 11052 工作面回风巷、运输巷从顶板过渡到底板过程中，顶空严重，只采取了用木头搁架的措施，未进行漏风处理，致使 11051 工作面停采线存在长期漏风现象。

(6) 由于外界原因，对 11052 工作面进行了临时密闭，加剧了蓄热条件的形成，启封后没多久就发生了自燃事故。由于巷道顶部大量木头的存在，给灭火工作增加了难度，最终火势迅速蔓延，只好采取对工作面进行封闭的灭火措施。

(7) 平时没有对工作面进行 CO 浓度检测检查。

(8) 采空区防火管理系统不完善，尤其是没有注浆防火系统。

(9) 从职工到领导对预防煤炭自然发火知识了解不够。

【案例 2-14】 某煤矿 5327 综放工作面采用“一进三回”的通风方式。2002 年 3 月 4 日 10 时 45 分，有人在三层顶板回风石门风桥前发现有烟雾，经检查 CO 浓度为 0.015%，CH_4 浓度为 1.2%。经分析认为可能是地表露头自燃气体经裂隙导入工作面所致，同时也不排除采空区自燃的可能，应采取开启通风机加风门的均压措施。但在采取均压措施后，3 月 11 日夜班工作面 50 号、51 号支架后部出现明火；3 月 13 日 55 号、56 号支架后部再次出现明火，明火出现在工作面中部，火区有蔓延趋势。

事故原因：5327 综放工作面到 3 月 4 日开采近 1 年，已采 410 m，此前没有发现任何自然发火征兆。而明火发现于工作面中部，又排除了采空区自然发火的可能。经多方分析认为，近期工作面刚采过 120 号地质钻孔 7～8 m，从平面图上看，此钻孔恰好位于工作面 51～56 号支架的位置，可能是由于地质钻孔当年施工完成后，未完全封闭严密，煤炭长期氧化，而工作面在采过钻孔时，由于片帮漏顶等原因，推进缓慢，在矿井负压的作用下，造成钻孔附近煤炭自热加剧，最终导致煤炭自燃。

第二十三条 采掘工作面的进风和回风不得经过采空区或者冒顶区。无煤柱开采沿空送巷和沿空留巷时,应当采取措施防止巷道与采空区之间的漏风。

【解读】 本条是关于采掘工作面的进风和回风不得经过采空区或者冒顶区以及无煤柱开采沿空送巷和沿空留巷时应制定漏风措施的规定。

(1) 采掘工作面是矿井最主要的作业场所,人员集中,经常涌出瓦斯,产生矿尘和炮烟,温度较高。为了给采掘作业人员创造一个良好、安全的工作条件,必须供给采掘工作面足够的新鲜空气。采空区或冒顶区内积存着大量的高浓度瓦斯和有毒有害气体。如果采掘工作面的进风经过采空区或冒顶区,势必会把污浊有害的空气带入工作面,造成工作面的氧气浓度下降、有害气体含量增加,不仅恶化作业环境、损害人体健康,而且影响和威胁矿井安全生产。因此,采掘工作面的进风不得经过采空区或冒顶区。同时,采掘工作面的进风经过采空区或冒顶区会为煤炭氧化提供氧气保障,增加遗留煤炭自燃的安全隐患。

(2) 若采掘工作面的回风经过采空区和冒顶区,由于忽大忽小的孔隙和变化无常的通风阻力,采空区和冒顶区内没有完好的通风条件,致使回风流动速度时快时慢,甚至停滞;风量也会时大时小,甚至出现微风。这样,就难以保证采掘工作面通风系统的稳定性和有效的足够风量,安全工作条件得不到保障。同时,采掘工作面的回风经过采空区和冒顶区也会引起煤炭自燃。因此,采掘工作面的回风也不得经过采空区或冒顶区。

(3) 无煤柱开采巷道布置包括沿空送巷和沿空留巷两种。沿空送巷就是在准备下一区段的工作面时沿着上一区段采空区的边缘掘进成巷;而沿空留巷就是上一区段的运输巷不随着采煤工作面推进进行回撤,而是保留下来作为下一区段的回风巷使用。无煤柱开采可以改善巷道支承压力状态,提高煤炭资源采出率和减小巷道掘进工程量。但是,由于巷道与采空区之间无隔离煤柱,造成从巷道两帮的顶部向采空区严重漏风,一方面保证不了采掘工作面足够、稳定的风量,另一方面还给采空区自然发火创造了条件。因此,无煤柱开采沿空送巷和沿空留巷时,应当采取措施防止巷道与采空区之间的漏风。采取防漏风措施后,要求每平方米巷道断面的漏风量要小于 0.02 m^3/min。同时,沿空送巷和沿空留巷必须保持原设计的断面规格,防止因巷道净断面扩大而产生过大的局部通风阻力,增加漏风量。

(4) 沿空送巷和沿空留巷防漏风的方法主要有以下 4 种:

① 充填法。在巷道沿采空区一侧,采用水砂充填、灌注石膏带、灌注泡沫水泥、垒筑矸石带或压注可塑性胶泥等堵漏技术。要求充填带宽度不小于 3 m,充

填做到密实、满帮、满顶。

② 挂帘法。沿巷道的两帮和顶部，使用具有不透气、抗静电、不延燃、耐撕裂以及在高温氧化时不产生剧毒气体的帘布材料吊挂。挂帘应顺风流方向搭接，接缝宽度不小于 80 mm，接缝处用黏结剂黏合。两帮到底板多留 0.3～0.4 m的帘布，并用矸石或其他材料压紧。

③ 喷涂法。在巷道沿采空区一侧及顶部靠采空区侧的二分之一宽度内，使用具有不易燃、抗静电、耐撕裂和不透气材料喷涂，顶帮喷涂厚度不小于 50 mm。

④ 风压调节法。采取调节风压措施，减小沿空巷道与采空区相连接的巷道之间风流的压力差，以减少它们之间的漏风量。

【案例 2-15】 某煤矿掘进下山时，中间巷道冒顶处浮煤自然发火，如图 2-4 所示。当救护队采取措施扑灭火灾时，风筒在火焰下方 A 处中间断开，灭火人员没有发现。另一组救护队下去侦察时，发现风筒断开后将风筒接好，这时在工作面积存的瓦斯随风流排出后接触火源引起局部瓦斯爆炸。

事故经验及教训：

(1) 掘进巷道的中部采空区和废旧巷道发生自燃火灾时，应包帮包顶充填河砂、黄土、粉煤灰以封闭火区。如无法完成，应迅速封闭巷道，并采取压入惰气、均压和充填灭火等方法。

(2) 当掘进巷道内通风机已经停止一段时间后，恢复通风时应该确保巷道内火源已经熄灭。

【案例 2-16】 某煤矿＋858 m 工作面顶层采空区存有火区，因漏风裂隙情况复杂，无法有效封堵，2000 年 10 月 13 日工作面回风流 CO 浓度达 0.014%～0.02%，回风隅角后部空间 CO 浓度达 0.08%～0.2%，严重威胁工作面的安全生产。

事故原因：

(1) 漏风裂隙情况十分复杂，根本无法进行有效封堵；中厚煤层利用仓储式开采，采出率较低，采空区遗留煤炭较多。

(2) 技术管理不足，未能很好地将上层采空区的资料填图存档，无法对发火区域和火情的发展势态进行科学判断。

(3) 防灭火应急处理手段欠缺，可选择的治理技术有限，致使无法快速实施“大范围、大高度、强渗透”的治理技术对火区进行有效控制。

(4) 工作面与上层采空区间隔岩层较厚，35 号架以上区域的顶板垮落位置滞后于支架尾梁 4～8 m，回风隅角建防火墙封堵困难，不能截断采空区的主要漏风出口，无法控制向火区的漏风量。

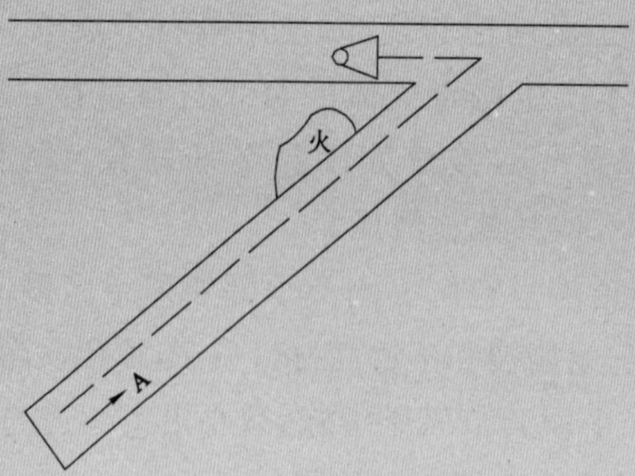

图 2-4　掘进下山中间巷冒顶火灾示意图

第二十四条　矿井必须实行严格的漏风管理，采取有效的防止漏风措施。浅埋深煤层回采后与地面有漏风时，应当优化通风系统，降低矿井通风阻力，充填封堵与采空区相连通的地面裂隙，尽量减少地面裂隙漏风。

【解读】 本条是关于矿井实行漏风管理的规定。

(1) 井下巷道纵横交错、互相贯通，为保证风流沿着需要的方向和路线流动，在一些巷道中设置的一些控制风流的构筑物，即为通风设施。在不允许风流通过，但需行人或行车的巷道内，必须设置隔绝风门；在不允许风流通过，也不允许行人或行车的巷道，如旧巷、火区以及进风与回风之间的联络巷，都必须设置挡风墙；在进风巷与回风巷平面相遇地点，必须设置风桥，以形成立体交叉通风，使进、回风分开，互不相混；在需要进行风量调节的地点设置风窗或调节风门。

通风设施在通风系统中有着至关重要的作用。如若这些构筑物设置的位置、质量、数量等不符合要求，起不到应起的作用，就会出现漏风和风流短路、风流紊乱以及有害气体涌出等现象而导致通风系统毁坏，甚至诱发重大灾害事故。因此，控制风流的风门、风桥、风墙、风窗等设施必须安全可靠。

(2) 防止矿井漏风的主要措施：

① 选择合理的通风系统。

每一生产水平和采区都必须布置单独的回风巷，实行分区通风。这样可降低风阻，增大矿井通风能力，减少漏风，易于调节风量，且在发生火灾时能够控制和隔绝风流。

对于自然发火严重的采区或采煤工作面，应考虑建立局部反风系统，并每年组织进行一次局部反风演习。

② 选择合理的通风方式。

结合矿井开采方法和开采顺序，宜选择采空区漏风少的通风方式。

③ 正确选择通风构筑物的地点。

井下通风构筑物应选择在围岩坚固、矿压稳定且有利于减少漏风通道两端压力差的地点。

④ 加强漏风管理。

自燃煤层开采的采空区必须实行严格的漏风管理，采取有效的防止漏风的措施，并符合以下要求：

a. 新采空区必须按规定及时封闭，防火墙必须符合质量标准；

b. 老采空区缺少防火墙时必须构建，不符合安全生产标准时必须维修达标；

c. 位置不合理而引起风压差增高的通风设施应搬迁或拆除；

d. 采取漏风通道角联化或使采空区进、回风侧防火墙同时位于进风侧或回风侧的措施，以均衡或降低风压差；

e. 保护采空区边界煤柱和顶、底板的完整性，避免产生裂隙漏风；

f. 浅埋深煤层回采后与地面有漏风时，应当优化通风系统，降低矿井通风阻力，充填封堵与采空区相连通的地面裂隙，尽量减少地面裂隙漏风等。

【案例 2-17】 某煤矿受周边小煤矿乱采滥挖采动影响，产生裂缝漏风，2001 年 2 月 13 日致使废弃煤仓自然发火，因灭火措施不力，火灾迅速蔓延，巷道垮塌，风量下降，火灾风流逆转，终因无法救护，采区被迫封闭。

事故原因：

(1) 小煤矿乱采滥挖，与 13 采区回风石门贯通，受采动影响出现裂缝漏风，造成煤炭自然发火，是事故的主要原因。

(2) 2-3 煤层原煤仓封填材料多为可燃性物质，煤仓下口封闭不严，出现裂缝漏风，造成自燃；灭火措施实施过程中密闭墙砌筑位置不当，导致漏风增加，火势变大，是事故发生的直接原因。

(3) 煤层出现自然发火征兆后，尽管对煤仓重新封填并制定一定的措施，但措施落实力度不够。从 2 月 2 日到 2 月 13 日，由于火区灭火水量不足，注浆工作没有落到实处，也没有按措施要求进行填土。

(4) 防灭火设施不健全，且总回风巷内的临时支护有可燃性材料。

【案例 2-18】 图 2-5 为某矿火灾事故矿井通风系统。该矿一年前在 V 工作面进风侧发生火灾，后用密闭封闭火区，并停运 Ⅰ 号主要通风机；一年后估计火已熄灭，于是准备恢复火区，打开火区密闭，同时又重新开动 Ⅰ 号主要通风机。但因火并未彻底熄灭，当恢复通风不久后火区复燃。

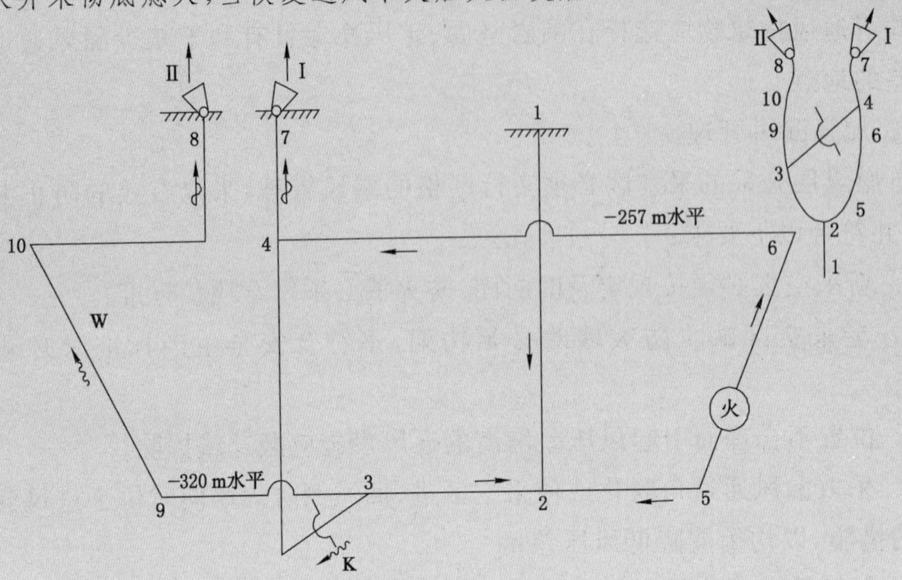

图 2-5 某矿火灾事故矿井通风系统示意图

地面 Ⅰ 号主要通风机司机发现出风有烟流，司机在没有接到火区复燃报告、也没有接到停运 Ⅰ 号通风机命令的情况下，见出风有烟流，就自作主张停运了 Ⅰ 号主要通风机。不久在 −320 m 水平及 K 风门处和 W 工作面的进风平巷中都有人员吸入一氧化碳而导致中毒。

1. 事故原因

(1) 停运 Ⅰ 号主要通风机后，只有 Ⅱ 号主要通风机单独运转，此时不仅 1—2 进风，4—7 回风井也变为进风。因此，5－6 中的火灾气体已反向流入 5→2→3→9→10 中，导致该风流中的作业人员一氧化碳中毒。

(2) 因火灾发生在倾斜巷道上行风流中，当火风压增加时，由图 2-5 可知，角联风路 3→4 中的风流很容易发生风流反向，同时因为 K 风门不严，漏风较大，同样能使有毒烟流由 4→3 相继漏向 3→9→10 系统中。

2. 事故经验及教训

在矿井火灾时期如何调度和控制主要通风机和风流是十分重要的。如果采取了错误的措施，即使时间短暂，也会导致风流逆转，使灾害范围扩大，造成无法想象的严重后果。另外，在抢险救灾过程中必须统一指挥，按令行事。

第二十五条　可能沟通火区的采煤工作面严禁开采。

【解读】　本条是关于可能沟通火区的采煤工作面严禁开采的规定。

(1) 对于采空区遗留残煤多，垮落高度大，漏风严重，出现难以解决的自燃火灾，这种可能沟通火区的采煤工作面严禁开采。

(2) 可能沟通火区的采煤工作面范围比较广泛(不局限于个别可能沟通火区的放顶煤采煤工作面，同时非放顶煤采煤工作面也包含在内)，只要出现可能沟通火区的采煤工作面一律严禁开采。

【案例 2-19】　2001 年 12 月 24 日 14 时 20 分，某煤矿己$_{16、17}$-2220 采煤工作面发生一起自然发火事故，造成 2 名作业人员死亡，工作面被封闭。

事故原因：

(1) 己$_{16、17}$-2220 采煤工作面采用走向长壁炮采放顶煤工艺回采，回采工艺落后，火灾隐患大。

(2) 因机尾过断层，留尾巷开采，且距离长达 58 m，改造巷与采煤工作面贯通后，采煤工作面下段煤薄，上段煤厚，采取托顶煤回采，没有及时缩小采煤工作面，给自然发火创造有利条件。

(3) 防灭火措施落实不到位。2001 年 6 月 18 日，该采煤工作面有自然发火征兆，虽然采取了一系列防灭火的技术措施，如向采煤工作面注凝胶、采用均压法等，但这一系列技术措施均落实不到位。

(4) 采煤工作面因受断层的影响，留尾巷开采，导致回风断面仅有 3 m^2，造成采煤工作面风流不畅，给采空区遗煤氧化生热创造了条件。

(5) 尾巷段采用木支架，为火势扩大提供了物质基础。当工作面采空区高温热源与新鲜空气接触时，产生了明火，引燃了木棚架，使火势迅速扩大。

(6) 工作面受地质构造影响推进速度慢，从回采到出现自燃征兆，平均月推进不到 20 m，使工作面采空区遗煤有充足的时间氧化并导致热量积聚。

(7) 改造巷贯通后，工作面通风系统复杂，临时风门多且管理不善。风门频繁开启对着火点起到了“拉风箱”作用。

第二十六条　采用全部充填采煤法时，严禁采用可燃物作充填材料。

【解读】　本条是关于采用全部充填采煤法时对充填材料使用的规定。

采用全部充填采煤法时，充填材料严禁选用可燃物。因为将可燃材料充填到采空区后，会增大采空区出现火灾隐患的概率；采空区一旦出现火情，大量的可燃材料会加剧火势，增加采空区火区治理的难度，同时释放出有毒有害气体，危害人员身体健康和生命安全。

第二十七条　采用水力采煤时，应当根据煤层自然发火期进行区段划分，保证划分区段在自然发火期内采完并及时封闭。密闭设施必须进行专项设计。

容易自燃煤层严禁采用水力采煤法。

【解读】 本条是关于水力采煤防灭火的规定。

(1) 水力采煤的优点是设备投资少，工序简单，占用人员少，工作面人工效率高，适用于一些煤层倾角大、厚度变化大和地质条件比较复杂的煤层。缺点是采出率低，通风条件差，瓦斯易超限，其矿山压力规律难以掌握。水力采煤由于存在串塘通风等问题，除现有水采矿井仍沿用外，其余很少采用。

(2) 从煤层被开采破碎、接触空气之日起，至出现下列现象并呈逐渐上升趋势的自燃现象或温度上升到自燃点为止，所经历的时间叫煤层的自然发火期，以月或天为单位。

① 煤因自燃出现明火、火炭或烟雾等现象。

② 由于煤炭自热而使煤体、围岩或空气温度升高至 70 ℃以上。

③ 由于煤炭自热而分解出 CO、C_2H_4(乙烯)或其他指标气体，在空气中的浓度超过预报指标。

煤层的自然发火期取决于煤的内部结构和物理化学性质、被开采破坏后的堆积状态参数(分散度)、裂隙或空隙通风供氧、蓄热和散热等外部环境等因素。采用水力采煤时，应当根据煤层自然发火期进行区段划分，保证划分区段在自然发火期内采完并及时封闭。

(3) 密闭是隔断风流的构筑物，设置在需隔断风流但不需要通车、行人的巷道中。密闭根据服务年限的不同而分为两类：

① 临时密闭，常用木板、木垛等修筑，并用黄泥、石灰抹面。

② 永久密闭，常用料石、砖、水泥等不燃性材料修筑。

(4) 永久密闭的质量标准如下：

① 用不燃性材料建筑，严密不漏风，墙体厚度不小于 0.5 m。

② 密闭前无瓦斯积聚；5 m 内外支架完好，无片帮、冒顶，无杂物、积水和淤泥。

③ 密闭周边要掏槽，见硬底、硬帮且与煤岩接实，并抹有不少于 0.1 m 的裙

边。

④ 密闭内有水的要设反水池与反水管;有自然发火煤层的采空区密闭要设观测孔、灌浆孔,孔口要堵严密。

⑤ 密闭前要设栅栏、警标、说明牌板和检查箱。

⑥ 墙面平整、无裂缝、重缝和空缝。

(5) 采用水力采煤时,密闭设施必须进行专项设计。

(6) 对于水力采煤法,不良的通风条件可能导致煤层自燃,因此,容易自燃煤层严禁采用水力采煤法。

(7) 安全生产标准化管理体系通风设施基本要求和评分方法的考核要点见表 2-3。

表 2-3 安全生产标准化管理体系通风设施基本要求和评分方法的考核要点

项目	项目内容	基本要求	标准分值	评分方法	检查内容	查阅资料
通风设施	密闭	1. 密闭位置距全风压巷道口不大于 5 m,设有规格统一的瓦斯检查牌板和警标,距巷道口大于 2 m的设置栅栏;密闭前无瓦斯积聚。所有导电体在密闭处断开(在用管路采取绝缘措施处理的除外)	10	查现场和资料。不符合要求 1 处扣 5 分;不设置栅栏 1 处扣 2 分,栅栏设置不合格 1 处扣 1 分(最多扣 2 分)	1. 查密闭管理台账; 2. 查现场密闭位置距全压巷道口是否大于 5 m; 3. 查距全压巷道口大于 2 m的是否设置栅栏; 4. 查所有导电体在密闭处是否断开; 5. 查是否设有统一规格的瓦斯检查牌板和警标; 6. 现场测密闭前的瓦斯	1. 密闭设计; 2. 密闭管理台账; 3. 密闭施工安全技术措施; 4. 密闭检查维护记录
		2. 密闭内有水时设有反水池或者反水管,采空区密闭设有观测孔、措施孔,且孔口设置阀门或者带有水封结构	10	查现场和资料。不符合要求 1 处扣 5 分	现场查,密闭内有水时是否设有反水池或者反水管,采空区密闭是否设有观测孔、措施孔,且孔口是否设置阀门或者带有水封结构	1. 密闭设计; 2. 密闭管理台账; 3. 密闭施工安全技术措施; 4. 密闭检查维护记录

第二十八条 开采不易自燃煤层的矿井，应当定期开展自然发火监测工作。开采不易自燃煤层曾发生自燃火灾或者自然发火征兆的矿井，应当建立自然发火监测系统，采取综合预防煤层自然发火的措施，加强防灭火管理。

【解读】 本条是关于开采不易自燃煤层的矿井应当定期开展自然发火监测及建立自然发火监测系统的规定。

(1) 煤自然发火与外因火灾的发展过程不同，存在较长的准备期与自热期，煤在自然发火过程中会呈现出气体与温度变化的特征。因此，基于此变化特征开展煤自然发火监测工作，对掌握煤自燃的发展阶段、及时采取相应的防治措施，将火灾隐患消灭在萌芽状态具有非常重要的现实意义。

(2) 煤自燃升温过程中的温度变化是煤自燃状况的直接反映，但由于煤(岩)的导热能力弱，即使在煤自燃火源处附近，其温度变化也较小，故温度测量不易直接反映出煤的自燃状态，因此，一般选择煤自燃过程中的氧化产物及浓度来反映煤的自燃状况。

(3) 根据煤化学理论，煤的化学结构主要由缩合程度不同的大分子芳香环、脂环、杂环以及小分子化合物等组成。煤在氧化过程中大分子开始裂解和解聚，在不同的温度阶段对应产生不同的气体产物与煤焦油液体产物。低于300 ℃时，煤焦油液体产物产量较少且不易在现场收集测量分析，但气体产物易于收集和测定，故气体分析法是煤自然发火监测采用的主要方法。因此，开采不易自燃煤层曾发生自燃火灾或者自然发火征兆的矿井，应当建立自然发火监测系统，采取综合预防煤层自然发火的措施，加强防灭火管理。

第二十九条 矿井防灭火使用的凝胶、阻化剂及进行充填、堵漏、加固用的高分子材料，应对其安全性和环保性进行评估，并制定安全监测制度和防范措施。使用时，井巷空气成分必须符合规程要求。

安全性和环保性的评估工作应当由具备评估检测能力的机构承担，承担单位对评估检测结果负责。

【解读】 本条是关于矿井使用高分子材料的相关规定。

(1) 矿井防灭火使用的凝胶、阻化剂及进行充填、堵漏、加固用的高分子材料，在井下使用过程中存在伤害人员、腐蚀设备、污染环境，甚至产生高温，引发矿井火灾和瓦斯煤尘爆炸等危险。为保证作业人员安全健康，防范火灾事故，防灭火材料使用前必须对其安全性和环保性进行评估，以确保选用的材料不会威胁矿井安全、危害人员生命健康和污染井下环境。

(2) 矿井防灭火使用材料的安全性主要是指易燃性、产热性和阻燃性。易燃性常用燃点或闪点进行评价，燃点与闪点代表材料着火的最低温度。材料的燃点与闪点越低，表明越容易着火，则安全性越差。矿井防灭火使用的高分子材料的燃点或闪点通常不能低于 100 ℃。产热性是矿井堵漏、充填、加固用的高分子材料在使用中面临的主要安全问题，这类材料在使用过程中会发生化学反应而放出热量，通常用化学反应的最高反应温度代表该特性，反应温度越高，释放出的热量就越大，则安全性越差。国内现有的行业标准中，规定充填用的承压或非承压高分子材料最高反应温度分别不能高于 95 ℃和 50 ℃，堵漏和加固用的高分子材料的最高反应温度不能高于 140 ℃。阻燃性是表征材料被引燃而参与火区燃烧的能力，常采用氧指数进行评价，氧指数指试样在氧、氮混合气体中，刚好维持试样燃烧的最低氧浓度。氧指数越高，材料越不易燃烧，阻燃性越好。

(3) 矿井防灭火材料的环保性主要是指凝胶、阻化剂和高分子材料的毒性、刺激性、腐蚀性以及是否含有有害物质。毒性又称生物有害性，一般是指外源化学物质与生命机体接触或进入生物活体体内后，能引起直接或间接损害作用的相对能力，或简称为损伤生物体的能力，矿用防灭火材料要求具有无毒性。刺激性和腐蚀性主要是指材料接触工人身体后对皮肤和眼睛的刺激和腐蚀作用，矿用防灭火材料要求无刺激性和无腐蚀性。有害物质主要指可溶性重金属和有害有机物，可溶性重金属极易污染地下水，有害有机物则具有较强的致癌作用，这些有害物质含量必须符合相关标准。

(4) 依据上述基本内容与要求，对矿井防灭火使用的充填、堵漏、加固用的高分子材料的安全性、环保性评估的内容应当包括：

① 原材料及混成料对人体的危害，混成过程及喷注过程产生的有害气体及对人体的危害，控制及防护措施的有效性。

② 原材料及混成料对设备腐蚀危险性及防范措施的有效性。

③ 原材料及混成料对井下工作环境、水环境的污染程度。

④ 混成过程、喷注过程产生温升时，引发瓦斯煤尘爆炸、矿井火灾的危险性及其防控措施的有效性。

⑤ 混成料的阻燃、抗静电特性。

(5) 应当根据评估结果，采取具备针对性、可操作性的安全监测制度和防范措施，主要内容应当包括：

① 使用的各类材料应符合相关标准规范的规定。喷涂堵漏风用高分子材料应符合《煤矿喷涂堵漏风用高分子材料技术条件》(AQ 1088)、加固煤岩体用

高分子材料应符合《煤矿加固煤岩体用高分子材料》(AQ/T 1089)、充填密闭用高分子发泡材料应符合《煤矿充填密闭用高分子发泡材料》(AQ/T 1090)等的规定,应当建立产品到矿验收、抽检制度。

② 原材料属危险化学品的,应当严格按照《危险化学品安全管理条例》的规定进行存储和运输,严禁将不同组分材料混放、混运。应当采用密封包装,包装容器上必须有牢固、清晰的标志。井下存放应当选择围岩条件好、无淋水、通风良好、周围 50 m 范围内无其他杂物的地点,并配备消防设施。

③ 从事施工操作的人员,应当接受专业培训,操作时必须佩戴好与所使用的高分子材料相适应的劳动保护用品,包括手套、防护眼镜、口罩、工作服和胶鞋等。

④ 应当编制专门的施工方案和作业规程。严格控制喷注作业地点人数,并监测空气中的有毒有害气体浓度。部分防灭火材料在使用时会释放有毒有害气体,如无机凝胶或阻化剂中常用碳酸氢铵(NH_4HCO_3)材料,其在常温(20 ℃)时即可开始分解,在温度为 30 ℃时便会大量分解,产生刺激性较强的氨气(NH_3),在使用过程中要着重监测氨气的浓度,保证空气中氨气的最高允许浓度不超过 0.004%。因此,本条强调使用高分子防灭火材料时,要制定安全监测制度和防范措施,井巷空气中有毒有害气体浓度必须符合《煤矿安全规程》的规定。

(6) 正因为凝胶、阻化剂及进行充填、堵漏、加固用的高分子材料组成的复杂性及危险性,所以,其安全性和环保性的评估工作应由具备评估检测能力的机构承担,承担单位对评估检测结果负责。

【案例 2-20】 2013 年 9 月 27 日,某煤业公司 22109 运输巷车场发生一起火灾事故,未造成人员伤亡。

事故原因如下:

(1) 对安全技术措施审批把关不严,违规使用高分子化学材料"优乐速喷Ⅰ号"作为充填材料(检测报告中标明最高反应温度平均值为 90.4 ℃ ,应用范围是表面喷涂防护),充填材料发生化学反应,产生高温,致使风门及部分巷道煤体被引燃,最后引燃与 22109 运输巷车场平面交叉的总回风巷内共计约1 400 m的 PE 瓦斯抽采管路,是造成事故发生的直接原因。

(2) 井下采用的 PE 瓦斯抽采管路经有关部门检验材料不合格,不能达到阻燃效果,导致燃烧的煤体引燃位于总回风巷的 PE 瓦斯抽采管路,是造成事故扩大的主要原因之一。

（3）未按《煤矿安全规程》规定在井下所有巷道铺设洒水防尘管路，消防设施配置不全，是造成事故扩大的主要原因之一。

（4）签订救援协议的某军事化救护队，未能出勤，是造成救灾延迟的主要原因之一。

（5）9月27日16时6分发现一氧化碳浓度超标、报警，17时30分确定着火地点，18时40分才通知集团公司总调度，未在第一时间通知集团公司总调度，是造成救灾延迟的主要原因之一。

第二节　外因火灾

第三十条　外因火灾是由外部火源（如明火点、爆破、电流短路、摩擦等）引起的火灾。

煤矿的所有地面建（构）筑物、煤堆、矸石山、木料场等处的防火措施和制度，必须遵守国家有关防火的规定。

【解读】 本条是关于煤矿外因火灾定义及所有地面建（构）筑物、煤堆、矸石山、木料场等处的防火措施和制度的规定。

（1）外因火灾是指火灾的发生存在外部热源，使可燃物温度达到着火点而发生燃烧形成的灾害。外因火灾也叫外源火灾，即引起火灾是由外部热源的作用，如瓦斯煤尘爆炸、爆破作业、机械摩擦、电气设备运转不良、电源短路以及其他明火、吸烟、烧焊等引起的火灾。

（2）外因火灾的特点：突然发生，来势凶猛，如果不能及时发现，往往可能酿成恶性的灾害事故。在矿井火灾的统计中，外因火灾所占比重虽然较小（4%～10%），但不容忽视。据统计，国内有记载的重大火灾事故，90%以上属于外因火灾。外因火灾多发生在井口房、井筒、机电硐室、爆炸物品库以及安装有机电设备的巷道或工作面内。火灾的火焰一般是在燃烧物的表面，如果及时发现和扑救，还是容易熄灭的。

（3）国家有关防火规定主要指：《建筑设计防火规范》（GB 50016）、《煤矿矸石山灾害防范与治理工作指导意见》（安监总煤矿字〔2005〕162号）等相关标准与规范中关于建（构）筑物的耐火极限、防火分区与防火分隔、建筑防火构造、防火间距、消防设施设置和矸石山安全管理等有关规定。

【案例 2-21】 2002 年 12 月 6 日 8 时 55 分，某煤矿＋210 m 水平暗井绞车房发生火灾事故，死亡 30 人，直接经济损失 219.9 万元。

1. 直接原因

暗井绞车提升时，配电盘发出弧光，产生火星，溅落在配电盘下的旧棉袄上，将棉袄引燃后起火，进而引燃绞车房内的旧风筒布(非阻燃)和可燃性支护材料，导致发生特大火灾。

2. 间接原因

(1) 安全生产方针贯彻执行不力，井口安全管理机构不健全，职责不清。安全生产责任制不落实，现场管理不到位，未能及时发现和消除事故隐患，长期带隐患生产。

(2) 违反《煤矿安全规程》的有关规定，暗井绞车房采用木支护，配电盘周围用非阻燃的风筒布围隔，且绞车房内无沙箱、灭火器等消防器材。

(3) 机电运输管理混乱。绞车所使用的电气设备为非矿用一般型；没有按规定对机电运输设备定期进行检修；绞车经常超负荷运行。

(4) “一通三防”工作存在漏洞，井下防灭火设施不完善，长期使用非阻燃风筒，暗井绞车房没有独立的通风系统。

(5) 没有按规定编制灾害预防和处理计划及组织矿井反风演习。

(6) 全矿没有配备自救器，发生火灾时，职工不能自救，致使灾害扩大。

(7) 物资供应管理混乱，不按质量标准和安全要求采购物资，致使井下长期使用非阻燃风筒。

(8) 特种作业人员管理混乱，没有做到全部持证上岗。＋210 m 水平暗井绞车房无专职司机，人员没有经过专业培训，不现场交接班。

(9) 安全技术培训不到位，职工安全素质低，责任心不强。

【案例 2-22】 2005 年 5 月 15 日 19 时 40 分和 5 月 16 日 1 时 06 分，某煤矿矸石山先后发生两次自燃崩塌灾害，共造成 8 人遇难，123 人受伤(其中 6 人伤势较重，15 人因吸入热气流呼吸道受伤，手术后伤情稳定好转)，直接经济损失约 1 000 万元。

事故原因：

(1) 由于矸石山内部长期存在自燃现象，积蓄大量热能，骤降暴雨时大量雨水注入火区，致使内部高温矸石遇水后发生物理化学反应：① 高温使大量雨水变成水蒸气，使矸石山内部的压力迅速增高；② 根据矸石燃烧后出现的铁红色现象分析，矸石山内部的温度至少达到800 ℃，因此，当雨水注入矸石山后，部分水分解，与CO、H_2S等气体混合，产生爆炸，加之其他原因，导致矸石山崩塌、喷发。

(2) 第一次崩塌后，矸石山局部表层被剥离，内部高温矸石与大气大面积接触，燃烧加剧，5个多小时后暴雨又一次骤降，致使矸石山上部的能量再次聚积，造成第二次崩塌、喷发。

第三十一条　木料场、矸石山等堆放场距离进风井口不得小于80 m。木料场距离矸石山不得小于50 m。

不得将矸石山设在进风井的主导风向上风侧、表土层10 m以浅有煤层的地面上和漏风采空区上方的塌陷范围内。

【解读】 本条是关于木料场、矸石山堆放位置的规定。

(1) 煤矿地面木料场存放的木材为易燃材料，矸石山内的煤矸石在一定条件下会发生自燃。燃烧所产生的大量烟雾及有害气体，在矿井通风压力的作用下随地面大气流动和地区风向影响而进入井下，会对矿井安全生产和井下人员的生命安全构成威胁。国内外的实践表明，木料场、矸石山与进风井口的距离大于80 m时，其所形成的火灾烟雾一般不会进入矿井中。木料场与矸石山都是地面的可燃物，按地面《建筑设计防火规范》要求，安全距离至少20～40 m，再考虑增加25%的有明火或能散发火花的防火间距，因此，木料场与矸石山之间的安全距离应大于50 m。

(2) 如果将矸石山设在进风井的主导风向上风侧，即使矸石山与进风井口距离大于80 m，但煤矸石自燃产生的烟雾及有害气体因随风飘移，可能进入井筒，进而威胁井下人员的生命安全。因此，在矿井地面生产系统设计时，应要求将矸石山设在进风井的主导风向下风侧。

(3) 矸石山下部表土10 m以内含有煤层，矸石山自燃产生的热量会影响该煤层，加速该煤层的自然发火。因此，不得将矸石山设在表土层10 m以浅有煤层的地面上。

(4) 如果矸石山设在有漏风的采空区上方的塌陷范围内，火灾热量与有害气体会从漏风缝隙进入采空区和矿井内部，引起采空区遗煤发火和威胁井下人员安全。因此，不得将矸石山设在漏风采空区上方的塌陷范围内。

第三十二条 新建井筒的永久井架和井口房、以井口为中心的联合建筑,必须采用不燃性材料建筑。

对现有生产矿井用可燃性材料建筑的井架和井口房,必须制定防火措施。

【解读】 本条是关于新建井筒的永久井架和井口房、以井口为中心的联合建筑防火的规定。

(1) 新建井筒的永久井架和井口房、以井口为中心的联合建筑是煤矿的要害场所和重要建筑物,里面安设着担负矿井原煤、矸石、材料和人员提升任务的主要设备,承担着矿井原煤、材料、人员提升和运输的重要任务,内部机电设备布置密集,产生外因火源点的危险性较高;井口联合建筑包括生产指挥调度室、安全监控室、会议室等,人员活动较为频繁,人为因素造成外因火源点的危险性较大。这些建筑物若采用可燃性材料构筑,一旦与高温火源点接触,极易酿成外因火灾。因此,井口处各建筑必须采用不燃性材料建筑,如料石、砂等天然材料以及人工制成的无机材料和部分金属材料。

(2) 对现有生产矿井用可燃性材料建筑的井架和井口房,必须制定防火措施,保证其不发生火灾,防患于未然。即使发生了火灾,也必须在火灾发生初期迅速将其扑灭。

(3) 井口建筑物火灾处理技术及救灾原则。

进风井口附近出现火灾势必产生大量的烟雾和有害气体,这些气体受矿井通风机动力的作用很可能进入井下,直接威胁井下工人安全。为此,《煤矿安全规程》对于如何预防井口附近的火灾作了很多规定。

① 风流控制措施。关闭进风井口防火铁门,盖住井口,安设临时密闭,主要通风机反风或使风流短路,或停止主要通风机运转等,以防燃烧烟雾侵入井下;进风井口建筑物发生火灾时,应采取防止火灾气体及火焰侵入井下的措施,即立即使反转风流或关闭井口防火门,必要时停止通风机。

② 直接灭火。撤出人员后,首先从进风侧直接灭火,即利用灭火器和防尘、注浆、充填用的水管进行灭火,无法接近火源时可用高倍数泡沫或惰气灭火。从进风侧难以奏效时,可采用局部反风措施,在进风侧先设水幕后再反风。

③ 隔绝灭火。建筑火灾空间相对较大,正常无法实施隔绝灭火技术措施。

④ 其他安全保障措施:

a. 引导井下人员出井。

b. 在扑灭井口地面火灾时,需要佩戴氧气呼吸器。

c. 扑灭井口建筑物火灾时,应及时召请消防队参与,同时救护队应协助消防队灭火。

【案例 2-23】 某年 8 月 21 日,某煤矿发生一起地面简易选煤厂(用可燃性木材修建)因电缆短路而引发火灾的事故。火灾初发时由于没有及时扑灭和进行有效控制,火灾产生的大量有毒有害气体随时都可能进入井下,井下数千名职工生命安全受到极大威胁。64 m 高的提升机房和入选能力为 2.4 Mt/a 的分选设备也受到火灾威胁。

处理时,用爆破法将简易选煤厂的原煤栈桥同进风井连接处炸断,阻止了火焰继续燃烧,避免了一起矿井火灾。

【案例 2-24】 2011 年 6 月,某煤矿井口处发生一起火灾事故,火势迅速蔓延至井口食堂、灯房、洗衣房等井口联合建筑,烟气通过矿井口直接进入井下,严重威胁工作人员的生命安全,采取措施后所幸未造成人员伤亡。

因此,井口处各建筑物必须用不燃性材料构筑,如料石、砂等天然材料以及人工制成的无机材料和部分金属材料;对已采用可燃性材料建成的井架和井口房必须制定相应的防火措施,保证其不发火,防患于未然,即使出现了火情,也要在第一时间把火灾迅速扑灭。

第三十三条　矿井必须设地面消防水池和井下消防管路系统,并符合下列规定:

(一) 地面的消防水池必须经常保持不少于 200 m^3的水量。消防用水同生产、生活用水共用同一水池时,应当有确保消防用水的措施。开采下部水平的矿井,除地面消防水池外,可以利用上部水平或者生产水平的水仓作为消防水池。

(二) 井下消防管路系统应当敷设到采掘工作面,每隔 100 m 设置支管和阀门,但在带式输送机巷道中应当每隔 50 m 设置支管和阀门。

【解读】 本条是关于井上、下消防水池和井下消防管路设置及布置的规定。

(1) 地面消防水池的容量应根据矿井自然发火危险程度等级、矿井防治火灾能力和所采用的灭火手段等因素确定。地面消防水池必须经常保持不少于 200 m^3的储水量。

(2) 当消防用水同生产、生活用水共用同一水池时,为确保消防用水,可采用在生活水泵吸水管上开一个虹吸孔、抬高生活水泵吸水管位置或使用水位控制器等措施。

(3) 开采下部水平的矿井,利用上部水平或生产水平的水仓作为消防水池,可减少施工量,确保灭火过程中取水的便捷性。

(4) 井下消防管路系统每隔 100 m 设置支管和阀门可为就近灭火提供条件。考虑到带式输送机因输送带打滑、跑偏或摩擦而引发火灾的概率较大,是火灾防范的重点对象,所以消防管路在带式输送机巷道中每隔 50 m 就应当设置支管和阀门。采掘工作面是井下易发火的地点,井下消防管路系统应当敷设到采掘工作面,为采掘工作面及时处理火灾提供有效的灭火手段,否则会贻误灭火时机,造成事故扩大的严重后果。

(5) 安全生产标准化管理体系防灭火基本要求和评分方法的考核要点见表 2-4。

表 2-4 安全生产标准化管理体系防灭火基本要求和评分方法的考核要点

项目	项目内容	基本要求	标准分值	评分方法	检查内容	提供资料
防灭火	设施设备	矿井设有地面消防水池和井下消防管路系统,每隔 100 m(在带式输送机的巷道中每隔 50 m)设置支管和阀门,并正常使用。地面消防水池保持不少于 200 m^3 的水量,每季度至少检查 1 次	10	查现场和资料。无消防水池或者水量不足不得分;缺支管、阀门,1 处扣 2 分;其他不符合要求 1 处扣 0.5 分	1. 查现场是否设有地面消防水池和井下消防管路系统; 2. 查是否每隔 100 m(在带式输送机的巷道中每隔 50 m)设置支管和阀门,并正常使用; 3. 查消防水池是否保持不少于 200 m^3 的水量,是否每季度至少检查 1 次	1. 地面消防水池位置图; 2. 井下消防管路系统图; 3. 井上下消防水池、管路系统季度检查记录

【案例 2-25】 某年 5 月 8 日早班,某煤矿井下气焊切割引发一起带式输送机火灾事故,火势蔓延产生的火风压波及井下二水平生产采区和三水平井底、地面主控室,造成 80 人(其中包括救灾指挥的矿总工程师、机电副总工程师和 9 名救护队员)死亡,23 人受伤。

1. 直接原因

工人在井下安装带式输送机,用气焊切割钢板时,火花飞溅引燃作业地点附近残留的胶末、胶带条,由于灭火措施不力,导致输送带起火。

2. 主要原因

这起事故是矿务局建井工程处在该矿施工时发生的。由于不具备反风条件，工人避灾路线不清，无防火门，防火设施欠缺，灭火措施不力，安全管理混乱，造成大量人员伤亡。

(1) 井下电、气焊安全措施制度不完善，审批不认真。

(2) 缺乏防火灭火意识，防火措施不落实。第一部带式输送机交付使用时没有铺设供水管路，没有防尘防灭火系统。

(3) 生产采区缺乏抗灾能力，工人没有配备自救器。

(4) 工程验收不符合规定，没有严格执行“三同时”原则，第一部带式输送机移交使用时，没有正式验收安全设施。

(5) 在事故发生初期，抢险救灾有失误。

(6) 使用非阻燃输送带，造成火势扩大蔓延。

第三十四条　进风井口应当装设防火铁门，防火铁门必须严密并易于关闭，打开时不妨碍提升、运输和人员通行，并定期维修。如果不设防火铁门，必须有防止烟火进入矿井的安全措施。

罐笼提升立井井口还应当采取下列措施：

(一) 井口操车系统基础下部的负层空间应当与井筒隔离，并设置消防设施。

(二) 操车系统液压管路应当采用金属管或者阻燃高压非金属管，传动介质使用难燃液，液压站不得安装在封闭空间内。

(三) 井筒及负层空间的动力电缆、信号电缆和控制电缆应当采用煤矿用阻燃电缆，并与操车系统液压管路分开布置。

(四) 操车系统机坑及井口负层空间内不得留存杂物和易燃物，应当及时清理漏油，每天检查清理情况。

【解读】　本条是关于进风井口安设防火铁门及罐笼提升立井井口防灭火的规定。

(1) 设置防火铁门是为了防止进风井口及附近发生外因火灾时，产生的烟雾及有害气体在矿井通风压力作用下，进入井下而威胁矿井安全并危害人员生命健康。

(2) 进风井口防火铁门的安装必须以不妨碍矿井正常生产为前提，并定期组织人员对防火铁门的密闭性等进行检测，发现异常及时维护，以确保装置的可靠性。

(3) 由于条件限制无法安设防火铁门时，必须采取其他能够防止烟火进入矿井的安全措施，如在井口严禁堆放可燃物，按规定配备足够数量的灭火器、沙子等消防器材，在井口房出口处设置防火铁门等。

(4) 操车系统基础下部的负层空间内有电力电缆线、信号电缆线和井口操车系统液压油管等可燃物，此处一旦管理不善，极易发生火灾。为避免火灾发生后烟雾进入井筒，威胁井下人员的生命安全，必须采取措施将负层空间与井筒隔离，以消除烟雾进入井筒的安全隐患。同时要加强机电运输环节隐患排查治理，不仅要查系统是否合理、环节是否可靠，还要查设备是否合格、设施是否存在隐患。对于诸如井口运输平台负层存在可燃物、油污，副井操车系统漏油和操车系统各种线缆混合铺设之类容易忽略的隐患和问题要开展彻底的排查与整治，确保隐患排查无死角，安全管理无盲区。在负层内设置消防设施，确保其消防系统完善、消防设施齐全、完好有效。

(5) 由于操车系统管路中输送的是高压传动介质，要求管路耐高温、耐高压、阻燃性能好。因此，应当采用金属管或者阻燃高压非金属管，传动介质使用难燃液压油。液压站工作时，设备运转散热会使周围环境温度升高，带来火灾隐患，因此，为消除火灾隐患，避免火灾事故发生，液压站不得安装在封闭空间内，应安装在通风、散热良好的空间内。

(6) 井筒及负层空间的液压油管、各类传感器线缆、控制开关电缆、动力电缆应当分开布置，排列整齐并采用防护设施加以防护。动力电缆、信号电缆和控制电缆应当采用煤矿用阻燃电缆。

(7) 操车系统机坑及井口负层空间内电缆沟应保持卫生清洁、无杂物、无油污，不得留存杂物和易燃物，应当及时清理漏油，每天安排专人检查清理情况，并做好记录。

【案例 2-26】 2017 年 3 月 9 日，某煤矿副立井发生电缆着火、罐笼坠落事故，造成 17 人矿工遇难。

1. 直接原因

电焊工在副井井口运输平台违章电焊作业时，产生的高温焊碴引燃运输平台负一层内可燃物，致使提升机电力电缆线、信号电缆线和井口操车系统液压油管及液压油燃烧。由于副井井口辅助提升到位，停车开关信号电缆着火造成线路短路，提升机实施一级制动，导致罐笼提升 59 m(由 −500 m 标高水平上提至 −441 m 标高水平)后停止运行。此时，副井平衡锤侧提升钢丝绳处于高温火区内、抗拉强度急剧下降,在静张力的作用下断裂,造成罐笼坠落(坠落高度 94 m)。

2. 间接原因

(1) 煤矿安全生产主体责任不落实。

(2) 电焊工违章电焊作业,现场管理缺失。一是运转队一车间工人违反《煤矿安全规程》的规定,无安全措施违章电焊作业,现场无专人监护检查和监督、无专人负责喷水、工作地点下方没有用不燃性材料设施接受火星;二是现场工作安排不到位,运转队一车间副主任安排工人处理轨道开焊处时,没有提出明确具体要求,放任工人违章电焊作业;三是自 2017 年以来,运转队一车间多次在副井井口房内进行无安全措施的电焊、气割作业。

(3) 机电管理不力,隐患排查不彻底。

(4) 安全、技术管理不力。

(5) 消防应急处置管理不到位。

(6) 安全教育培训不到位。

(7) 安全生产有关要求贯彻落实不力。

第三十五条　装有带式输送机的井筒兼作进风井时,井筒中必须装设自动报警与自动灭火装置,敷设消防管路。

【解读】 本条是关于装有带式输送机的井筒兼作进风井时配备防灭火设施的规定。

带式输送机在运输过程中,有时会因为输送带打滑或托辊转动失灵或输送带跑偏摩擦发热而引发火灾,故井筒中必须装设自动报警与自动灭火装置并敷设消防管路,一旦出现发火征兆,立即自动报警并启动自动灭火装置进行灭火。

【案例 2-27】 2003 年 11 月 1 日 5 时 10 分左右,某煤矿带式输送机暗斜井第二部带式输送机机头以下 20 m 左右处,输送带摩擦起火,造成 16 人死亡、18 人受伤的重大事故,直接经济损失达 200 多万元。

1. 事故原因

(1) 带式输送机中部着火,系托辊不转,输送带与托辊滑动摩擦产生高温而引燃附近可燃物,这是导致这次火灾事故的直接原因。

(2) 管理不严,致使带式输送机暗斜井第二部带式输送机局部地段存在余煤、余碴等可燃物,职工违反劳动纪律,提前下班,是造成这起事故的主要原因。

(3) 井下使用非阻燃输送带,带式输送机巷消防设施不齐全,三水平材料库跨通带式输送机暗斜井,跨通区用可燃性材料支护且封闭不严。

(4) 井下压风自救系统不完善,没有自救器。

2. 事故经验及教训

(1) 在火灾预防处理计划中必须具体规定和落实各部带式输送机负责火灾报警的人员,包括通知井上下人员、可能采取的通风措施和采用的通信设备、是否割断输送带减少火灾蔓延危险等。

(2) 职工劳动纪律松懈,提前下班,不遵守岗位责任制,不仅对生产造成巨大影响,也形成很大的安全隐患。

(3) 直接灭火能否奏效,一方面在于能否在火灾现场就地组织人员直接灭火,外因火灾特别是输送带火灾发展迅猛,等待地面组织救护队员下井救灾往往为时已晚;另一方面在于能否建立有效的防灭火系统,在易发火区域(或地段)要有完善的供水系统和充足的灭火材料。

本案例显示着火区域无充足供水,即使用防尘水也需要加接水管,影响直接灭火的正常进行。

(4) 应在易发火区域(或地段)特别是带式输送机巷设置带烟雾或一氧化碳传感器的监测系统和自动洒水装置,以便及时发现火情并灭火。

第三十六条　井口房和通风机房附近 20 m 内,不得有烟火或者用火炉取暖。通风机房位于工业广场以外时,除开采有瓦斯喷出的矿井和煤与瓦斯突出矿井外,可用隔焰式火炉或者防爆式电热器取暖。

暖风道和压入式通风的风硐必须用不燃性材料砌筑,并至少装设 2 道防火门。

在井下和井口房,严禁采用可燃性材料搭设临时操作间、休息间。

【解读】 本条是关于井口房、通风机房、暖风道、压入式通风风硐的防火规定。

(1) 井口房和通风机房附近一旦发生火灾,其烟雾和有害气体都会威胁矿井安全和对井下人员造成伤害。尤其当井下发生煤与瓦斯突出时,含有高浓度瓦斯和大量煤尘的高压气流,进入用烟火或火炉取暖的抽出式通风的通风机房(或压入式通风的排风井口房),会引起瓦斯煤尘爆炸的重大事故;而较大型的突出事故还会造成风流逆转,采用压入式通风的通风机房内(或抽出式通风的进风井口房),如果有取暖烟火或火炉,也会引起瓦斯煤尘爆炸的重大事故。所以规定井口房和通风机房附近 20 m 范围内,不得有烟火或用火炉取暖。

(2) 开采有瓦斯喷出的矿井和煤与瓦斯突出矿井,不准用隔热式火炉或防爆式电热器取暖。

开采无瓦斯喷出的矿井或煤与瓦斯突出的矿井,其主要通风机房位于工业广场外,采用无火、无火焰方式取暖确有困难时,经安监部门批准,可以使用隔焰式火炉或防爆式电热器取暖,但必须符合下列要求:

① 火炉必须安设在通风机房外面。

② 烟囱距通风机扩散器出口不得小于 20 m,其高度必须高于通风机房屋顶 5 m 以上。

③ 通风机房内的取暖烟道距各种电气设备的距离,不得小于 3 m。

④ 烟道应经常保持良好状态,发现漏烟应立即熄灭炉火,进行处理。

⑤ 电热器的安装、使用和维护应做到:无"鸡爪子""羊尾巴",无明接头;有过电流和漏电保护装置,有螺丝和弹簧垫,有密封圈和挡板,有接地装置;电缆悬挂整齐,设备清洁、整齐;防护装置、绝缘用具、图纸资料等齐全。

⑥ 电热器的防爆合格率要达到 100%,不符合防爆要求的必须及时更换或检修。

⑦ 接到矿井反风命令后,必须立即熄灭炉火,立即将电热器停电。

(3) 暖风道和压入式通风风硐是矿井的进风口,为避免这些地点发生火灾,必须用不燃性材料砌筑。

暖风道和采用压入式通风的风硐至少安设 2 道防火门,一是为了防止地面火灾产生的烟雾和有害气体直接进入井下,造成火灾;二是防止瓦斯喷出或煤与瓦斯突出产生的冲击波冲进暖风机房和通风机房;三是增强抗灾能力。

(4) 井下和井口房临时操作间内通常进行机电操作,易产生火花、明火,而且井下临时操作间多设于大巷,一旦出现火情,燃烧速度快,过火面积大,大量有毒有害气体将随风流迅速蔓延;休息间是人员集聚场所,易出现工人吸烟、矿灯故障等情况而点燃可燃物,一旦引发火灾,高温和烟气将使得集中的人员疏散困难。因此,在井下和井口房,严禁采用可燃性材料搭设临时操作间、休息间。

(5) 安全生产标准化管理体系煤矿机械基本要求和评分方法的考核要点见表 2-5。

表 2-5 安全生产标准化管理体系煤矿机械基本要求和评分方法的考核要点

项目	项目内容	基本要求	标准分值	评分方法	检查内容	查阅资料
煤矿机械	供热降温系统	热风炉： 安设有防火门和栅栏，有防烟、防火、超温安全连锁保护装置，有一氧化碳检测和洒水装置	1.5	查现场和资料。不符合要求 1 处扣0.5分	现场查是否安设有防火门和栅栏，防烟、防火、超温安全连锁保护装置，一氧化碳检测和洒水装置	1. 检修维护记录； 2. 一氧化碳检测记录

【案例 2-28】 2001 年 2 月 3 日，某煤矿副井口房把钩工因天气寒冷，就擅自在井口房内用木板、油毡等可燃性材料搭设临时休息间用于避寒取暖，地面运料工人违章吸烟并随手将烟头丢弃在操作间旁引发火灾，导致浓烟进入副井井筒内，造成井下 12 人一氧化碳中毒遇难。

事故原因：

(1) 把钩工擅自在副井口房内用木板、油毡等可燃性材料搭设临时休息间，是造成火灾事故的直接原因。

(2) 地面运料工人违章在井口房吸烟是造成这起事故的重要原因之一。

第三十七条 井巷支护材料的选择应当符合下列规定：

(一) 进风井筒、回风井筒、井筒与各水平的连接处、井底车场、主要绞车道与主要运输巷及回风巷的连接处、井下机电设备硐室、主要巷道内带式输送机机头前后两端各 20 m 范围内，必须采用不燃性材料支护。

(二) 井下机电设备硐室、检修硐室、材料库、采区变电所等主要硐室的支护和风门、风窗必须采用不燃性材料。井下机电设备硐室出口必须装设向外开的防火铁门，防火铁门外 5 m 内的巷道，应当砌碹或者采用其他不燃性材料支护。

(三) 井下爆炸物品库必须采用砌碹或者用非金属不燃性材料支护，风门、风窗必须采用不燃性材料。爆炸物品库出口两侧的巷道，必须采用砌碹或者用不燃性材料支护，支护长度不得小于 5 m。

【解读】 本条是关于井巷支护材料选择的规定。

(1) 进风井筒、回风井筒、井筒与各水平的连接处、井底车场、主要绞车道与主要运输巷及回风巷的连接处、井下机电设备硐室、主要巷道内带式输送机机头前后两端各 20 m 范围内，均属井下运输系统的关键地点，这些地点高压电缆、管路铺设密集，箕斗、绞车等提升运输设备运行频繁，极易导致因机械碰撞、剧烈摩擦、电路短路而引起火灾，为防止火灾发生，必须采用不燃性材料支护。

带式输送机机头是整个输送机的驱动部分，机头部分安装有电动机、联轴器、减速器和传动滚轴。当输送带发生跑偏、打滑等异常情况时，输送带与传动滚轴之间由滚动摩擦变为滑动摩擦，会大量生热，导致热量积聚而可能引发机头着火。为避免火势通过可燃性材料蔓延和扩大，带式输送机机头前后两端各 20 m 范围内都必须用不燃性材料支护。同时，由于进风井筒、回风井筒、井筒与各水平的连接处、井底车场、主要绞车道与主要运输巷及回风巷的连接处处于矿井通风系统的关键位置，若发火，其火势及产生的有毒有害烟气将可能波及整个采区、开采水平乃至整个矿井，采用不燃性材料可防止这些地点发火的可能性。目前，采用较多的不燃性支护形式包括巷道锚喷（水泥、沙子、碎石等）、金属支架、钢筋混凝土支架、双抗阻化网等。

（2）井下机电设备硐室、检修硐室、材料库、采区变电所等主要硐室内一旦发生电气火灾，会引起支护材料甚至是煤层着火，并沿硐室巷道向外蔓延，形成大面积火灾，甚至引发矿井瓦斯、煤尘爆炸等重大事故。另外，火灾发展过程中产生的热量可灼伤人员，而可燃物（支护材料、橡胶、油类、煤炭）燃烧时产生大量的 CO、CO_2、NO、NO_2 等有毒有害气体，这些气体进入回风巷道内，将使处于火源下风侧的井巷及作业区烟气弥漫，造成该区域内工作人员的窒息和中毒伤亡事故。

硐室必须装设向外开的防火铁门，装有铁门时，门内可加设向外开的铁栅栏门，但不得妨碍铁门的开闭，其主要目的是一旦硐室内部发生电气火灾时，便于人员撤离，并防止人员拥挤在门口而打不开防火门，延误人员撤离火区。在设置防火铁门时，铁门上应装设便于关严的通风孔，在正常情况下用于控制硐室通风量，而在发生火灾时用于隔绝通风。从硐室出口防火铁门起 5 m 内的巷道，应当砌碹或者采用其他不燃性材料支护，其主要目的是防止硐室外万一发生火灾时，其火势能够被不燃性支护材料所阻隔，不致蔓延到变电所内，避免引起电气火灾。

（3）井下爆炸物品库内存有炸药、雷管等大量易燃易爆物品，火灾发生后，火势发展非常迅速，很快在整个库内形成高温火区，一旦烧穿支护结构或者风门、风窗等，库内将发生极其危险的轰燃，导致火势进一步扩大，并向邻近区域蔓延。因此,井下爆炸物品库必须采用砌碹或者用非金属不燃性材料支护,风门、风窗必须采用不燃性材料,这是延缓、避免轰燃和火势扩大的重要措施。

爆炸物品库两侧出口长度不低于 5 m 的巷道采用砌碹或不燃性材料支护,除满足坚固耐用要求外,主要起防火隔离带作用。

(4) 安全生产标准化管理体系防灭火基本要求和评分方法的考核要点见表 2-6。

表 2-6 安全生产标准化管理体系防灭火基本要求和评分方法的考核要点

项目	项目内容	基本要求	标准分值	评分方法	检查内容	提供资料
防灭火	设施设备	按《煤矿安全规程》规定井下爆炸物品库、机电设备硐室、检修硐室、材料库等地点的支护和风门、风窗采用不燃性材料	10	查现场和资料。不符合要求 1 处扣 2 分	查是否按《煤矿安全规程》规定对井下爆炸物品库、机电设备硐室、检修硐室、材料库等地点的支护和风门、风窗采用不燃性材料	矿井灾害预防和处理计划

【案例 2-29】 2002 年 12 月 6 日,某煤矿绞车超载提升,导致自制配电盘打火产生电火花,溅出的火花引燃了绞车房内的可燃物,火焰蔓延,引燃绞车道木材支护棚架,造成火灾。火灾产生的浓烟和一氧化碳随风流流动,致使该区域的 30 名作业人员在逃生过程中毒死亡。

事故原因:

(1) 绞车房内自制配电盘打火产生的电火花引燃可燃物,是发生火灾事故的直接原因。

(2) 绞车道采用易燃的木材棚架支护,是发生火灾的重要原因。

【案例 2-30】 2001 年 2 月 3 日 18 时 30 分,某煤矿—680 m 水平高压配电硐室油浸变压器着火,并很快沿—680 m 进风大巷向东燃烧,浓烟滚滚,直接威胁上部—630 m 生产水平所有人员的生命安全,大火向前燃烧 30 m 时遇到了料石砌碹支护,巷道内没有可燃物质,大火被截住没有继续燃烧。由于抓住了这一灭火良机并及早撤出了受威胁的人员,没有造成人员伤亡。

可见,采用不燃性材料支护,可以起到隔离带的作用。

第三十八条　井下严格实行明火管制，并符合下列规定：

（一）严禁在采掘工作面进行电焊、气割等动火作业。

（二）严禁携带烟草和点火物品，严禁穿化纤衣服入井。

（三）井下严禁使用灯泡取暖和使用电炉。

（四）井下爆破作业时，应当按照矿井瓦斯等级选用煤矿许用炸药和雷管，并严格按施工工艺进行爆破。

（五）井口和井下电气设备必须装设防雷击和防短路的保护装置。

【解读】　本条是关于井下实行明火管制的规定。

（1）电焊、气割作业时，不但火花和焊碴飞溅到工作区域内的可燃物上可将其点燃，造成火灾事故，而且作业时产生的高温极易引起瓦斯、煤尘爆炸事故。近年来出现多起在井下焊接作业期间，焊接火花引发的瓦斯燃烧与爆炸事故，这是由焊接作业地点附近采掘工作使风流状态、瓦斯浓度发生突然变化所致。如正在贯通巷道的附近地点进行焊接作业时，掘进巷道的贯通会引起焊接区域通风及瓦斯状况的变化；采煤工作面采空区来压垮塌造成附近焊接作业区域风流流动受阻而出现瓦斯积聚等。因此，严禁在采掘工作面进行电焊、气割等动火作业。

（2）《安全生产法》第五十七条规定，从业人员在作业过程中，应当严格落实岗位安全责任，遵守本单位的安全生产规章制度和操作规程，服从管理，正确佩戴和使用劳动防护用品。煤矿作业现场危险有害因素多，存在易燃易爆气体等情况。为消灭井下引爆火源，入井人员严禁携带烟草和点火物品。化纤衣服容易产生静电火花引起瓦斯、煤尘爆炸，所以入井人员严禁穿化纤衣服。《煤矿安全规程》规定，入井（场）人员必须戴安全帽，穿带有反光标识的工作服，严禁携带烟草和点火物品，严禁穿化纤衣服，入井（场）前严禁饮酒。

（3）井下大型机电设备多，供电系统不稳定，一旦电压波动，灯泡可能发生炸裂，瞬间产生短路火花，其能量完全可以引燃一些可燃物或引起瓦斯爆炸。同时由于白炽灯丝工作时温度在 2 000 ℃以上，一般情况下，功率为 200～500 W 时，电炉温度为 600～800 ℃；功率为 800～1 000 W 时，电炉温度为 1 000～1 200 ℃；功率为1 500～2 000 W 时，电炉温度为 1 400～1 600 ℃，远高于木材等可燃物燃点（200～300 ℃），高温热源以热辐射的方式向周围传热，若长时间工作可能导致邻近可燃物热量积聚，温度升高乃至将其引燃。如在瓦斯异常涌出、通风不畅造成瓦斯积聚的地点，灯泡和电炉的热量足以成为点火源，易引发瓦斯燃烧与爆炸事故。

(4)《煤矿安全规程》规定,井下爆破作业,必须使用煤矿许用炸药和煤矿许用电雷管。一次爆破必须使用同一厂家、同一品种的煤矿许用炸药和电雷管。煤矿许用炸药的选用必须遵守下列规定:

① 低瓦斯矿井的岩石掘进工作面,使用安全等级不低于一级的煤矿许用炸药。

② 低瓦斯矿井的煤层采掘工作面、半煤岩掘进工作面,使用安全等级不低于二级的煤矿许用炸药。

③ 高瓦斯矿井,使用安全等级不低于三级的煤矿许用炸药。

④ 突出矿井,使用安全等级不低于三级的煤矿许用含水炸药。

在采掘工作面,必须使用煤矿许用瞬发电雷管、煤矿许用毫秒延期电雷管或者煤矿许用数码电雷管。使用煤矿许用毫秒延期电雷管时,最后一段的延期时间不得超过 130 ms。使用煤矿许用数码电雷管时,一次起爆总时间差不得超过 130 ms,并应当与专用起爆器配套使用。

⑤ 在有瓦斯或者煤尘爆炸危险的采掘工作面,应当采用毫秒爆破。在掘进工作面应当全断面一次起爆,不能全断面一次起爆的,必须采取安全措施。在采煤工作面可分组装药,但一组装药必须一次起爆。

严禁在 1 个采煤工作面使用 2 台发爆器同时进行爆破。

⑥ 在高瓦斯矿井采掘工作面采用毫秒爆破时,若采用反向起爆,必须制定安全技术措施。

⑦ 在高瓦斯、突出矿井的采掘工作面实体煤中,为增加煤体裂隙、松动煤体而进行的 10 m 以上的深孔预裂控制爆破,可以使用二级煤矿许用炸药,并制定安全措施。

爆破时必须按照爆破说明书要求装药,封泥长度符合规定,避免爆破时产生明火,引起火灾事故。

(5) 井口被保护的设备、设施不同,所采用的防雷装置也不相同。防雷装置主要有避雷器、避雷针、避雷线和避雷网等。避雷器应用最普遍、广泛,是用于输电线路和各种电气设备的防雷保护装置。避雷针主要用于有易燃易爆设施和变电所等重要区域。避雷线主要用于高压输电线路。避雷网主要用于易受雷击的高大建筑物等。井口的电气设备均应安装防雷保护装置,其接地电阻不得大于 30 Ω,与此同时,还必须安设避雷针对井口区域进行防雷保护。

(6) 短路是指中性点不直接接地的电力系统中相与相之间发生非正常连接,保护应动作并跳闸。

短路可产生明火高温，可引起瓦斯燃烧和爆炸事故。因此，井下电气设备必须装设防短路的保护装置。

（7）安全生产标准化管理体系煤矿电气基本要求和评分方法的考核要点见表 2-7。

表 2-7 安全生产标准化管理体系煤矿电气基本要求和评分方法的考核要点

项目	项目内容	基本要求	标准分值	评分方法	检查内容	查阅资料
煤矿电气	井下供电系统	井上下防雷电装置符合《煤矿安全规程》规定	1	查现场和资料。不符合要求 1 处扣 0.5 分	1. 现场检查入井防雷、变电所防雷、瓦斯抽采站防雷设施是否完整；2. 检查矿井上下防雷设施的测试报告	矿井上下防雷设施及接地电阻的测试报告

【案例 2-31】 某年 2 月 15 日，某煤矿二井＋112 m 水平水泵房休息室，水泵工擅离职守，用于取暖的灯泡炙烤木板使其着火，引燃木板房并蔓延到变电所而形成火灾，在抢险救灾过程中，又因未能及时反风，致使井下 68 人中毒死亡。

事故原因：

（1）井下使用灯泡取暖，是造成火灾事故的直接原因。

（2）使用可燃性木板材料搭建水泵房，是造成火灾事故的主要原因之一。

（3）水泵工擅离职守，违反劳动纪律，是造成火灾事故的主要原因之一。

【案例 2-32】 2008 年 1 月 12 日 7 时 50 分，某煤矿主斜井井筒距井口约 192 m 处发生一起火灾事故，造成 7 人死亡，直接经济损失 268 万元。

1. 直接原因

下井人员违章带烟火坐矿车下井并将未熄灭的烟头随手丢进主斜井井筒距井口192 m处，在风流的作用下，烟头引燃了支护材料，导致了火灾事故的发生。

2. 间接原因

（1）事故报告不及时，贻误救援时机是造成人员死亡的主要原因。事故发生后，煤矿企业主要负责人及管理人员没有按规定及时报告事故，也未及时召请矿山救护队进行抢救，而是盲目自行组织施救。

(2) 事故煤矿井下作业人员未随身携带自救器,致使火灾发生时矿工未能及时佩戴自救器逃生。

(3) 事故煤矿安全管理机构不健全,没有生产副矿长,安全副矿长履职不到位,井下采掘工作面实行以包代管,作业人员下井前未进行安全培训;违规购买使用非煤矿许用雷管、炸药,客观上造成下井人员违规携带明火下井;矿井安全管理混乱,未按规定进行隐患排查治理,安全生产责任制不落实。

(4) 安全监管不到位,安全监管存在漏洞。

3. 事故经验及教训

(1) 坚决杜绝职工带烟火下井的严重违法行为。强化对从业人员的教育培训,使其认识到带烟火下井的严重危害性,培养其自觉遵章守纪的良好习惯。

(2) 增强煤矿企业的事故应急救援能力。培训煤矿企业管理人员编制符合煤矿实际又便于操作的煤矿事故应急救援预案,并定期进行演练,做到在专业救援队伍到来之前能科学合理地自救,增强煤矿企业对事故的自救能力。

(3) 各部门联合执法,杜绝向煤矿企业供应非煤矿许用火工产品用于井下。

(4) 保证煤矿井下从业人员随身携带并正确使用自救器。

第三十九条　井下和井口房内不得进行电焊、气焊和喷灯焊接等作业。如果必须在井下主要硐室、主要进风井巷和井口房内进行电焊、气焊和喷灯焊接等工作,每次必须制定安全措施,由矿长批准并遵守下列规定:

(一) 指定专人在场检查和监督。

(二) 电焊、气焊和喷灯焊接等工作地点的前后两端各 10 m 的井巷范围内,应当采用不燃性材料支护,并有供水管路,有专人负责喷水,焊接前应当清理或者隔离焊碴飞溅区域内的可燃物。上述工作地点应当至少备有 2 个灭火器。

(三) 在井口房、井筒和倾斜巷道内进行电焊、气焊和喷灯焊接等工作时,必须在工作地点的下方用不燃性材料设施接受火星。

(四) 电焊、气焊和喷灯焊接等工作地点的风流中,甲烷浓度不得超过 0.5%,且在检查证明作业地点附近 20 m 范围内巷道顶部和支护背板后无瓦斯积存时,方可进行作业。

（五）电焊、气焊和喷灯焊接等作业完毕后，作业地点应当再次用水喷洒，并有专人在作业地点检查 1 h，发现异常，立即处理。

（六）煤与瓦斯突出矿井井下进行电焊、气焊和喷灯焊接时，必须停止突出煤层的掘进、回采、钻孔、支护以及其他所有扰动突出煤层的作业。

（七）严禁不具备资质条件的电焊（气割）工入井动火作业。在井口和井筒内动火作业时，必须撤出井下所有作业人员。在主要进风巷动火作业时，必须撤出回风侧所有人员。

煤层中未采用砌碹或者喷浆封闭的主要硐室和主要进风大巷中，不得进行电焊、气焊和喷灯焊接等工作。

【解读】 本条是关于井下和井口房内电焊、气焊和喷灯焊接作业的规定。

（1）焊接工作会产生大量火星和高温焊碴，成为引发火灾事故的点火源，因此必须对井下焊接工作进行严格控制。由于井下条件随时都在变化，每次焊接工作开始前都要制定相应的安全措施，经由安全第一责任人——矿长批准。焊接工作进行过程中必须有专人进行检查和监督。

（2）电焊、气焊和喷灯焊接等工作地点的前后两端各 10 m 的范围内，应当采用不燃性支护材料，有专人进行喷水降温，并对作业地点进行清理，隔离焊碴飞溅区域内的可燃物，防止火花和焊碴飞溅到工作区域内的可燃物上将其点燃，造成火灾事故。为保障灭火设备实施的可靠性，必须保证工作地点至少有 2 个灭火器可供使用。

（3）在井口房、井筒和倾斜巷道内进行焊接作业时，焊碴和火花会顺着有坡度的地面向下方掉落，引燃远处的可燃物，因此必须在工作地点的下方用不燃性材料设施接受火星。

（4）为确保施焊工作的安全，对工作地点风流中甲烷浓度提出更严格的要求，即不得超过 0.5%；在某些地质情况复杂的矿井中，巷道顶部的局部冒顶处或背板后通风不良，可能会存在局部瓦斯积聚的现象，因此在焊接作业开始前要确保作业地点附近 20 m 范围内无瓦斯积聚。

（5）电焊、气焊和喷灯焊接等作业完毕后，作业地点应当再次用水喷洒，并有专人在作业地点检查 1 h，发现异常，立即处理，确保无高温热源存在。

（6）矿井瓦斯突出多为不确定性、突发性事故，且多发生在受掘进、回采、钻孔、支护以及其他作业扰动的突出煤层，以及改变煤层构造的作业中。因此，煤与瓦斯突出矿井井下进行电焊、气焊和喷灯焊接时，必须停止突出煤层的掘进、回采、钻孔、支护以及其他所有扰动突出煤层的作业，以防止进行电焊作业时引发瓦斯燃烧与爆炸事故。

(7) 电焊(气割)工必须经过安全培训机构的专门安全培训,并取得熔化焊接与热切割作业操作证。取得熔化焊接与热切割作业操作证的特种作业人员方可具备资质进行入井动火作业。只有经过专门安全培训并取得熔化焊接与热切割作业操作证的人员才能够熟练掌握电焊(气割)作业的操作规程和安全注意事项,不会产生误操作和违章作业行为。

在井口和井筒内动火作业时,作业现场会产生大量的浓烟(主要成分是一氧化碳),而浓烟会随风流进入井下。一氧化碳是有毒有害气体,对人体身心健康损害较大,一旦吸入一定量的一氧化碳,人便会中毒或死亡。因此,在井口和井筒内动火作业时,必须撤出井下所有作业人员。

在主要进风巷动火作业时,作业现场也会产生大量的浓烟,而浓烟会随风流飘散到回风侧。一旦回风侧有人作业,人员吸入一定量的一氧化碳后,便会中毒或死亡。因此,在主要进风巷动火作业时,必须撤出回风侧所有人员。

(8) 倘若主要硐室和主要进风大巷未采用砌碹或喷浆封闭,煤层中赋存的瓦斯可能会异常涌出进入巷道,造成瓦斯浓度超限进而发生事故。因此,在这些场所不得进行电焊、气焊和喷灯焊接等工作。

(9) 安全生产标准化管理体系防灭火基本要求和评分方法的考核要点见表 2-8。

表 2-8 安全生产标准化管理体系防灭火基本要求和评分方法的考核要点

项目	项目内容	基本要求	标准分值	评分方法	检查内容	查阅资料
防灭火	防治措施	井下易燃物存放符合规定,进行电焊、气焊和喷灯焊接等作业符合《煤矿安全规程》规定,每次焊接制定安全措施,经矿长批准,并严格执行	10	查现场和资料。不符合要求1处扣2分	1. 查电、气焊和喷灯焊接作业是否符合《煤矿安全规程》规定; 2. 查矿长是否审批,查安全措施是否齐全有效,是否认真执行	1. 井下焊接安全技术措施; 2. 矿井井下焊接管理制度; 3. 审批资料

【案例 2-33】 某年 5 月 8 日 11 时 35 分,某煤矿带式输送机斜井第一部和第二部带式输送机搭接硐室,发生火灾事故,造成 80 人死亡。

1. 直接原因

工人在井下安装带式输送机,用气焊切割钢板时,飞溅火花引燃作业点附近残留的胶沫、胶条，由于灭火措施不力，导致输送带着火。

2. 间接原因

由于该煤矿不具备反风条件，无防火门，防火设施欠缺，井下工人对避灾路线不清楚，灭火措施不力，生产和建设交叉进行，安全管理混乱，主观思想上缺乏“安全第一、预防为主”的意识，偏重生产，忽视安全。具体表现在：

(1) 井下电焊、气焊安全措施制定不完善，审批不认真，措施不落实。在措施上没有规定在电焊作业地点的两端各10 m范围内设供水管路的分支及派专人负责喷洒水；没有规定在工作地点下方用不燃材料设施接受火星；没有按规定设专人在作业后停留1 h检查工作地点情况。作业规程审批不认真，各级审批人员没有把措施中的漏项补上，有的只签“同意”两字；建井处副处长审批时没有请矿方会签；队、段领导贯彻措施不认真，提出要求不坚决，有的工人没有学习安全措施就进行作业，在胶沫、胶条清理不彻底的情况下进行气焊；作业地点没有洒水设施。

(2) 缺乏防火、灭火意识，防火措施不落实。长期使用可燃性输送带，且防火设施和措施不完善；地面水池没按设计要求施工，实际容量仅10 m^3（设计要求200 m^3）；灭火工具不配套，只有沙箱，没有铁锹；改扩建设计中有防火门，但现场没有施工，第一部带式输送机交付使用时没有铺设供水管路。

(3) 生产区域缺乏抗灾能力。事故发生时矿井不能反风，违反《煤矿安全规程》关于“生产矿井主要通风机必须装有反风设施，并能在10 min内改变巷道中的风流方向”的规定；在编制矿井灾害预防和处理计划中没有提出带式输送机的预防火灾措施，审批也没有把住关；井下工人没有配备自救器，致使灾情扩大，人员伤亡严重。

(4) 矿井改扩建工程验收不符合规定，第一部带式输送机移交使用时，没有正式验收安全设施，没有同步配套。

(5) 事故发生的初期，抢险救灾存在一定的失误，当没有组成救灾指挥部时，矿总工程师没有慎重考虑抢险救灾措施就指挥救护人员入井抢险；9名救护人员入井抢险没有认真执行救护条例，造成了3名救护人员遇难。

【案例2-34】 2012年3月2日，某煤矿发生一起乙炔气体爆炸事故，造成1人死亡、5人轻伤。

1. 事故原因

(1) 该矿在井下三采区变电所进行切割废旧金属电缆沟作业时，没有严格按标准连接气瓶和割炬,也未按规定对作业场所进行洒水,并且在瓦斯检查工未下达作业命令的情况下就违章点燃割炬,切割时引燃泄漏并局部积聚的乙炔气体,引起乙炔气体燃爆,是造成本次事故的直接原因。

(2) 该矿对井下切割作业未引起足够重视,对安全技术措施会签把关不严,是造成本次事故的主要原因。

(3) 该矿对职工安全思想教育和培训管理工作不到位,对电焊工未按照特种作业人员进行培训,作业人员安全意识淡薄,是造成本次事故的重要原因。

2. 事故教训及防范措施

(1) 原则上严禁在井口房和井下任何地点进行电焊、气焊和喷灯焊接等明火作业。

(2) 确需在井口房内和井下进行焊接、气割等明火作业的,井下仅限于在采用砌碹或喷浆封闭后的井底主要硐室和矿井主要进风井巷(不包括采区进风巷),其他地点不得进行任何明火作业。

(3) 矿井进行明火作业必须制定安全技术措施,按分级管理的要求进行审批、汇报。

(4) 必须严格按标准连接气瓶和割炬,并对作业场所进行洒水。所用气体储罐必须置于全风压风流中、作业地点下风侧,并有防止火星飞溅的措施。

(5) 明火作业地点的前后两端各 10 m 的井巷范围内,应采用不燃性材料支护,并在作业地点备有至少 2 个灭火器。严禁在微风、无风以及密闭前、空(假)顶、老空附近等瓦斯情况不明或瓦斯浓度超过 0.5%的地点进行明火作业。

【案例 2-35】 2020 年 12 月 4 日,某再生资源回收有限公司在某煤矿回收设备时发生重大火灾事故,造成 23 人死亡、1 人重伤,直接经济损失 2 632 万元。

事故原因:

该公司在事故煤矿井下回撤作业时,回撤人员在−85 m 水泵硐室内违规使用氧气/液化石油气切割水泵吸水管,掉落的高温熔碴引燃了水仓吸水井内沉积的油垢,油垢和岩层渗出油燃烧产生大量有毒有害烟气,在火风压作用下蔓延至进风巷,造成人员伤亡。主要表现在:

(1) 事故煤矿未按上报的回撤方案组织回撤作业。上报给地方政府和有关部门的撤出井下设备报告及回撤方案中,隐瞒了已将井下回撤工作交由某回收有限公司组织实施的事实,且上报的回撤方案中未将井下水泵列入回撤设备清单,但实际对水泵进行了回撤。

(2) 某回收有限公司不具备煤矿井下作业资质,井下设备回撤作业现场管理混乱,安排未取得熔化焊接与热切割作业操作证的人员在井下进行切割作业(安排不具备资质条件的气割工入井动火作业),在-85 m水泵硐室气割水管前,未采取清理或者隔离焊碴、防止飞溅掉落到存有岩层渗出油的吸水井的措施。

(3) 事故煤矿和某回收有限公司安全管理混乱。未落实煤矿入井检身制度,入井人员未随身携带自救器,隐患排查治理不到位。

第四十条　煤矿在井下煤岩体加固、充填密闭、喷涂堵漏风等施工中,应当优先选用无机材料,确需选用反应型高分子材料时,应当遵守下列规定:

(一) 选用的反应型高分子材料必须取得煤矿矿用产品安全标志。

(二) 严格按照产品说明书规定的用途和使用场所使用高分子材料,不得随意变更用途或者扩大使用范围;严禁两种不同用途的高分子材料同时或者混合使用;严禁不同生产厂家的高分子材料混用;严禁使用过期变质的高分子材料;严禁井下储存高分子材料。

(三) 严禁使用由强腐蚀性、强挥发性组分反应生成的高分子材料。

(四) 严禁使用聚氨酯发泡材料充填密闭;严禁化学反应剧烈、反应温度高的高分子材料用于与煤直接接触的地点;严禁使用高分子发泡材料处理自然发火隐患区。

(五) 严禁向煤层高冒区、空洞区、明火防治重点区等较大空间内直接灌注大量高分子材料,必须使用时应当实施可控灌注。

(六) 每次使用应当制定施工方案和专项安全措施,并经矿总工程师审核、报矿长批准。

【解读】 本条是关于煤矿井下煤岩体加固、充填密闭、喷涂堵漏风等施工中选用反应型高分子材料的规定。

(1) 高分子材料在井下使用过程中存在伤害人员、腐蚀设备、污染环境,甚至产生高温引发矿井火灾和瓦斯、煤尘爆炸等危险。因此,煤矿在井下煤岩体加固、充填密闭、喷涂堵漏风等施工中,应当优先选用无机材料。

(2)《煤矿井下反应型高分子材料安全管理办法(试行)》(煤安监技装〔2020〕18号,以下简称《高分子材料管理办法》)第十六条规定,依法取得煤矿矿用产品安全标志的高分子材料方可入井使用。因此,选用的反应型高分子材料必须取得煤矿矿用产品安全标志。

(3)《高分子材料管理办法》第八条规定，煤矿应严格按照产品使用说明书规定的用途和使用场所使用高分子材料，不得随意变更用途或者扩大使用范围；严禁两种不同用途的高分子材料同时或混合使用；严禁不同生产厂家的高分子材料混用；严禁使用过期变质的高分子材料。

《高分子材料管理办法》第七条规定，煤矿井下禁止存储高分子材料。

(4)《高分子材料管理办法》第四条规定，煤矿井下不得使用由强腐蚀性、强挥发性组分反应生成的高分子材料；禁止化学反应剧烈、放热量大的高分子材料用于与煤直接接触的地点；充填密闭作业中禁止使用聚氨酯发泡材料。

(5)《高分子材料管理办法》第十条规定，严禁使用发泡高分子材料处理自然发火隐患区。严禁向煤层高冒区、空洞区、明火防治重点区等较大空间内直接注浆，当无其他技术方法进行处理时，应当先进行预处理，实施可控注浆，防止注浆材料大量聚积放热反应。

(6)《高分子材料管理办法》第九条第二款规定，每次使用应制定施工方案和专项安全措施，明确具体使用的高分子材料名称、规格型号、生产单位、使用量及施工工艺，并经矿总工程师审核、报矿长批准。

【案例 2-36】 2013 年 9 月 27 日 17 时 30 分左右，某矿 22109 运输巷绕道车场第四道风门顶框充填处发生一起由喷洒放热材料引起的煤燃烧事故。

1. 事故原因

(1) 22109 运输巷绕道风门充填的尤乐速喷 1 号材料产生的热量散发不及时引燃煤体，燃烧的煤体沿风流方向引燃位于总回风巷的瓦斯抽采管路，造成着火区域扩大，是该起事故的直接原因。

(2) 22109 运输巷绕道风门维修方案中对尤乐速喷 1 号材料用于充填材料使用时可产生高温、具有可燃性等危害因素考虑不全面，现场安全监护及防范措施不到位，是该起事故的主要原因。

(3) 在编制 22109 运输巷绕道风门维修安全技术措施时缺少具体施工工艺和具体使用要求，将表面喷涂防护材料作为充填材料使用，安全技术措施审批把关不严格，也是该起事故的主要原因。

(4) 非正规作业管理不到位，未纳入变化管理，未按照分级、分类要求安排跟班人员，致使业务指导及业务监管不到位，也是该起事故的主要原因。

2. 事故经验及教训

(1) 各级人员要牢固树立“安全第一”的思想，切实把安全工作摆在首要位置来抓，彻底改变盲目蛮干的做法，彻底摒弃图侥幸、撞运气的惰性思想，坚决预防和遏止同类事故发生。

(2) 强化业务保安责任制，尤其针对业务范围内的变化环节、非正规作业要及时跟踪进行技术指导并监督作业规程、安全技术措施现场执行情况，把控现场变化因素，及时调整或变更施工工艺及处理措施，确保业务保安到位。

(3) 加大安全监管队伍管理，提升安全监管能力和水平，彻底打击管理性的违章指挥行为、习惯性违章操作行为、盲目性管理违章行为等。

第四十一条 井下使用的汽油、柴油、煤油必须装入盖严的铁桶内，由专人押运送至使用地点，剩余的汽油、煤油必须运回地面，严禁在井下存放。

井下使用柴油机车，如确需在井下贮存柴油的，必须设有独立通风的专用贮存硐室，并制定安全措施。井下柴油最大贮存量不得超过矿井 3 天柴油需要量。专用贮存硐室应当满足井下机电设备硐室的安全要求。

井下使用的润滑油、棉纱、布头和纸等，必须存放在盖严的铁桶内。使用后的棉纱、布头和纸，也必须放在盖严的铁桶内，并由专人定期送到地面处理，不得乱放乱扔。严禁将剩油、废油泼洒在井巷或者硐室内。

井下清洗风动工具时，必须在专用硐室内进行，并使用不燃性和无毒性洗涤剂。

【解读】 本条是关于井下油类等易燃物运送、存放和使用及贮存柴油的规定。

(1) 井下使用的机械用油、棉纱、布头和纸等都是易燃物，如管理不善极易失火引发火灾。这些材料在井下使用时，必须指定专人运送，运输过程中要装入盖严的铁桶内以防漏出。汽油、煤油属于易挥发、易燃液体，使用完毕后必须及时运回地面，严禁在井下存放，以免出现油蒸气，发生蒸气爆炸。

(2) 井下贮存柴油的专用贮存硐室应当采用砌碹或其他可靠的方式支护。硐室应当装设向外开的防火铁门。铁门全部敞开时，不得妨碍巷道正常通行。铁门上应装设便于关严的通风孔，以便必要时隔绝通风。装有铁门时，可加设向外开的栅栏铁门，但不得妨碍铁门的开闭。从硐室出口防火铁门起 5 m 内的巷道，应当砌碹或用其他不燃性材料支护。专用贮存硐室应当设在进风风流中，必须设独立的通风系统，回风风流应当引入回风巷，并制定安全措施。专用贮存硐室内必须设置足够数量扑灭电气火灾的灭火器材。每个入口应有不少于 2 个合格的灭火器、0.3 m^3 黄沙及 6 个沙袋，并备有 1 把铲子。灭火器材应当放置在硐室内入口处明显的地方。

为保障柴油机车动力用柴油使用，同时兼顾贮存量在安全范围内，井下柴油机车动力用柴油最大贮存量不得超过矿井 3 d 柴油需要量。

(3) 井下使用的润滑油、棉纱、布头和纸张等易燃材料必须放入盖严的铁桶内，防止人员乱拿乱放，用过的材料也必须由专人定期运回地面。剩油、废油必须由专人运回地面，不得泼洒在井巷或硐室内。

(4) 井下风动工具使用一段时间后，内部元件经常出现锈迹及污垢等影响正常使用的情形，故必须定期对风动工具进行除锈清污和维护保养等工作。但清洗时必须采用不燃性和无毒性的洗涤剂，否则容易引发火灾，危害人身及生产安全。为防止清洗后残留的洗涤剂废液落入巷道中，埋下火灾隐患，清洗工作必须在具备阻燃和独立通风条件的专用硐室内进行。

【案例 2-37】 某年 5 月，某煤矿变电所发生 18 人死亡的火灾事故，变电所旁的联络巷中存放有润滑油、橡胶电缆等易燃物，导致火势迅速扩大造成惨剧。

因此，井下使用的汽油、柴油、煤油必须装入盖严的铁桶内，由专人押运送至使用地点，剩余的汽油、柴油、煤油必须运回地面，严禁在井下存放。

第四十二条　开采地层含油的矿井，应当加强对地层渗出油的防火管理，制定专项防火措施。

【解读】 本条是关于开采地层含油的矿井防火规定。

(1) 开采地层含油的矿井，其防火管理相较于开采地层不含油的矿井要严格得多。一旦地层渗油，作业地点乃至整个井下都被极易燃烧的油物所包围或笼罩在油气中。为确保矿井生产安全，消除火灾和隐患，避免发生火灾事故，必须制定专项防火措施。

(2) 开采地层含油的矿井专项防火措施包括：

① 采取措施封堵地层渗出油物的通道，确保作业场所无渗油或使渗油在安全指标范围内。

② 井底车场、主要大巷、采区集中巷、采掘巷道及机电设备硐室均采用不燃性材料支护。

③ 在井下主要巷道设计并安设消防洒水系统。

④ 在井底设有消防材料库，并配有足够的消防器材。

⑤ 在火灾隐患严重的地点（井口、井底车场、机电硐室等）备有消防器材。

⑥ 各进风口设有防火门，机电设备设施有防火栏、两用门和有关的消防器材。

⑦ 井下带式输送机均选用阻燃性输送带，各输送带大巷机头硐室设有自动灭火系统。

⑧ 主要通风机房和井下设有反风装置，需要时可进行全矿井反风。

⑨ 矿井生产期间必须有专人负责检查和维护井上、下消防安全设施，保证其完好无损，符合要求。

⑩ 严禁人员携带烟草和点火物品，严禁穿化纤衣服下井。

⑪ 严禁在工作面巷道及硐室内泼废油，不准乱扔使用过的棉纱、布条和纸张等。

⑫ 带式输送机司机和巡检工必须及时将输送带下的浮煤清理干净，防止输送带跑偏和摩擦着火。

⑬ 所有井下设备严禁失爆，井下接线必须使用防爆接线盒。

第四十三条　井上、下必须设置消防材料库，并符合下列要求：

（一）井上消防材料库应当设在井口附近，但不得设在井口房内。

（二）井下消防材料库应当设在每一个生产水平的井底车场或者主要运输大巷中，并装备消防车辆。

（三）消防材料库应当储存足够的消防材料和工具，其品种和数量应当满足矿井消防需要，并定期检查和更换。消防材料和工具不得挪作他用。

【解读】　本条是关于井上、下设置消防材料库的规定。

（1）井上消防材料库的设立主要为发生在地面井口附近、井口房、井筒内和井下的火灾施救工作提供保障。井上消防材料库应设在井口附近，因地面交通运输便利，也能够迅速、及时地将设置在井口附近的消防材料库所储备的消防器材运送至井口位置，保证及时救灾之需。井口消防材料库不得设在井口房内，因为井口房存放着矿井提升运输等大量机电设备，设备流动性大，是火灾易发地点，同时井口房与井筒相连，容易受到井下火灾的影响，若将消防材料库设在井口房内，井口房内一旦发生火灾，势必直接损毁消防器材，影响救灾工作开展。

（2）井上消防材料库主要器材配置见表 2-9。

表 2-9 井上消防材料库主要器材配置

序号	器材名称	规格	单位	配置数量			备注
				小型矿井	中型矿井	大型矿井	
1	潜水泵	流量≥10 m^3/h	台	1	1	1	存放于设备库中
2	泥水泵	流量≥10 m^3/h	台	1	2	2	
3	消火水龙带	接口与井下消火阀门立柱出口匹配	m	600	700	800	
4	多用消火水枪	接口与消火水龙带口径匹配	支	7	8	9	直流＋喷雾
5	高倍数泡沫发生装置	发泡量≥200 m^3/min	套	1	1	1	存放于设备库中
6	消防泡沫喷枪	发泡量≥1.5 m^3/min	套	1	2	2	
7	高倍数泡沫剂	发泡倍数≥500	t	0.3	0.4	0.5	
8	消防泡沫剂	发泡倍数≥15	t	0.1	0.2	0.2	
9	分流管	与井下洒水管快速接头匹配	个	2	3	4	
10	集流管	与井下洒水管快速接头匹配	个	1	2	2	
11	消火三通	根据井下不同管径分别配备	个	2	3	4	
12	阀门	根据井下不同管径分别配备	个	2	3	4	
13	快速接头及帽盖垫圈	与井下洒水管快速接头匹配	套	70	80	90	
14	管钳子	适用于井下各种消防管路	把	4	6	8	
15	折叠式帆布水箱	≥15 L	个	2	2	2	
16	救生绳	长 20 m	根	2	3	4	
17	伸缩梯	高度 4 m	副	1	1	1	
18	普通梯	绝缘	副	1	2	2	
19	泡沫灭火器	9 L	个	15	20	25	
20	CO_2 灭火器	7 kg	个	6	8	10	
21	干粉灭火器	8 kg	个	10	12	14	

表 2-9(续)

序号	器材名称	规格	单位	配置数量			备注
				小型矿井	中型矿井	大型矿井	
22	喷雾喷嘴	与井下洒水管快速接头匹配	个	2	3	4	3
23	泡沫灭火器	500 mL	个	15	20	25	硫酸铝溶液
	起泡药瓶	500 mL	个	15	20	25	碳酸氢钠溶液
24	灭火岩粉	粒度<0.3 mm	kg	300	400	500	
25	石棉毯	≥1 m×1 m	块	3	4	5	
26	风筒布	矿用阻燃	m	300	400	500	
27	水泥	强度等级≥42.5	t	3	4	5	
28	水玻璃	工业级	t	1	1	1	
29	石灰	普通石灰	t	2	3	4	
30	速接钢管	根据井下不同管径分别配备	节	100	120	150	每节 10 m
31	胶管	根据井下不同管径分别配备	m	1 000	1 200	1 500	
32	局部通风机	28 kW	台	2	3	3	
		11 kW	台	2	3	3	
33	接管工具	KJ-20-46 型	套	2	3	4	
34	单相变压器	容量≥10 kV·A	台	2	3	3	
35	电力开关	QBZ 型	台	2	3	3	
36	电缆	矿用阻燃型	m	300	400	500	
37	玻璃棉		kg	500	800	1 000	
38	风镐		台	1	2	2	
39	安全带	承载 500 kg	条	3	4	5	
40	镀锌钢丝绳	ϕ12 mm	m	100	150	200	
41	潜水泵		台	1	2	2	存放于设备库中

(3) 井下消防材料库的设立主要针对发生在井下各个生产水平不同巷道内的火灾救灾工作，为缩短消防器材运至各个生产水平间的时间，要求井下消防材料库应设在每一个生产水平的井底车场或主要运输大巷中；为提高运输速

度，保证消防材料能够及时快捷到达任何火灾地点，要求井下消防材料库应装备消防车辆，能够为迅速、安全、有效地开展灭火救灾工作提供有力保障。

（4）井下消防材料库主要器材配置见表 2-10。

表 2-10 井下消防材料库主要器材配置

序号	器材名称	规格	单位	配置数量			备注
				小型矿井	中型矿井	大型矿井	
1	消火阀门立柱	接口与井下洒水管快速接头匹配	个	2	3	4	
2	消火水龙带	接口与消火阀门立柱出口匹配	m	600	700	800	
3	多用消火水枪	接口与消火水龙带口径匹配	支	4	4	4	直流＋喷雾
4	变径管节	根据井下不同管径逐级配备	个	10	12	14	
5	喷嘴	与井下洒水管快速接头匹配	个	28	28	28	
6	分流管	与井下洒水管快速接头匹配	个	3	3	3	
7	集流管	与井下洒水管快速接头匹配	个	2	2	2	
8	垫圈	根据井下不同管径分别配备	套	50	60	70	
9	钢管	根据井下不同管径分别配备	m	600	700	800	
10	胶管	根据井下不同管径分别配备	m	600	700	800	
11	管钳子	适用于井下各种消防管路	把	2	4	6	管件维修安装
12	接管工具	KJ-20-46 型	套	2	2	2	
13	救生绳	长 20 m	根	2	3	4	
14	伸缩梯	高度≥4 m	副	1	1	1	

表 2-10(续)

序号	器材名称	规格	单位	配置数量			备注
				小型矿井	中型矿井	大型矿井	
15	泡沫灭火器	9 L	个	15	20	25	
16	CO_2 灭火器	7 kg	个	6	8	10	
17	干粉灭火器	8 kg	个	6	8	10	
18	喷雾喷嘴	与井下洒水管快速接头匹配	个	2	3	4	
19	泡沫灭火器起泡药瓶	500 mL	个	15	20	25	硫酸铝溶液
		500 mL	个	15	20	25	碳酸氢钠溶液
20	灭火岩粉	粒度<0.3 mm	kg	300	400	500	
21	石棉毯	≥1 m×1 m	块	2	3	4	
22	风筒布	矿用阻燃	m	300	400	500	
23	水泥	强度等级≥42.5	t	1.0	1.5	2	
24	石灰	普通石灰	t	1.0	1.5	2	
25	安全带	承载 500 kg	条	3	4	5	
26	绳梯	负载 100 kg	副	2	2	2	
27	镀锌钢丝绳	ϕ12 mm	m	100	150	200	
28	麻袋或塑料纺织袋	107 cm×74 cm	条	300	400	500	
29	砖	240 mm×115 mm×53 mm	块	2 000	3 000	4 500	
30	沙子	细沙	m^3	2	2	3	
31	圆木	长 3 m、直径 10 cm	m^3	1.5	1.5	2	
32	木板	厚 15～30 mm	m^3	3	4	5	
33	铁钉	2"、3"、4"	kg	15	15	20	
34	斧头	防爆铜斧	把	2	2	2	
35	平板锹	铜质	把	3	4	5	
36	手动水泵	流量≥10 m^3/h	台	1	1	1	
37	水桶	50 L	个	3	4	5	
38	矿车	1 t 或 1.5 t 标准矿车	辆	8	8	8	采用轨道运输的矿井配备。综采工作面配 1.5 t，普采及炮采工作面配 1 t

(5) 矿井火灾种类复杂多样,针对不同的燃烧类型,必须选用不同的消防器材才能安全、高效灭火,因此,井上、下消防材料库应当储存足够的消防材料和工具,其品种和数量应当满足矿井消防需要。为应对可能发生的各种火灾类型,消防材料和工具的数量必须根据矿井规模合理配备。为保障火灾发生时消防材料和工具使用的有效性,必须对消防材料库内储存的消防材料和工具进行定期检查和更换,以免出现灭火材料失效或器材损坏等问题,耽误灭火救援。消防材料和工具不得挪作他用,以保证火灾发生时能够按照应急预案及时投入到灭火工作中。

(6) 安全生产标准化管理体系防灭火基本要求和评分方法的考核要点见表 2-11。

表 2-11 安全生产标准化管理体系防灭火基本要求和评分方法的考核要点

项目	项目内容	基本要求	标准分值	评分方法	检查内容	查阅资料
防灭火	设施设备	按《煤矿安全规程》规定设置井上、下消防材料库,配足消防器材	10	查现场和资料。缺消防材料库不得分,其他不符合要求 1 处扣 1 分	1. 查是否按《煤矿安全规程》规定设置井上、下消防材料库; 2. 查是否配足消防器材	1. 井上、下消防材料库管理制度; 2. 井上、下消防材料库物资台账; 3. 井上、下消防材料库出入库登记录

【案例 2-38】 2007 年 2 月 2 日 6 时 30 分左右,某煤矿井下发生重大火灾事故,造成 24 人死亡,1 人受伤,直接经济损失 910.8 万元。

1. 直接原因

煤层自然发火引燃主井底清仓斜巷内支护巷道的荆梢、荆芭和木棚,当班灭火人员没有及时发现发火点并扑灭,造成火势蔓延和扩大。

2. 间接原因

矿井主井口附近有一消防水池,容积约为 50 m^3,不符合规定要求,工业广场内有自备水井。消防管路自主井通往井下,回风下山、运输下山和西巷进风巷管路均为塑料管,其他巷道没有消防管路,平时管内无水,井下需灭火、防尘时与地面联系放水。井下主要是用水直接灭火,井下无消防材料库。煤矿未制定防灭火管理制度、防灭火年度计划,未采用综合预防煤层自然发火措施。

【案例 2-39】 某年 7 月 31 日 18 时 45 分，某煤矿一水平三采区带式输送机巷第八部带式输送机发生一起机头传动滚筒打滑摩擦着火的特大伤亡事故。烧毁输送带 65 m，直接经济损失 5 978 元。

1. 事故原因

（1）根据现场勘查和在实验室输送带打滑摩擦着火模拟试验，以及在井下第八部带式输送机做的机尾压力测定、打滑实验的结果，认定引起输送带着火的直接原因是：输送带跑偏导致煤撒到输送带上拉向机尾，机尾滚筒和输送带间卷煤（厚度达 70 mm）造成机尾输送带跑偏（跑偏距离达 1 775 mm），被吊挂钢丝绳卡死，而这时机头仍在运转，使滚动的主、副传动滚筒与静止的输送带（被压死）发生滑动摩擦，产生高温，融化了输送带胶层，在供氧充分的条件下，引起输送带燃烧。

（2）输送带着火后，机巷司机先期撤离灾区时，慌忙打开了采煤工作面机巷与风巷的联络巷内单道风门，忘记关闭，使通风系统遭受破坏，导致风流短路，浓烟和有害气体直接涌入回风平巷，拦截了采煤工作面作业人员去路。

（3）机电设备管理水平差，安全技术工作漏洞多。如第八部带式输送机长 190 m，上托辊 165 组中有 9 组不合格，下托辊 78 组中有 44 组不起作用。井下防灭火器材不齐全，消防洒水设施不完善。发生火灾时第八部带式输送机机头处消防管内无水，导致着火后人员不能采取直接灭火措施。

（4）抢救措施不得力。在得知采煤工作面风巷内还有人员时，没有果断命令救护队直接进入灾区抢险救人。

2. 事故经验及教训

（1）劳动纪律松散，岗位责任制执行不严格，工作严重失职是导致这次事故的直接原因。当带式输送机机尾输送带被卡死时，司机在竹笆上休息未能发现，没有及时叫停车，导致输送带打滑摩擦着火，酿成大祸，这个教训是极其深刻的。

（2）技术管理上有漏洞。如第八部带式输送机机头处无司机看管，又缺少防输送带打滑、跑偏的安全保护装置，导致输送带打滑时不能停车。通风管理薄弱，通风设施不完善。在联络巷内设单道风门违反《煤矿安全规程》规定，事故前也没有按《煤矿安全规程》规定编制灾害预防和处理计划，致使事故发生后抢救处理措施不得力。

（3）带式输送机防火设施不完善，防火制度不健全，消防洒水设施不能正常使用，消防水管无水，这些都给扑灭火灾带来不利影响。

第四十四条 井下爆炸物品库、机电设备硐室、检修硐室、材料库、井底车场、使用带式输送机或者液力偶合器的巷道以及采掘工作面附近的巷道中，必须备有灭火器材，其数量、规格和存放地点，应当在灾害预防和处理计划中确定，宜配备自动灭火装置。

井下工作人员必须熟悉灭火器材的使用方法和本职工作区域内灭火器材的存放地点。

【解读】 本条是关于井下易发生火灾硐室和巷道防火、配备灭火器材的规定。

（1）井下爆炸物品库存储有爆破用炸药、雷管等易燃易爆物品；机电设备硐室、检修硐室内电气设备密集，开关操作频繁，且电机转速快，运转过程中温度高，易形成高温热表面；材料库内物品样式繁杂，可燃性材料较多；井底车场人员和车辆流动性大，易产生明火、金属摩擦火花等点火源；带式输送机和液力偶合器是长时间工作设备，磨损大，一旦发生摩擦起火，易随输送带蔓延，因此，这些地点发生火灾的风险较大，必须备有灭火器材。由于这些地点可燃物种类不同，火灾范围差别大，因此，为实现经济、快速灭火，灭火器材的数量、规格和存放地点需根据具体情况确定，应当在灾害预防和处理计划中确定，宜配备自动灭火装置。

硐室内灭火器数量、类型、设置位置的规定：

① 考虑发生火灾时若能同时使用2台灭火器共同灭火，则对迅速、有效地扑灭初期火灾十分有利，同时，2台灭火器还可相互备用，即使一台失效，另一台仍可正常使用。同时，井下硐室空间相对狭小，从消防实战角度考虑，着火后可能会有许多人同时参加紧急灭火行动。如果同时到达同一个灭火器设置点取用灭火器的人员太多，而且许多人都手提1台灭火器到同一个着火点去灭火，则会互相干扰，使现场杂乱，影响灭火，容易贻误灭火时机。况且硐室中的灭火器数量太多，对硐室内正常作业不利，对安全疏散不利，因此规定配备2～6台灭火器。

② 安放液压装置的硐室、贮存油类的硐室和爆破物品库发生火灾的危害较大，较难扑灭，手提式灭火器作业时间相对较短，故考虑设置不少于1台推车式灭火器，增强灭火能力。

③ 选择灭火器时应保证不同类型灭火器内充装的灭火剂，不论是同时使用还是依次（先后）使用，均应防止因灭火剂选择不当而引起干粉与泡沫、干粉与干粉、泡沫与泡沫之间的不利于灭火的相互作用，以避免因发生泡沫消失等不利情况而导致灭火效力明显降低。

④ 硐室内灭火器设置在位置明显和便于取用的地点，有利于灭火；井下硐室内空间相对狭小，使安全疏散难度增加，故灭火器设置位置应避免对安全疏散造成阻碍。

（2）井下灭火器材主要包括灭火器、消防沙箱、消防水桶、消防锹、消防斧、消防沙袋等。井下火灾种类较多，可能是气体、液体或固体火灾，不同的火灾类型，需选用相应的灭火器材，一旦选型不当，不仅不能灭火，还有可能加剧火势。如出现燃油火灾时，需用沙土进行掩盖处理，如果误用洒水，将导致火势范围扩大。井下工作人员在上岗前必须经过相关培训，使其能够在发现火情时临危不乱，具备第一时间明确火灾种类并迅速到达本职工作区域内灭火器材存放地点的能力，掌握使用各种灭火器材进行有效灭火的技能，力争将火灾扑灭于初期。因此，井下工作人员必须熟悉灭火器材的使用方法和本职工作区域内灭火器材的存放地点，避免在发生火灾时出现现场工作人员找不到灭火器材或不会使用灭火器材的情况发生。

（3）安全生产标准化管理体系防灭火基本要求和评分方法的考核要点见表2-12。

表2-12　安全生产标准化管理体系防灭火基本要求和评分方法的考核要点

项目	项目内容	基本要求	标准分值	评分方法	检查内容	查阅资料
防灭火	设施设备	按《煤矿安全规程》规定井下爆炸物品库、机电设备硐室、检修硐室、材料库等地点的支护和风门、风窗采用不燃性材料，并配备有灭火器材，其种类、数量、规格及存放地点，均在灾害预防和处理计划中明确规定	10	查现场和资料。不符合要求1处扣2分	1. 查井下爆炸物品库、机电设备硐室、检修硐室、材料库、井底车场、使用带式输送机或者液力偶合器的巷道以及采掘工作面附近的巷道中，是否配备有灭火器材； 2. 查灭火器材种类、数量、规格及存放地点，是否在灾害预防和处理计划中明确规定	1. 矿井灾害预防和处理计划； 2. 井下灭火器材台账

【案例 2-40】 2010 年 6 月 21 日零点班，某煤业公司二矿主井生产区域入井 75 人。1 时 2 分，主井井底 1 号炸药存放点的炸药自燃着火，引燃存放点内的垫木、木墙以及附近巷道内的木支护材料、塑料网、电缆等，产生大量有毒有害气体，并向主井生产区域巷道蔓延，造成井下 49 人遇难。

1. 直接原因

二矿主井井底 1 号炸药存放点存放的非法私制硝铵炸药自燃，引燃炸药存放点内木料及附近巷道内的塑料网、木支护材料、电缆等，产生高温气流和大量的一氧化碳等有毒有害气体，导致井下作业人员灼伤和中毒窒息伤亡。

2. 间接原因

事故发生后，二矿本应迅速采取反风措施，但该矿负责人组织打开主要进风巷和回风巷之间的风门，实施风流短路，致使进入生产区域的有毒有害气体滞留，导致大量人员中毒窒息伤亡。

【案例 2-41】 某年 10 月 5 日 15 时 55 分，某煤矿井下发生一场大火，造成 27 人死亡。

1. 直接原因

输送带清理不到位，与输送带相接触的矸石未及时清除，造成输送带与矸石摩擦起火。

2. 间接原因

(1) 输送带管理不善，损坏严重，更换不及时；输送带质量低劣，矿井违反规定使用非阻燃输送带。

(2) 安全管理制度执行不力，少数职工劳动纪律松散，输送带清理工孙某、张某未完成清理任务便提前升井，带式输送机早班司机提前离岗，中班司机未按时到岗，没有现场交接班。

(3) 对安全生产方针贯彻不认真、不得力，安全生产责任制不落实。

(4) 安全培训质量不高，针对性不强。

(5) 管理人员责任心不强。当日掘进六队跟班队长在知道灾情和避灾路线的情况下，未组织本队人员自救、互救而独自撤离灾区。

(6) 带式输送机道存放的 4 车新输送带着火，导致救火时间延长，使输送带着火事故扩大。

(7) 事故当中，部分遇险人员接到命令后，只想着从副井升井而跑错了方向，导致事故伤亡人数增加。

第四十五条　每季度应当对地面消防水池、井上下消防管路系统、防火门、消防材料库和消防器材的设置情况进行1次检查，并做好记录，发现问题，要及时解决。

【解读】 本条是关于每季度对地面消防水池、井上下消防设施进行检查的规定。

(1) 煤矿发生火灾事故的区域都存在有可燃物、易燃物，如果这些区域内消防系统齐全、有效，可以在火灾发生初期直接采取灭火措施阻止火势蔓延、发展，防止火灾事故扩大。因此，每季度应当对地面消防水池、井上下的消防管路系统、防火门、消防材料库和消防器材的设置情况进行1次检查，以便及时更换损坏或失效的消防材料，保证消防材料、设施的齐全、可靠，在发生火灾时可以尽快扑灭火灾，最大限度减少损失。检查内容应当包括地面消防水池位置设置是否合理和储水量是否符合规定、消防管路系统是否畅通、消防管路用水的水量水压是否充足、防火门是否可用、各消防材料及器材是否有损坏、设置位置是否合理等。每次检查由专人在场监督并将结果记录在案，检查记录应交由矿消防单位存档、复检。

(2) 安全生产标准化管理体系防灭火基本要求和评分方法的考核要点见表2-13。

表2-13　安全生产标准化管理体系防灭火基本要求和评分方法的考核要点

项目	项目内容	基本要求	标准分值	评分方法	检查内容	查阅资料
防灭火	设施设备	按《煤矿安全规程》设置井上、下消防材料库，配足消防器材，且每季度至少检查1次	10	查现场和资料。缺消防材料库不得分，其他不符合要求1处扣1分	查是否按每季度至少检查1次执行	井上、下消防材料库、消防器材检查记录

第四十六条　在井下设置空气压缩设备时，应当设自动灭火装置。固定式空气压缩机和储气罐必须设置在2个独立硐室内，并保证独立通风；移动式空气压缩机必须设置在采用不燃性材料支护且具有新鲜风流的巷道中。

【解读】 本条是关于井下空气压缩设备灭火的规定。

(1) 在矿井生产中，出于生产安全需要，应在井下设置空气压缩设备，但需要按照本条款的要求对压缩机形式、安设地点环境及运行严格要求。设置自动灭火装置的目的是在空气压缩机着火时能够及时灭火，避免火势蔓延，除必须设置自动灭火装置外，还应根据需要设置其他必要的灭火器材。

(2) 固定式空气压缩机的储气罐是储存压缩空气的设备，空气压缩机在工作过程中会产生大量的热量，储气罐内的压缩空气在受热后压力会增大，当超过储气罐容许压力时就会发生爆炸。为防止空气压缩机和储气罐之间的相互影响，固定式空气压缩机和储气罐必须设置在 2 个独立硐室内。硐室应当布置在岩石巷道内，不允许放置于半煤岩或煤巷内，且必须采用不可燃性材料支护，以避免空气压缩机着火时引燃其他材料，导致火灾事故扩大。硐室应保证独立通风，一是能够有效降低硐室内温度；二是在发生火灾灾害时，有毒、有害气体可直接进入回风流中。

(3) 移动式空气压缩机应当设置在顶板完整的地点，以保证不会因巷道冒顶而导致设备损坏。在移动式空气压缩机前后至少 5 m 范围内，巷道要用不燃性材料支护，主要为了避免压缩机发生火灾后引燃巷道内可燃性支护材料而导致事故范围扩大。因此，为保障散热效果和防止火灾发生，移动式空气压缩机必须安设在具有新鲜风流的巷道中。

【案例 2-42】 2008 年 3 月 5 日 22 时，某煤矿井下空气压缩机硐室电缆着火引燃木棚，造成 103 采煤工作面 13 人中毒死亡。

分析事故原因，可以看出这起事故是由该矿一系列违章、违规、管理不善等因素共同作用形成的结果。如果其中一个方面避免了，这起事故也不可能发生。

(1) 如果矿井人员具有较高的业务素质和技术素质，接班后认真检查空气压缩机及机电设备，在故障初期及时进行处理，就不会有漏油现象和电缆爆裂现象的发生，也就不会有这起火灾事故的发生。

(2) 如果矿井认真按操作规程进行作业，按规定将电缆吊挂，即使电缆爆裂，也不会引燃机油，也不会有这起事故的发生。

(3) 如果矿井认真执行《煤矿安全规程》，按规定在空气压缩机硐室设置自动灭火装置、灭火器、沙箱、铁锹等灭火器具材料，就可能在火灾初期将火势控制住并迅速予以扑灭，也不会发生这起事故。

(4) 如果空气压缩机司机具有较高的业务素质，当电缆爆裂后不是马上去断电，而是利用现场一切条件进行灭火，火势也不会发展迅猛。

(5) 如果矿井不是一味地追求经济效益，而是遵循“安全第一”的原则，加大安全方面的投入，设置井下应急储备物资库，发现火情后，利用应急储备物资进行直接灭火，就不会导致灾情的扩大。

（6）如果井下消防管路接设到位，并且保证水源，就不会出现救护队灭火时现接水管、水源时断时续的问题。

（7）如果矿井给各作业地点设置了联系电话，那么井下作业人员就会在第一时间接到通知，马上撤离，就不会发生包括通知人员在内的所有人员均被堵在工作面最后全部遇难的惨剧。

（8）如果矿井对灾害预防和处理计划贯彻到位、入井人员学习到位，那么在主井一侧维修带式输送机的两名人员发现险情后就应该知道返回，直接通过联络巷进入入风井，就可避免遇难。

（9）如果矿井按规定在合理的地点设置应急避难硐室，当灾情发生后，工作面的人员迅速进入避难硐室躲避，也不会发生这次惨剧。

（10）如果矿井发现井下着火后，能在第一时间通知救护队前往救援，就可以及时救人，可以在最佳的救援时间内，将损失降到最低程度，达到最佳的抢险救援的目的。

（11）如果矿井职工都能正确掌握自救器的使用方法，掌握正确的逃生知识，此次惨剧也可避免。

【案例 2-43】 2005 年 4 月 23 日 15 时 30 分左右，某矿井下绕巷中部距巷道帮约 400 mm 处安装的一台非矿用空气压缩机突然着火，事故造成 12 人死亡，直接经济损失 254 万元。

1. 直接原因

该矿违规在井下安装、使用不符合《煤矿安全规程》规定的空气压缩机和润滑油；空气压缩机在运行过程中，温度超过了参与润滑的机油闪点，进入高压气缸的机油燃烧，压力急剧增加，高压、高温炙热气流从安全阀或高压端排出，点燃了周围易燃材料，生成大量有毒有害气体，致使工人中毒、窒息死亡。

2. 间接原因

（1）该矿主要负责人无视国家法律法规，不服管理，在停产整顿期间违规组织生产，是事故发生的主要原因。

（2）该矿没有安排专人看管空气压缩机，井下消防管路系统不完善，自救器严重失效。事故发生后，现场管理人员违章指挥，没有及时组织工人撤离灾区；

矿井有关领导没有及时向上级有关部门报告事故情况，延误了抢救时间，也是事故发生的主要原因。

（3）驻矿安全督察员工作不负责任，没有制止该矿违规生产行为，是事故发生的重要原因。

(4) 当地市、乡政府及有关部门贯彻落实省政府关于“小煤矿一律停产整顿”的决定不力，对该矿安全生产监管不到位，也是事故发生的原因。

3. 防范措施

(1) 煤矿井下使用的空气压缩机必须符合《煤矿安全规程》的规定，安装符合国家标准、行业标准或《煤矿安全规程》等规定要求的压力表、安全阀、断油(或断水)保护、过流保护、超温保护等装置；使用闪点不低于 215 ℃的压缩机油；安排专人看管；制定空气压缩机操作规程、岗位责任制、定期检修、设备管理等制度和措施，否则严禁入井。

(2) 煤矿要加强对安全防护用品的管理，严禁使用超期和失效的自救器。井下必须建立完善的消防管路系统，并保持水源充足，使用可靠。

(3) 各级政府、各部门必须认真落实省政府关于“小煤矿一律停产整顿”的决定，严厉打击煤矿违法、违规生产行为，深刻吸取这起事故的教训，举一反三，立即开展专项安全检查，坚决杜绝类似事故的发生。

第四十七条　矿用电缆、风筒、采用非金属聚合物制造的输送带、托辊和滚筒包胶材料等，其性能必须满足阻燃、抗静电的要求。

煤矿新购入的输送带、电缆、风筒布，应当抽样进行阻燃抗静电性能检测，检测工作应当由具备检测能力的机构承担。

【解读】 本条是关于矿用电缆、风筒、采用非金属聚合物制造的输送带、托辊和滚筒包胶等材料应当抽样进行阻燃抗静电性能检测的规定。

(1) 阻燃电缆是遇火点燃时燃烧速度非常缓慢，离开火源后即自行熄灭的电缆，选用时必须选择取得煤矿矿用产品安全标志的阻燃电缆。

(2) 风筒必须具有抗静电和阻燃性能，井下必须使用抗静电、阻燃的标准风筒。

带式输送机在运行过程中，会因超载、张紧力下降、沿线托辊阻力变大、卸载受阻、输送带触碰异物等原因，使设备总阻力大于传动滚筒与输送带间的摩擦驱动力，致使输送带与传动滚筒表面发生打滑现象，长时间打滑摩擦产生的热量会引燃输送带；因托辊损坏，轴承座与轴摩擦产生的热量也能够引燃输送带；另外，外来火源同样会使输送带燃烧。输送带着火后会产生大量的有毒有害气体，直接危及人员的人身安全，同时造成设备的严重毁坏及财产损失。

(3) 非金属托辊、非金属聚合物制造的输送带以及滚筒包胶材料等都是易产生和积累静电的物质。输送带在运行过程中，当它与非金属托辊和包胶滚筒接触再分离时产生静电，当电荷聚集量(带电量)达到一定值时便会出现放电现象，有可能点燃瓦斯或煤尘，从而引发重大事故。因此，采用非金属聚合物制造的输送带、托辊和滚筒包胶材料等，其阻燃性能和抗静电性能必须符合以下标准的要求：

《煤矿用钢丝绳芯阻燃输送带》(MT/T 668)；

《煤矿用织物叠层阻燃输送带》(MT 830)；

《煤矿用织物芯阻燃输送带》(MT/T 914)；

《煤矿用阻燃钢丝绳牵引输送带技术条件》(MT 669)；

《煤矿带式输送机滚筒用包覆层》(MT/T 962)；

《煤矿井下用带式输送机托辊技术条件》(MT 821)；

《煤矿井下用聚合物制品阻燃抗静电性通用试验方法和判定规则》(MT 113)。

(4) 煤矿新购入输送带、电缆、风筒布，应当抽样进行阻燃抗静电性能检测，其阻燃抗静电性能不合格的不得入井使用。检测工作应当由具备检测能力的机构承担。

【案例 2-44】 2009 年 6 月 24 日 20 时 10 分许，某煤矿发生一起火灾事故，造成 6 人死亡，直接经济损失 276.7 万元。

1. 直接原因

该矿主斜井＋175 m 片盘 6 000 V 油浸式变压器低压侧匝间短路，致使变压器内的油温度升高，高温油喷出、燃烧，引燃了主井带式输送机非阻燃输送带。

2. 间接原因

(1) 矿井机电设备管理不到位，违反规定使用油浸式变压器，主斜井带式输送机使用非阻燃输送带。

(2) 矿井安全管理混乱，隐患排查治理工作不到位，对油浸式变压器存在隐患失查。

(3) 矿井应急救援预案不完善，事故发生后矿井自救混乱，部分人员盲目入井施救，造成死亡人数增加。

(4) 安全教育、安全培训不到位，对职工应急避险知识教育不足，机电矿长未取得安全资格证书。

(5) 监管部门监管不到位，对矿井违规使用油浸式变压器和非阻燃输送带等隐患督促检查不认真，对矿井超过规定人数入井检修监督不到位。

【案例 2-45】 2010 年 1 月 5 日 13 时 40 分左右，某煤矿井下－240 m 处在生产过程中发生电缆起火事故。当时井下有 73 人，事故造成井下 27 人被困，最后造成 25 人遇难。

1. 直接原因

该煤矿中间立井三道暗立井内敷设的非阻燃电缆老化破损，短路着火，引燃电缆外套塑料管、立井吊箩、木支架及周边煤层，产生大量有毒有害气体，造成人员窒息伤亡。

2. 间接原因

(1) 该煤矿长期超深越界盗采资源，在证照已过期的情况下拒不执行停产指令，以技改名义违法组织生产，对电缆漏电等重大隐患长期不治理，违规使用国家明令禁止的设备和工艺，且劳动组织管理混乱，入井作业人数不清。

(2) 相关部门未认真组织查处该矿长期超深越界盗采资源的问题；在办理采矿许可证延续的初审工作中，未认真核实该矿的储量变化，违规同意上报延续意见。

(3) 相关部门对该矿违法施工生产以及使用非阻燃电缆、立井吊箩、长期超深越界盗采等重大隐患失察。

第四十八条 矿用无轨胶轮车必须配备足够数量的灭火器材，运输时应当遵循分类原则，易燃、易爆和腐蚀性物品不得混合运送。

【解读】 本条是关于矿用无轨胶轮车配备灭火器材及装载易燃、易爆和腐蚀性物品的规定。

(1) 矿用无轨胶轮车是柴油发动机驱动的机动车辆，车辆在使用中存在一定的火灾风险，如果车辆发生火灾，使用车载灭火器是第一消防措施。因此，为扑灭火灾，避免火灾事故蔓延扩大，车辆上必须配备足够数量的灭火器材。

(2) 化学危险物品是指根据国家标准《危险货物分类和品名编号》(GB 6944)规定的分类标准中所列的爆炸品、气体、易燃液体、易燃固体、易于自燃的物质、遇水放出易燃气体的物质、氧化性物质和有机过氧化物、毒性物质和感染性物质、放射性物质、腐蚀性物质、杂项危险物质和物品，共分九大类。《中华人民共和国消防法》明确规定，生产、储存、运输、销售、使用、销毁易燃易爆危险物品，必须执行消防技术标准和管理规定。

(3) 易燃、易爆物品在运输时如果混合运送，一旦出现易燃物品遇见火源发生燃烧，将引起易爆物品发生爆炸，后果不堪设想。腐蚀性物品与易燃或易爆物品混合在一起运输，也可产生火灾或爆炸风险，原材料属危险化学品的，应当严格执行《危险化学品安全管理条例》的规定进行存储和运输，严禁将不同组分材料混放、混运。应当采用密封包装，包装容器上必须有牢固、清晰的标识。因此，易燃、易爆和腐蚀性物品在运输时应当遵循分类原则，不得混合运送。

【案例 2-46】 2000 年 7 月 9 日 4 时 40 分，在某二矿区井下 1138—1118 分段的斜坡道岔口处发生一起运矿卡车失火事故，事故造成 17 人死亡，2 人重伤，直接经济损失 188 万元。

1. 直接原因

经调查确认，由于 12 号运矿卡车油管接口存在渗漏现象，发动机工作时间长，排气管温度过高，经长时间高温烘烤，渗漏的油在发动机周围形成可燃气体，再启动时因磁力开关触点或发动机搭线产生火花点燃可燃气体，燃烧中油箱油管内压力增大，形成断裂，油料泄漏，遇明火燃烧后产生大量的有毒有害气体，致使 17 人中毒窒息死亡、2 人重伤。

2. 间接原因

（1）井下运输安全管理不严，车辆检查维修质量达不到安全要求，埋下火灾隐患。9 号车司机与 12 号车司机违反规定私自换车，使 12 号车长时间连续工作，造成发动机周围温度过高，而且该车检查、维修质量达不到要求，油管接口渗油，埋下了火灾隐患。

（2）司机操作不当引发火灾，不立即报警延误灭火时机。

（3）施工现场安全管理不到位，火灾发生时人员撤离无人指挥。

（4）未按规定制订和实施矿井灾害预防和处理计划，防火安全措施不落实。

矿井没有依法制订和实施过灾害预防和处理计划，防灭火安全措施达不到要求，井下巷道安全标志设置不符合规定。

（5）未依法对从业人员进行安全培训。

【案例 2-47】 2012 年 9 月 2 日 13 时 40 分，在某矿三矿区井下 1400 分段九分层岔口处发生一起矿运卡车失火事故，所幸没有造成人员伤亡。

事故原因：

（1）车辆保养不到位，电气线路发生短路，油路渗漏，高温下形成油蒸气聚集是造成事故发生的直接原因。

（2）施救人员对消防器材使用技能不够熟练，对车辆火灾的处置方法不当，灭火剂没有直接喷到燃烧部位，是导致火灾事故扩大的重要原因。

(3) 井下特殊环境下，车辆运行道路不平整，车辆在作业过程中颠簸幅度过大，致使电气线路和油路发生磨损或破裂，也是导致火灾事故发生的重要原因。

第四十九条 建设地面瓦斯抽采泵房必须用不燃性材料，并必须有防雷电装置，其距进风井口和主要建筑物不得小于 50 m，并用栅栏或者围墙保护。

地面瓦斯抽采泵房和泵房周围 20 m 范围内，禁止堆积易燃物和有明火。

干式抽采瓦斯泵吸气侧管路系统中，必须装设有防回火、防回流和防爆炸作用的安全装置，并定期检查。

【解读】 本条是关于建设地面瓦斯抽采泵房建筑材料及其他防火的规定。

1. 地面瓦斯抽采泵房内有大量的瓦斯抽采设备、设施及各种管路。正常情况下，被抽出的瓦斯存储在抽采泵和各类管路中。一旦出现设备或管路瓦斯泄漏超出极限，遇火源后会发生燃烧或爆炸事故。因此，建筑瓦斯抽采泵房时必须采用不可燃性材料，耐火等级为二级。

2. 瓦斯抽采泵房防雷规定：

(1) 瓦斯抽采泵房根据《建筑物防雷设计规范》(GB 50057)和《爆炸危险环境电力装置设计规范》(GB 50058)属爆炸危险区域 2 区，为第二类防雷建筑，必须采取相应的防直击雷措施。

① 瓦斯抽采泵房面积较宽，周围不具备安设避雷针条件时，可在建筑物上装设避雷网带作为接闪装置，避雷网带沿屋角、脊屋檐和檐角等易受雷击的部位敷设并应在整个屋面组成不大于 10 m×10 m 或 12 m×8 m 的网格以满足泵房防直击雷的要求。引下线应不少于两根并应沿建筑物四周均匀分布或对称布置，其间距不应大于 18 m，如环境土壤电阻率较高还可采用石墨或碳素垂直接地极和填埋降阻剂，并在接地沟内回填黏性土壤。防雷设施(含外露和隐蔽的)所用材料应做镀锌防腐处理。

② 安设避雷针防直击雷，采用滚球法计算保证覆盖整个泵房，避雷针高度可达 45 m。

(2) 防感应雷规定。

泵房内各设备等主要金属物(或装置)应通过预留接地引入线(最小截面 100 mm^2，建议用 40 mm×4 mm 热镀锌扁钢)就近与建筑物四周形成环形防雷接地网。

电气设备的保护接地和工作接地一并与接地网相连接，使建筑物内各可导电部分形成一个等电位体，有效防止雷电感应造成的意外。

（3）瓦斯抽采管、放空管防雷规定。

瓦斯抽采管及放空管连续出现爆炸性气体属爆炸危险区域0区，为第一类防雷范围。首先要防直击雷，各煤矿企业要根据现场情况布置独立的避雷针或避雷线防直击雷。特别需要注意的是，避雷针的保护范围应为管口上方半径5 m的半球体，而不只是保护到管口。独立避雷针、避雷线的支柱及接地装置至放空管和抽采管及相关金属物的距离：地上部分不得小于5 m，地下部分不得小于4 m。

（4）瓦斯管路防雷规定。

瓦斯抽采管路及瓦斯利用管路均属第一类防雷范围，防直击雷、防感应雷、防雷电侵入的工作必须到位。

① 明敷瓦斯管路地面段必须在避雷针或避雷线保护范围内，新安装的井口至泵房抽采管应尽量避免架空敷设。

② 室外抽采管道防感应雷的措施：当管道平行敷设，其净距小于100 mm时，应采用金属线跨接，跨接点的间距不应大于30 m；管道有交叉，交叉净距小于100 mm时，其交叉处亦应跨接。防感应雷的接地装置可以和电气设备接地装置共用。每一管道每隔25 m接地一次，冲击接地电阻小于30 Ω。

（5）独立避雷针、避雷线的支柱及接地装置至放空管和抽采管道及相关金属物的距离：地上部分不得小于5 m，地下部分不得小于4 m。

3. 瓦斯抽采泵房内有大量的瓦斯抽采设备、设施及各种管路，抽采泵等设备和各种管路内都存有瓦斯，如果出现设备或管路瓦斯泄漏超出极限，遇火源后会发生燃烧或爆炸事故。为防止燃烧产生的有毒有害气体进入井下给作业人员带来生命威胁及爆炸产生的冲击波摧毁建筑物造成严重后果，要求地面瓦斯抽采泵房距进风井井口和主要建筑物的距离不得小于50 m。

瓦斯抽采泵房是重要场所，严禁非工作人员进入。为防止外人进入，保障泵房设备、设施安全运行及避免出现意外火灾或瓦斯爆炸事故，必须用栅栏或者围墙加以保护。

4. 地面瓦斯抽采泵房抽采泵和各种管路内都存有瓦斯，倘若出现设备或管路瓦斯泄漏超出极限，遇火源后会发生燃烧或爆炸事故。因此，地面瓦斯抽采泵房和泵房周围20 m范围内，禁止堆积易燃物和有明火。

5. 干式抽采瓦斯泵的叶轮无水环封闭时，可能产生机械摩擦火花引爆瓦斯，所以在干式抽采瓦斯泵吸气侧的管路中，必须装设防回火、防回流和防爆炸作用的安全装置，主要有水封式、铜网式两种形式。

6. 安全生产标准化管理体系煤矿机械基本要求和评分方法的考核要点见表2-14。

表2-14 安全生产标准化管理体系煤矿机械基本要求和评分方法的考核要点

项目	项目内容	基本要求	标准分值	评分方法	检查内容	查阅资料
煤矿机械	瓦斯抽采及发电系统	1. 抽采泵出气侧管路系统装设防回火、防回气、防爆炸的安全装置； 2. 机房有防烟火、防静电、防雷电措施	1.5	查现场和资料。不符合要求1处扣0.5分	详细检查机房运行日志，并现场检查防烟火、防静电、防雷电措施	1. 机房运行日志簿； 2. 检测检验报告

第三章 井下火灾监测监控

第五十条 开采容易自燃和自燃煤层的矿井，必须开展自然发火监测工作，重点监测采空区、工作面回风隅角、密闭区、巷道高冒区等危险区域。

【解读】 本条是对煤层自然发火监测的规定。

煤的自燃过程可分为 3 个阶段，即潜伏期、自热期和燃烧期。潜伏期一般无明显征兆。自热期时，煤的氧化速度加快，空气中的氧含量减少而一氧化碳、二氧化碳含量增加，这个时期易于进行早期预报和采取预防性措施。燃烧期时，煤的氧化速度急剧加快，空气温度和煤温显著增高，产生大量可燃气体（CO、H_2、烷系、烯系等碳氢化合物），有煤油味、烟雾甚至出现明火。

正因为对煤炭自燃过程的 3 个阶段及其表现特征有了较清楚的认识与了解，完全可以采取一些检测设备和手段做到早期预报，以达到防患于未然的目的。因此，开采容易自燃和自燃煤层的矿井，必须开展自然发火监测工作，对监测结果做好记录和定期分析整理，及时指导防火管理工作。

井下各个地点的生产条件与通风条件不尽相同，煤炭自然发火的概率和危险程度也有较大差异。为了提高自然发火预测预报效率，对自然发火的监测必须有针对性。采空区、工作面回风隅角、密闭区、巷道高冒区，这些区域满足有丢煤、有连续稳定的通风供氧条件，且局部区域漏风强度不大便于热量聚集，容易出现自然发火的现象，针对这些区域要重点监测。

第五十一条 开采容易自燃和自燃煤层的矿井，必须建立自然发火监测系统，采用连续自动或者人工采样方式，监测甲烷、一氧化碳、二氧化碳、氧气、乙烯、乙炔等气体成分变化，宜根据实际条件增加温度监测。

【解读】 本条是对煤层自然发火监测系统的规定。

开采容易自燃和自燃煤层的矿井必须建立自然发火监测系统，以连续自动监测和随时提供相关地点自然发火过程的动态信息，时刻掌握防止煤自然发火的主动权。

煤自然发火监测可以采用具备连续自动采样分析功能的监测系统，也可以选用人工采集气样分析系统。束管监测系统是目前主流的连续自动分析系统，束管监测系统有正压和负压输送气样两种方式（见图 3-1 和图 3-2），其中正压束管能够降低管路漏气、进水等对影响气样采集的不利因素，技术优势较为明显。束管监测系统将监测点气体取样输送至气样分析室，然后利用色谱分析仪对气样进行分析，得出甲烷、一氧化碳、二氧化碳、氧气、乙烯、乙炔等气体浓度，根据数据分析结果对相应地点的煤自然发火发展阶段做出判断。

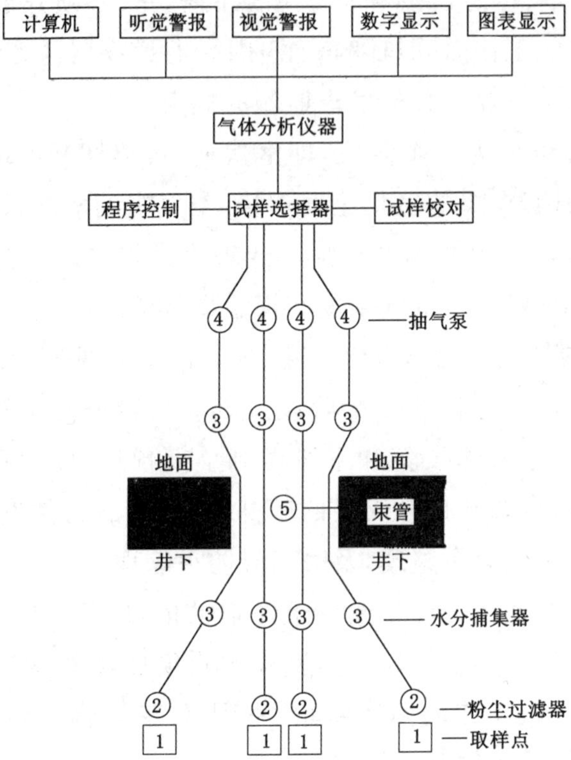

图 3-1 负压束管监测系统工作原理图

作为采用连续自动监测系统的有效补充，对一些重要观测点或临时观测点，可采用人工取样的方式进行监测。人工取样监测包含气体测定管监测和人工取样后色谱分析两种监测手段。

安全生产标准化管理体系防灭火基本要求和评分方法的考核要点见表 3-1。

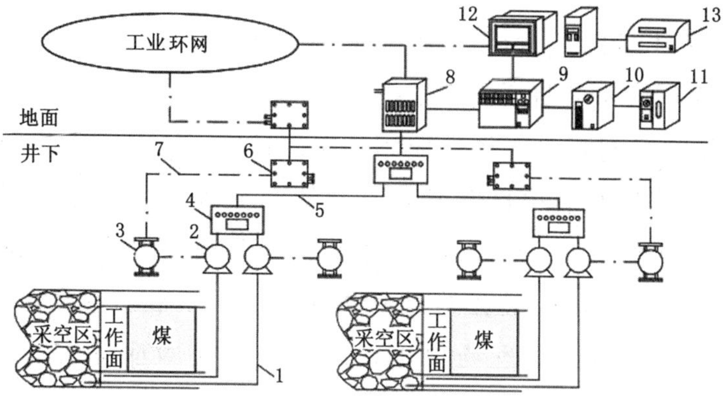

1—负压段束管；2—正压泵；3—网控开关；4—分路箱；5—正压段束管；6—本安交换机；7—信号传输线；8—气路切换装置；9—气相色谱仪；10—氢气发生器；11—空气发生器；12—工作站；13—打印机。

图 3-2　正压束管监测系统工作原理图

表 3-1　安全生产标准化管理体系防灭火基本要求和评分方法的考核要点

项目	项目内容	基本要求	标准分值	评分方法	检查内容	查阅资料
防灭火	设施设备	开采容易自燃和自燃煤层，确定煤层自然发火标志气体及临界值，开展自然发火预测预报工作，建立监测系统；在矿井防止自然发火设计中明确选定自然发火观测站或者观测点，每周进行 1 次观测分析；发现异常，立即采取措施处理	15	查现场和资料。无监测系统不得分，1 处预测预报不符合要求扣 5 分，其他不符合要求 1 处扣 2 分	1. 自燃倾向性鉴定；2. 自然发火标志气体测试分析；3. 自燃监测监控系统；4. 自然发火监测点清单，各监测点监测数据；5. 自然发火监测点的信息牌板；6. 现场测密闭前瓦斯	1. 自燃倾向性鉴定报告；2. 标志性气体分析报告；3. 自燃监测监控系统实施方案；4. 监测点信息台账

第五十二条　开采容易自燃和自燃煤层的矿井，必须确定煤层自然发火标志气体及临界值。

自然发火标志气体的临界值应当通过实验研究、现场观测和统计分析确定。临界值可采用标志气体浓度、气体浓度增率或者比值等指标。

【解读】 本条是针对煤层自然发火监测指标的规定。

煤层自然发火标志气体，是指煤层自然发火过程中产生的变化较为灵敏的用来表示煤层发火危险程度的代表性气体。煤层自然发火标志气体及其临界值，是进行准确预测和早期预报的依据。

过去，我国煤矿对标志气体的应用长期停留在CO及其派生指标的水平上，将CO确定为监测煤炭氧化自燃发展阶段的最灵敏指标，并且认为只要回风流中检测到微量的CO就可以认为煤已经进入低温氧化阶段。但试验证明，随着煤温的升高，浓度变化幅度最大的是CO，从30 ℃开始一直到煤的激烈氧化阶段都能检测到CO，因此，在现场很难找出其浓度所对应的煤温值；同时，其他CO产生源也会形成干扰。随着气体分析手段和监测水平的完善与提高，在大量试验研究的基础上，人们提出了预测精度和准确率要好于CO及其派生指标的某些其他气体组分，这些组分主要包括烷烃、烯烃、炔烃等。近些年来，我国主要以CO、C_2H_4、C_2H_2为主要标志气体实现对煤自然发火所处的阶段进行预测预报，并依此进行火区管理和火灾态势判别等。

由于煤炭的结构和组分的复杂性，自然发火标志气体及其指标不尽相同。因此，不同矿井、不同煤层，应针对煤层煤质特征采取煤层煤样（同一煤层的煤样不少于2个），对自然发火气体产物产生规律进行模拟试验，从而优选适合于本煤层的自然发火标志气体及标志气体指标。

（1）煤层自然发火标志气体及临界值试验方法。

试验方法包括煤炭自然发火模拟气体产物分析方法和煤矿井下火灾气体分析方法。

煤炭自然发火模拟气体产物分析方法，是将一定量煤样在实验室条件下进行程序升温，循环分析各温度段气体产物种类、浓度及煤样温度变化特性，据此优选适用的自然发火标志气体及其指标。煤矿井下火灾气体分析方法，是用球胆或聚乙烯袋采集气样，或通过束管监测系统采取气样，用气相色谱仪进行火灾气体分析。

（2）标志气体和标志气体指标。

标志气体主要包括CO、烷烃气体、烯烃气体和炔烃气体等。

标志气体指标包括单一标志气体组分浓度及增率，临界温度，链烷比、烯烷比及其峰值温度，各氧化阶段的特征温度范围及标志气体等。

① 单一气体组分浓度及增率。单一组分的CO、烷烃、烯烃和炔烃浓度，在一定程度上反映了煤自然发火的程度，可作为标志气体指标。单一组分的标志气体浓度在单位时间内的增率，也可作为标志气体指标。

标志气体增率按下式计算：

$$I_r = (C_2 - C_1)/\Delta t$$

式中 I_r——某种标志气体浓度增加速率，1/d 或 1/h；

C_1，C_2——两次测定的某种标志气体浓度；

Δt——两次测定间隔时间，取 Δt=20 min。

② 链烷比。链烷比是指长链的烷烃浓度与甲烷或乙烷浓度之比。在煤氧化的升温过程中，链烷比呈现峰值变化规律，其峰值温度在一定程度上反映了自然发火进程，可以作为自然发火标志气体指标。常用的长链烷烃与甲烷浓度之比有：C_2H_6/CH_4、C_3H_8/CH_4、C_4H_{10}/CH_4，长链烷烃与乙烷浓度之比有：C_3H_8/C_2H_6、C_4H_{10}/C_2H_6。

③ 烯烷比。烯烷比在整个氧化过程中呈现峰值变化规律，其峰值温度在一定程度上反映了煤自然发火进程，可以作为自然发火标志气体指标。常用的烯烷比是 C_2H_4/C_2H_6。

④ 临界温度。临界温度是自然发火过程中首次产生某种标志气体的最低温度，是煤的自然发火进入不同阶段的标志温度，在一定程度上反映了自然发火的进程，可以作为标志气体指标。

⑤ 峰值温度。峰值温度是指链烷比或烯烷比的峰值温度，可以作为自然发火标志气体指标。

⑥ 各氧化阶段的特征温度范围及标志气体。煤的氧化阶段包括缓慢氧化阶段、加速氧化阶段和激烈氧化阶段。标志气体优选工作应找出各阶段特征温度范围以及该范围的标志气体。

(3) 标志气体优选原则。

① CO、C_2H_4、C_2H_2 在一定程度上反映了煤自然发火的缓慢氧化、加速氧化和激烈氧化的 3 个阶段。因此，进行标志气体优选时，应优先考察这 3 种气体及其指标的适应性。

② 当煤层赋存瓦斯中含有较高量的重烃组分时，应用链烷比和烯烷比考虑重烃释放时间的影响，并考察其适用性。

③ 低变质程度的褐煤、长焰煤、气煤和肥煤，应优先考虑烯烃及烯烷比。

④ 中变质程度的焦煤、瘦煤及贫煤，应优先考虑 CO、烯烃及烯烷比。

⑤ 高变质程度的无烟煤，应优先考虑 CO 及其派生指标。

第五十三条 开采容易自燃和自燃煤层的矿井，应当设置一氧化碳传感器和温度传感器。传感器的设置应当符合下列规定：

（一）采煤工作面必须至少设置1个一氧化碳传感器，地点可设置在回风隅角、工作面或者工作面回风巷。采煤工作面或者工作面回风巷应当设置温度传感器。

（二）采区回风巷、一翼回风巷和总回风巷，应当设置一氧化碳传感器，宜设置温度传感器。

（三）封闭火区防火墙外应当设置一氧化碳传感器。

（四）施工长度大于20 m的煤层钻孔，且采用干式排渣工艺施工时，应当在钻机回风侧10 m范围内同一帮设置一氧化碳传感器或者悬挂一氧化碳报警仪。

（五）一氧化碳传感器和温度传感器应当垂直悬挂，距顶板（顶梁）不得大于300 mm，距巷壁不得小于200 mm，并安装维护方便，不影响行人和行车。

【解读】 本条是关于矿井监测煤自燃传感器布设的规定。

煤自燃过程中会产生CO、C_2H_4浓度的变化和温度升高的变化，对这些特征的监测是早期判断自然发火的主要途径，开采自燃、容易自燃煤层的矿井必须设置CO和温度传感器，这是实现煤自然发火早期监测预警的主要途径之一。

（1）采煤工作面自然发火监测点布置。

采煤工作面和后部采空区是井下主要的易自然发火地点。工作面回风隅角是工作面、采空区风流进入回风巷的必经点，采煤工作面和后部采空区发生煤炭自燃，回风隅角一般会出现CO，在回风隅角设置CO传感器，是工作面或采空区煤自燃较为可靠的监测方法。在回风隅角设置CO传感器时，传感器可设置在回风隅角距切顶线0～1 m的工作面或工作面回风巷，报警浓度为≥0.002 4%。此外，根据需要特别是回风隅角已经出现CO的情况下，可以在工作面的架间靠近后尾位置补充增加CO监测点。若回风巷温度出现了异常升高，则说明上风侧出现了热源，也可能是由工作面或采空区的煤自燃所引起的。回风巷安设温度传感器也是工作面或采空区煤自燃的监测途径之一，温度传感器可设置在距工作面10 m范围内或距回风上山10～15 m处，如图3-3所示。

（2）采区回风巷、一翼回风巷、总回风巷自然发火监测点布置。

采区回风巷、一翼回风巷和总回风巷是某一采区、一翼或整个矿井风流的汇集处，在这些地点设置CO、温度传感器可以反映整个采区、一翼或矿井的自然发火情况，因此，这些地点应设置CO、温度传感器。

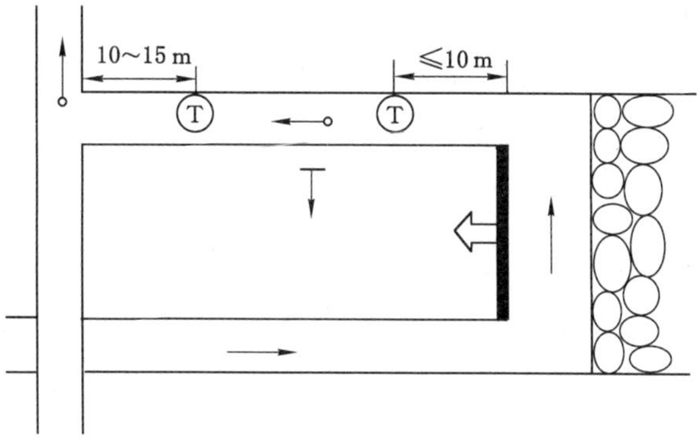

图 3-3　温度传感器布置示意图

(3) 防火墙外自然发火监测点布置。

因矿山压力和密闭质量问题，封闭的火区一般会存在漏风现象，漏风供氧会诱发密闭区煤自燃，煤自燃产生的指标气体会通过密闭或煤柱裂隙进入井巷。为做到对封闭区自然发火的监测，封闭火区防火墙栅栏外应设置 CO 传感器，报警浓度≥0.002 4%。

(4) 干式排渣法施工煤层钻孔时煤燃烧的监测。

采用干式排渣法施工煤层钻孔时，钻头与煤壁摩擦可能诱发煤燃烧，产生大量 CO。因此，为防止长距离煤层钻孔干式排渣法施工引发安全事故，应在钻孔开孔位置的下风侧 10 m 范围内同一帮设置 CO 传感器或者悬挂 CO 报警仪，出现 CO 浓度超限应立即停止钻孔施工。

(5) CO 和温度传感器布设标准。

按照《煤矿安全监控系统及检测仪器使用管理规范》(AQ 1029)，CO 和温度传感器应垂直吊挂，距顶板（顶梁）不得大于 300 mm，距巷壁不得小于 200 mm，并满足安装维护方便、不影响行人和行车的要求。

【案例 3-1】　2021 年 1 月 19 日 3 时 19 分，贵州省某矿在煤层钻孔施工时，大量 CO 气体从钻孔内喷出，导致 CO 中毒事故发生，造成 3 人死亡，1 人受伤。

第五十四条　在容易自燃和自燃煤层中掘进的半煤岩巷、煤巷，宜在回风流中装设一氧化碳传感器，沿空掘进时应当在回风流中装设一氧化碳传感器。

【解读】　本条是关于对掘进的煤巷或半煤岩巷自然发火监测的规定。

煤巷或半煤岩巷沿底板掘进时，巷道顶部有托顶煤，若掘进过程中支护不及时，极易出现巷道高冒区，高冒区内的煤呈松散破碎状堆积，容易发生煤自燃。因此，应在掘进的煤巷或半煤岩巷回风流中设置传感器，监测CO浓度，及时预警可能存在的自然发火隐患。

沿空掘进时，因巷道与邻近区段采空区大范围沟通，邻近采空区与巷道间存在漏风，邻近采空区内丢煤有发生自燃的可能，沿空掘进时有必要在回风流中装设CO传感器。传感器应安设在冒空区和煤柱破碎带的下风侧，条件允许的情况下，对冒空区或煤柱破碎带较多的巷道可适当增加传感器的安设数量。CO传感器安装应满足垂直吊挂，距顶板（顶梁）不得大于300 mm，距巷壁不得小于200 mm，并满足安装维护方便、不影响行人和行车的要求。

第五十五条　带式输送机必须装设防打滑、跑偏、堆煤、撕裂等保护装置，同时应当装设温度、烟雾监测装置和自动洒水装置，宜设置具有实时监测功能的自动灭火系统。

带式输送机驱动滚筒下风侧10～15 m处应当设置烟雾传感器，宜设置一氧化碳传感器。对于采用卸载滚筒作驱动滚筒的带式输送机，烟雾传感器应当安装在滚筒正上方。

【解读】 本条是关于带式输送机火灾监控的规定。

（1）带式输送机以其结构简单、连续输送距离长、输送成本低和输送效率高等优点，成为煤矿井下煤炭运输的优先选择。

① 防打滑保护。带式输送机正常运行后，输送带与主滚筒之间产生的向前摩擦力等于输送带与托辊及其他滚筒产生的向后摩擦力，此时，输送带速度等于滚筒外表面线速度。当输送带与主滚筒之间产生的向前摩擦力减小到一定数值时，输送带的速度就会减小，并与主滚筒的转速产生差值，这时带式输送机出现打滑现象。正常运行情况下，输送带相对于滚筒表面的滑差率一般不超过2%。如果输送带打滑，则输送带与滚筒之间存在着较大的相对滑动，产生摩擦升温，如果不能及时发现，一旦温度升至输送带点燃温度将会导致火灾。试验表明，输送带持续完全打滑40 min，滚筒表面温度就可以达到300 ℃左右，是极其危险的。为防止带式输送机打滑，可使用磁铁式、滚轮式或管式防打滑保护。

② 防跑偏保护。防跑偏装置用专用托架成对固定在带式输送机机架上，安装在距离槽形托辊外沿50～100 mm范围内；一般机头段、机尾段各安装一组，中间可根据输送带长度适当加装；当巷道坡度变化较大时，应在变坡处安装一

组;简易输送带防跑偏保护只需在机头安装一组即可。当带式输送机输送带出现跑偏时,跑偏的输送带顶住跑偏传感器轴辊(传动杆),导致轴辊偏摆,当偏摆角度超过 30°时,防跑偏装置内的微动开关动作,触点闭合,给主机输出跑偏信号,动作停机;故障消除后,轴辊依靠弹簧的作用恢复到正常状态。

③ 防堆煤保护。防堆煤保护用于监控卸载点、转载点和煤仓口的煤位,一般有偏摆式、电极式防堆煤保护两种。其中,偏摆式防堆煤保护安装方法是将堆煤保护传感器用固定杆垂直吊装固定于煤仓或带式输送机机头上部(一般高于输送带0.5 m)。当煤堆积达到一定高度后,堆积的煤炭顶住堆煤保护传感器的扭杆,使传感器的扭杆倾斜,当倾斜角度达到 30°左右时,行程开关常开触点闭合,接通主机控制回路,报警停机。电极式防堆煤保护是将防堆煤保护传感器垂直吊装固定于煤仓或带式输送机机头上,当煤位达到一定高度后,堆积的煤炭接触防堆煤保护传感器的探头(电极),导致防堆煤保护传感器接地,传感器内的常开触点闭合,接通主机控制回路,报警停机。

④ 防撕裂保护。新型输送带质量轻、效率高,但是其纵向抗割划能力差。采煤工作面运出的煤炭中,常混有金属制品及坚硬锋利的较大石块,一旦卡在装载挡煤板或卸载侧挡板等处或因托辊缺少,货载将输送带压在托辊的卡板上,运行的输送带就有可能被纵向划开。由于输送带运行速度较快,几分钟就会被划开数百米,经济损失和对生产的影响都非常严重。虽然采用了电磁铁吸附煤中混进的金属物质,但可能出现吸不净和有些非磁性物质无法清除的情况,因此输送带的防撕裂保护装置的安装使用是十分必要的。防撕裂保护可安装在带式输送机上、下两层输送带之间,在距落煤点 10～15 m 处的上层输送带下方安装,防撕裂保护方式可选用压电式或牵引钢丝绳式。

(2) 带式输送机应当装设温度、烟雾监测装置和自动洒水装置。

因带式输送机存在火灾风险,在驱动滚筒附近和输送机沿线每隔一定距离应设置温度、烟雾监测装置和自动洒水装置。自动洒水装置是在带式输送机每个驱动滚筒正面,固定安设洒水管或洒水喷头,并通过电磁阀控制自动洒水,当温度或烟雾监测装置动作时,驱动自动洒水装置,向驱动滚筒洒水。

在带式输送机驱动滚筒风流下行方向 10～15 m,机架正上方 1.2～1.5 m 处,用固定架安设烟雾传感器,监测驱动滚筒风流下行方向烟雾浓度,当烟雾浓度异常时向启动开关发出烟雾保护指令;对于采用卸载滚筒作驱动滚筒的带式输送机,烟雾传感器应当安装在滚筒正上方。

【案例 3-2】 2000 年 11 月 30 日 14 时 10 分，山东省某矿中央带式输送机巷发生一起重大火灾事故，烧毁宽度 1 m 的输送带 70 m、动力及信号电缆 500 m，30 m巷道的木背板烧尽。烟雾波及七、九两个采区，受灾人员 138 人，其中有 5 人中毒较重需住院治疗。经过事故后的现场勘查分析，发生这次事故的直接原因是：中央带式输送机巷的第二部输送机用两台电机拖动，里侧电机的输出轴发生断裂；由于该电机与减速箱间的液力偶合器与电机是孔轴配合连接，与减速箱是弹性销连接，电机轴断裂后液力偶合器失去支撑，其在另一台电机经传动滚筒、减速箱的带动下做高速偏心旋转，与滚筒发生碰撞、摩擦，液力偶合器被碰破，其中的透平油被抛出，被摩擦火花点燃，瞬间发生大火。

第五十六条 机电设备硐室应当设置温度传感器，硐室内必须设置足够数量的扑灭电气火灾的灭火器材。

【解读】 本条是关于机电设备硐室火灾监测与防控的规定。

一般说来，矿井火灾的发生都有一个过程，发火初期的火势并不大，若采取直接灭火措施可以有效防止火势蔓延、发展。所以，最先发现着火的任何人都不应惊慌失措，应尽快弄清火情，并根据火灾性质采取一切可能的办法，力争在火灾初起之时就把它扑灭。井下机电设备硐室中工作的机电设备，存在发生电气火灾的可能性，有一定的火灾风险，有必要设置温度传感器。根据《煤矿安全监控系统及检测仪器使用管理规范》(AQ 1029)，机电硐室温度传感器报警值可设置为 34 ℃。传感器可垂直悬挂，吊挂位置距硐室回风口以里 3～5 m，距顶板(顶梁)不得大于 300 mm，距巷壁不得小于 200 mm，满足安装维护方便、不影响行人的要求。机电硐室内必须备有一定数量、规格的灭火器材，建议在压风机、水泵房、中央变电所等机电硐室入口处配备灭火器不少于 4 个，沙箱不少于 2 个，防火铁锹不少于 4 把，井下工人必须熟悉灭火器材的使用方法，并熟悉本职工作区域内灭火器材的存放地点。

有条件的矿井，可在机电硐室内配备根据温度传感器监控数据自动启动的灭火装置。

第五十七条 压风机应当设置温度传感器，温度超限时，自动声光报警，并切断压风机电源。

【解读】 本条是关于压风机火灾监控的规定。

压风机是煤矿井下的一种重要的动力设备，其主要为一些风动设备提供动力。压风机具有连续运行时间长、负荷大的特征，若管理不善易引发火灾。保证压风机的正常运行，对于煤矿的高效与安全生产具有十分重要的意义。因此，应在压风机上设置温度传感器和声光报警装置。《煤矿安全规程》第四百三十四条规定，螺杆式空气压缩机的排气温度不得超过 120 ℃，离心式空气压缩机的排气温度不得超过 130 ℃。因此，必须装设温度保护装置，在超温时能自动切断电源并报警。

【案例 3-3】 2011 年 7 月 6 日，山东省某矿因压风机着火引发重大火灾事故，造成 28 名矿工死亡。在抢险救援过程中，又有 3 名救护队员因公殉职。

第五十八条　抽采容易自燃和自燃煤层的采空区瓦斯时，抽采管路应当安设一氧化碳、甲烷、温度传感器，进行实时监测监控。

【解读】 本条是关于对抽采管路进行监测监控的规定。

采空区瓦斯抽采一般是指利用瓦斯泵或其他抽采设备抽取采空区中高浓度的瓦斯，并通过与巷道隔离的管网，把抽出的高浓度瓦斯进行合理利用或排放至地面或矿井总回风巷中。采空区瓦斯抽采不仅能够降低采空区瓦斯涌出量，防止瓦斯爆炸，而且抽出的瓦斯还可变害为利，作为优质洁净能源加以开发利用。瓦斯抽采引起漏风增加，抽采孔附近的丢煤容易发生自燃。为了及时掌握抽采区附近的煤氧化进程，有必要在抽采管路内安装一氧化碳、甲烷、温度传感器，根据监控数据对煤自燃进行预测预报，并适时调整采空区瓦斯抽采参数。易自燃、自燃煤层采空区瓦斯抽采时，应首先测定采空区指标气体 CO 浓度及增量值、温度及增量值或其他自然发火标志性气体指标，并结合以往的经验数据，确定指标气体 CO 浓度、温度临界值，CO 浓度增量、温度增量临界值或其他自然发火指标临界值。建议当抽采管路内 CO 浓度和温度、CO 浓度和温度增量值小于临界值，且 CH_4 浓度为 40％时，可增加采空区瓦斯抽采量；CH_4 浓度小于 25％时，应减少采空区瓦斯抽采量；CH_4 浓度处于 25％～40％时，应保持现有采空区瓦斯抽采量。当抽采管路内 CO 浓度和温度、CO 浓度和温度增量大于临界值时，应停止采空区瓦斯抽采。

第五十九条　煤矿应当加强井下火灾监测监控。开采容易自燃和自燃煤层的矿井，应当建立健全自然发火预测预报及管理制度，并符合下列规定：

（一）采煤工作面作业规程中应当明确自然发火监测地点和监测方法。监测地点应当实行挂牌制度。

（二）采用便携式仪器仪表或者气体测定管，定点每班监测采煤工作面回风隅角、回风流、煤巷高冒处等地点的一氧化碳气体浓度。

（三）采用自然发火监测系统，每天监测采煤工作面采空区、瓦斯抽采管路的气体浓度。

（四）采煤工作面回采结束后的封闭采空区及其他密闭区，应当每周1次抽取气样进行分析，并监测温度及压差；发现有自然发火预兆的，应当每天抽取气样进行分析。

（五）煤矿安全监控系统出现一氧化碳报警时，必须立即查明原因，根据实际情况采取措施进行处理。

（六）建立监测结果台账，安排专人及时分析防火数据，发现异常变化应当立即汇报，由煤矿总工程师或者安全矿长或者通风副总工程师组织人员进行分析，并加大监测频次，采取相应措施。

【解读】 本条是关于煤矿自然发火预测预报及管理制度的相关规定。

（1）建立健全自然发火预测预报及管理制度。

煤自燃要经历潜伏期、自热期和燃烧期3个阶段。对于这3个阶段及其表现特征我们有了较清楚的认识与了解，可以采取一些检测设备和手段做到早期预报。因此，开采容易自燃和自燃煤层的矿井，必须开展自然发火监测工作，并建立健全自然发火预测预报及管理制度，对防治煤炭自燃具有重要的意义。

（2）监测地点与监测方法。

由于井下各个地点的生产条件与通风条件不尽相同，煤炭自然发火的概率和危险程度也有较大差异。所以，对那些有碎煤堆积、漏风较大，具备煤炭自然发火条件的危险地点和部位，如采煤工作面回风隅角、回风流、煤巷高冒处等位置，必须建立固定或临时的观测站（点），密切注意发火征兆的显现及其变化，并及时进行发火预报。

为确保自然发火监测落到实处，采煤工作面作业规程中应当根据回采过程中不同时期、不同地点自然发火的风险大小，明确自然发火监测地点和监测方法。对采煤工作面回风隅角、回风流、煤巷高冒处等地点实施人工监测，利用便携式仪器仪表或者气体测定管，每班定时定点监测CO浓度；对工作面采空区、瓦斯抽采管路的气体浓度，要利用煤自然发火监测系统每天进行监测。在监测地点实行挂牌制度，标示监测时间、监测人、气体浓度和温度等要素。

工作面回采完毕以后，必须在 45 d 内将工作面及后部的采空区永久封闭。因封闭区内有丢煤，若封闭不严则极有可能出现自然发火的情况。为此，采空区封闭完成后必须定期进行检查，每周 1 次抽取封闭采空区气样进行分析，并监测密闭内温度及密闭内外压差。若发现有自然发火的征兆调整为每天抽取气样进行分析，并建立台账。

第六十条　开采容易自燃和自燃煤层的矿井，应当配备足够数量的一氧化碳、二氧化碳、氧气等各种气体测定管、便携式气体分析及温度测定仪器仪表。煤矿企业(煤矿)应当配备成套气体分析化验设备。仪器仪表必须定期由具备能力的机构检定。

【解读】 本条是对煤自燃监测仪器设备的规定。

开采容易自燃和自燃煤层的矿井面临严重的煤自然发火威胁，必须做好预测预报工作。数量充足、性能可靠的监测仪器是做好预测预报的前提，开采容易自燃和自燃煤层的矿井应配备足够数量的一氧化碳、二氧化碳、氧气等各种气体测定管、便携式仪器仪表。由于各矿井生产条件不同，各矿井所需的煤自燃监测仪器仪表配备数量除应考虑井型和采煤、掘进工作面数量外，还应根据矿井煤自燃灾害严重程度酌情配备。除满足正常生产过程中监测需要外，还应考虑不少于 20%的备用量。

由于井下的环境条件较为恶劣，仪表使用一段时间之后，其性能和精度将会受到影响，对其进行定期检验是十分必要的。对仪器仪表的检验，要遵循严格的检验方法和标准，只有具备精密的检验设备、正确的检验手段和素质良好的检验人员，而且必须是国家授权的安全仪表计量检验单位，才能承担检验工作。

第四章 防火技术

第一节 注浆防火技术

第六十一条 采用注浆防火时,根据矿井具体条件,注浆方式可采用采前预注、随采随注、采后注浆,注浆方法可采用埋管注浆、拖管注浆、钻孔注浆、密闭墙插管注浆、洒浆,浆液制备工艺宜采用机械搅拌制浆,并应当遵守下列规定:

(一) 采(盘)区设计应当明确规定巷道布置方式、隔离煤柱尺寸、注浆系统、疏水系统、预筑防火墙的位置以及采掘顺序。

(二) 安排生产计划时,应当同时安排防火注浆计划,落实注浆地点、时间、进度、注浆浓度和注浆量。

(三) 对采(盘)区始采线、终采线、上下煤柱线内的采空区,应当加强防火注浆。

(四) 应当有注浆前疏水和注浆后防止溃浆、透水的措施。

【解读】 本条是关于注浆方法及注浆管理方面的规定。

(1) 注浆防灭火就是将不燃性注浆原料(黏土、粉煤灰、矸石以及砂等固体材料)细粒化后与水按一定配比制成悬浮液,利用静压或动压,经由钻孔或输浆管路水力输送至矿井防灭火区,以阻止煤炭氧化或扑灭自燃的煤体。

注浆按注浆与回采的关系大体可分为采前预注、随采随注和采后注浆三种方式。

采前预注是在工作面尚未回采前对其上部的采空区进行注浆。这种注浆方法适用于开采老空区多的易自燃、特厚煤层。对于开采老空区多、易自燃厚煤层进行采前预注,充填老空区,可消除老空区蓄火、降温和黏结浮煤,并起到除尘和排挤有害气体的作用,以实现老空安全复采及周边区域的安全开采。

采后注浆是采空区封闭后,利用钻孔向工作面后部采空区内注浆。可由邻近巷道向采空区上、中、下三段分别打钻注浆,也可以通过密闭墙插管注浆。采后注浆方式必须在发火期允许的开采条件下才能使用。该方法安全可靠、注浆量大、效率高，不受时间和回采工序的限制，使用范围广。

随采随注则是随着采煤工作面推进的同时向有发火危险的采空区注浆，是注浆采用的主要方法。其目的和作用：一是防止采空区遗煤自燃，二是胶结冒落的矸石，形成再生顶板而为下分层开采创造条件。随采随注分为钻孔注浆、埋管注浆、拖管注浆和洒浆等几种方式。

钻孔注浆是在煤层底板运输巷或回风巷以及专门开凿的注浆巷道内，也可以在邻近煤层的巷道内，向采空区打钻注浆，钻孔直径一般为 75 mm，如图 4-1 所示。

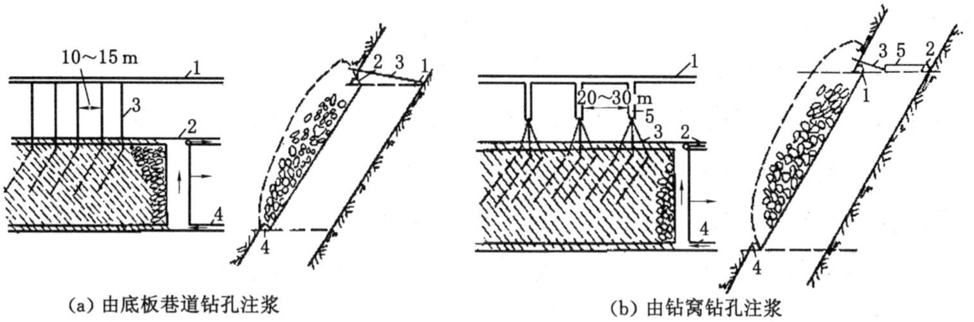

1—底板巷道；2—回风巷；3—钻孔；4—进风巷；5—钻窝。

图 4-1　常见钻孔注浆的两种布置形式

埋管注浆(见图 4-2)是在放顶前沿回风道在采空区预先铺好注浆管，一般预埋 10～15 m，预埋管一端通往采空区，一端接胶管，胶管长一般为 20～30 m，放顶后立即开始注浆。

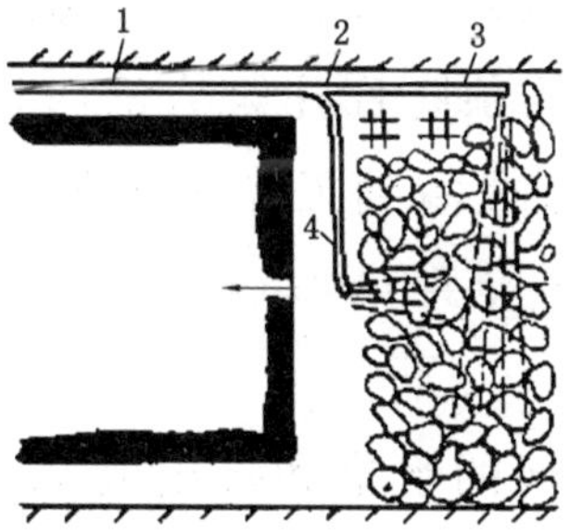

1—注浆管；2—三通；3—预埋注浆管；4—洒浆胶管。

图 4-2　埋管注浆

拖管注浆指的是随工作面的推进，按放顶步距用回柱绞车逐渐牵引埋设在采空区内的注浆管路，以确保注浆出口与工作面的距离始终保持在一定范围内。

洒浆指的是从回风巷注浆管上接出一段浆管(见图 4-2)，沿倾斜方向向采空区均匀地洒一层泥浆。洒浆量要充分,使泥浆能均匀地将采空区新冒落的矸石包围。洒浆通常作为埋管注浆的一种补充措施,使整个采空区特别是下半段也能注入足够的泥浆。

插管注浆,即注浆主管路沿工作面倾斜铺设在支架的前连杆上,每隔 20 m 左右预留一个三通接头,并分装分支软管和插管。将插管插入支架掩护梁后面的垮落岩石内注浆,一般插入深度应不小于 0.5 m。工作面每推进两个循环,注浆一次。

密闭墙插管注浆是采后注浆的一种主要方式,指的是通过预留在密闭墙上的灌浆管路,向封闭区注浆,一般用于封闭区煤自燃防治。

(2) 浆液的制备方式主要包括水力冲刷、机械搅拌制备两种方式。其中,机械搅拌制备的浆液浓度可控,因此条件允许时宜采用机械搅拌制浆的方式。

(3) 采(盘)区始采线、终采线、上下煤柱线内的采空区也就是常说的"两道、两线",这些位置丢煤较多,且由于煤壁的支撑作用,采空区未压实、漏风供氧条件比较好,容易发生自然发火的事故,所以应加强这些地点的注浆。

(4) 作为一种成效显著、稳定可靠的防灭火技术措施,注浆具有一定的优势,但同时不可避免地存在一些缺点,如容易堵管、跑浆、溃浆、透水等问题。因此,为了有效地实现注浆防灭火的作用,同时杜绝注浆带来的威胁,应做到以下几点:

① 预防堵管。为了防止注浆时浆液堵管,除严格控制大颗粒(大于 2 mm)进入输浆管路中,注浆前应先用清水冲洗输浆管路,然后注浆。注浆结束后,再用清水清洗,以免泥浆在管内沉淀。

② 防止跑浆。注浆期间要对管路接头及密闭附近的煤岩进行细致的检查,避免跑浆。当采用随采随注的预防性注浆方法时,特别是对于俯采工作面,如果管理不当则常常会出现泥浆漫溢到工作面而恶化工作面环境的情况。为此,注浆地点应距工作面有一定安全距离,一般为 15～20 m,也可在工作面用木板作挡浆隔板。

③ 观测水情。注入采空区的水量和排出的水量均应详细记录和计算。如排出的水量很少,则说明注浆区内有泥浆水积聚,这对于开采下分层或下部煤层具有一定的危险性。只有注浆区内积水全部排出才不会引起泥浆的溃决事故。此外,应注意从注浆区中排出水的含泥量。如果水中含泥量增多,说明在采空区内形成了浆沟,泥浆未均匀分布于采空区,而是直接从采空区流出,这势必要影响注浆效果。因此,要在泥浆中适当增加沙子量,用沙子填平水路,以便使泥浆分布范围增大。

④ 设置滤浆密闭和排水道。在注浆工作面的运输巷内应用滤浆密闭将滤浆区与工作区分开。泥浆水通过滤浆密闭流出且把泥沙留在注浆区内。这样既能保证水从水沟中顺利排出，也不致发生泥浆在运输巷内积聚而妨碍运输和恶化劳动条件的情况。

在注浆区的运输巷内，为避免污染巷道，可设专门排水钻孔，使水直接从工作面的后部流出而不进入运输巷。

第六十二条　注浆系统应当符合下列规定：

（一）注浆地点集中、取运注浆材料距离较远时，可采用地面集中式注浆系统。

（二）注浆地点分散、注浆材料丰富可就地取材时，可采用地面移动式注浆系统。

（三）注浆量较小、从地面输送浆液困难时，可选择井下移动式注浆系统。

（四）注浆系统必须配套制浆、输浆、注浆及供料、供水等设备。

（五）注浆管路应当直接铺设至注浆地点，并形成足够的注浆能力。

（六）浆液土水比和注浆量等参数应当根据矿井实际条件确定。

【解读】 本条是关于注浆系统的规定。

（1）注浆系统。

注浆系统可根据矿体埋藏条件、采区分布布置、注浆量的大小和取土距离等条件，采用集中式注浆或分散式注浆两种方式，通过技术经济比较选取。① 集中式注浆即在地面工业广场或主要风井煤柱内设集中注浆站，为全矿或一翼服务的注浆系统。② 分散式注浆是在地面沿煤层走向打钻孔网或分区打钻注浆，设多个注浆站进行分区注浆的系统。分散式注浆可采用地面移动式注浆系统或井下移动式注浆系统，见表 4-1。

表 4-1　注浆系统分类及适用条件

名　称	优　缺　点	适用条件
地面集中式注浆	优点： 1. 工作集中，便于管理； 2. 人员少，效率高； 3. 便于掌握浆液的浓度和质量； 4. 占地较少。 缺点： 1. 初期投资大，建设时间长； 2. 采运工作比较复杂	1. 煤层埋藏较深； 2. 矿井注浆量大，且采区生产集中； 3. 取运浆料距离较远

表 4-1(续)

名称		优缺点	适用条件
分散式注浆	地面移动式注浆	优点： 1. 设备简单，投资少，建设速度快； 2. 制浆工艺简单，操作容易； 3. 可减少井下所需干管。 缺点： 1. 注浆分散，管理分散，人员多； 2. 占用土地多，需打分区钻孔	1. 煤层埋藏浅； 2. 注浆采区分散； 3. 原料丰富，运输距离近
	井下移动式注浆	优点： 1. 机动灵活； 2. 注浆距离短，管材消耗少，堵管机会少。 缺点： 1. 生产能力低； 2. 管理分散，效率低	1. 注浆量少； 2. 输浆困难或无法用钻孔注浆时

(2) 注浆量。

预防性注浆量的多少，主要取决于注浆形式、注浆区的容积、采煤方法及地质条件等因素。随采随注的用土量和用水量可按下列方法计算。

① 按采空区注浆计算需土量和需水量。

a. 注浆需土量：

$$Q_t = K \cdot M \cdot L \cdot H \cdot C$$

式中 Q_t——注浆所需土量，m^3；

M——煤层采高，m；

L——注浆区的走向长度，m；

H——注浆区的倾斜长度，m；

C——煤炭采出率，%；

K——注浆系数，灌浆材料的固体体积与需要灌浆的采空区容积之比，K 值考虑了冒落岩石的松散系数、泥浆收缩系数和跑浆系数等综合影响，该系数应根据各矿的实际情况确定（取值范围 0.03～0.3）。

b. 注浆需水量：

$$Q_s = K_s \cdot Q_t \cdot \delta$$

式中　Q_s——注浆所用水量，m^3；

K_s——冲洗管路防止堵塞用水量的备用系数，一般取1.10～1.25；

δ——土水比的倒数（水土比），土水比根据所要求的泥浆浓度选取。

② 按日注浆计算需土量和需水量。

a. 日注浆需土量：

$$Q_{t1} = K \cdot M \cdot l \cdot H \cdot C$$

或

$$Q_{t1} = KG/\gamma_{煤}$$

式中　Q_{t1}——日注浆所需土量，m^3/d；

l——工作面日推进度，m/d；

G——矿井日产量，t；

$\gamma_{煤}$——煤的密度，t/m^3。

b. 日灌浆需水量：

$$Q_{s1} = K \cdot Q_{t1} \cdot \delta$$

式中　Q_{s1}——日灌浆所用水量，m^3/d。

(3) 浆液的水、土(灰)比的确定综合考虑注浆防灭火效率和浆液输送特性，根据注浆的目的、浆液性质、输送距离、管路布置特征等因素综合确定，可选择2∶1～6∶1。

第六十三条　注浆材料的选择应当符合下列规定：

(一) 注浆材料可选择黄土、页岩、矸石、粉煤灰、尾矿、沙子、水泥、胶体材料等。

(二) 注浆材料和添加剂不得具有可燃性、助燃性、毒性、辐射性等。

【解读】 本条是关于防灭火注浆材料选择的规定。

井下防灭火注浆材料一般要具备5个基本性能：① 不含可燃或助燃物质；② 易成浆，利于管道水力输送；③ 具有必要的黏结性、稳定性和脱水性；④ 制成的浆液具有较大的渗透力和小的收缩率；⑤ 注浆材料堆成的实体具有足够的密封性能。煤矿中使用的传统注浆材料是含砂量不超过25%～30%的黄土。根据矿区条件，注浆材料也可从页岩、矸石、粉煤灰、尾矿、沙子、水泥、胶体等材料中选择其中的一种。一般情况下，注浆材料的选择，应首先以就地取材和能保证持续注浆为主，如果有条件尽量采用不加工的材料，如黄土、粉煤灰等。如有两三种可供选择的原材料，则应对其物理性能、技术经济合理性加以对比，特别是对采、运、加工的工艺及其各种费用进行对比，这样就能保证合理地使用注浆技术来进行防灭火工作。

除遵守上述注浆材料的选择原则外，因防火的需要，不能选择可燃性或助燃性的材料作为制备浆液的材料或添加辅料。此处，所提及的辅料指的是为改良浆液性质而添加的悬浮剂等材料。为了减少对煤矿井下工作环境的污染，保障工人身体健康，应选择环境友好的材料作为注浆材料，不应选择毒性或辐射性的物质作为注浆材料。

第六十四条　在注浆区下部进行采掘前，必须查明注浆区内的浆水积存情况。发现积存浆水，必须在采掘之前放尽；在未放尽前，严禁在注浆区下部进行采掘作业。

【解读】 本条是关于注浆水探查与排放的规定。

在利用注浆防灭火技术对煤自然发火区进行防治的过程中，受注浆流量大小、浆液质量好坏和发火区岩（煤）层裂隙大小差异的影响，注浆区内往往积存浆水。如果在其下部进行采掘工作，由于地层压力和积水重力的作用以及采掘活动的影响，容易造成隔离煤柱破坏而诱发冒顶、浆水溃泄从而导致掩埋设备甚至人员伤亡的事故。因此，在注浆区下部进行采掘前，必须采用物探或钻探技术对注浆区内的浆水积存情况进行探测。一旦查明有浆水积存，必须由专业人员操作专业钻机布置排水钻孔，利用水泵进行排放，避免在采掘作业过程中发生溃浆事故，保障作业人员和设备安全。

第六十五条　定期检测注浆防火区域采空区的出水温度和气体成分变化情况，并建立注浆防火区域管理台账。

【解读】 本条是关于对注浆防火区域监测与注浆管理的规定。

注浆防火区域采空区内出水温度和气体成分变化的情况能够反映火区的状态。若注浆防火区域采空区的出水温度明显高于正常的出水温度，则说明浆体流经了封闭区的高温点，高温隐患并未完全消除。同样，气体成分及其变化规律同样可以反映注浆防火区域采空区内是否存在高温隐患，为了解该区域自燃发展情况，有必要对气体成分同步进行检测。

在整个注浆过程中必须建立注浆防火区域管理台账，加强对注浆的管理。台账中应包含注浆区域位置，注浆钻孔开孔、终孔位置，注浆返水量及返水温度等信息。

第二节 惰性气体防火技术

第六十六条 采用惰性气体防火时，根据矿井实际条件，注入惰性气体方式可采用连续或者间断注入，注入惰性气体方法可采用埋管注入、拖管注入、钻孔注入和密闭墙插管注入等，并遵守下列规定：

(一) 惰性气体来源稳定可靠。

(二) 注入的惰性气体浓度不小于97%。

(三) 至少有1套专用的惰性气体输送管路系统及其附属安全设施。采用液氮或者液态二氧化碳直注时，输送管路必须符合耐低温和耐压要求。

(四) 有能连续监测采空区气体成分变化的监测系统。

(五) 有固定或者移动的温度观测站(点)和监测手段。

(六) 建立惰性气体防火管理制度和台账，有专人定期进行检测、分析并整理有关记录，发现问题及时报告处理。

(七) 编制安全专项措施，报矿总工程师审批。

【解读】 本条是关于惰性气体防火技术的总体规定。

惰性气体防灭火是指将惰性气体注入采空区或火区，对采空区起到惰化作用，阻止煤炭氧化自燃、提高采空区的相对压力使采空区呈正压状态防止新鲜风流漏入、降低采空区温度阻止煤炭氧化升温、降低瓦斯和氧气浓度防止瓦斯燃爆事故。

目前，矿用惰性气体主要指氮气、二氧化碳。惰性气体防灭火可采用连续灌注，亦可采用间歇性注入惰性气体。因非封闭区域灌注惰性气体，惰性气体易随漏风流失，对漏风量较大区域，一般要采用连续注入惰性气体的方式。对于封闭区等漏风量较小的区域，可以依据注入惰性气体区域内氧气、灾害气体浓度的情况实施间歇性注入惰性气体。

根据注入惰性气体区域的特点，注入惰性气体时可以采用埋管注入、拖管注入、钻孔注入和密闭墙插管注入等方法。对于U形工作面后部采空区，一般采用埋管注入惰性气体或拖管注入惰性气体。对于工作面采空区邻侧有巷道的情况，也可从巷道向需注入惰性气体位置施工钻孔，通过钻孔注入惰性气体。对封闭的采空区注入惰性气体时，还可通过封闭区密闭预留的管路进行灌注。

(1) 为了保障能够持续获得较好的防灭火效果，惰性气体的来源应稳定可靠。采用氮气防灭火时，采用空分原理的制氮机能持续提供氮气，这是氮气稳定可靠的供给方式，同时也可采用槽车罐装液态氮气作为氮气的来源。采用二氧化碳作为惰性气体防灭火时，一般采用槽车罐装液态二氧化碳作为气体来源。

(2) 氧气是煤自燃不可缺少的条件之一，而注入的惰性气体浓度会影响防灭火效果。当惰性气体浓度较低时，氧气浓度偏高，不仅不能熄灭火源，反而会继续支持火源发展。因此，注入的惰性气体浓度越高越好。但惰性气体的浓度越高，其灌注成本则大幅升高。从经济层面以及便于煤矿井下防灭火的实际出发，规定注入的惰性气体浓度不得小于97%。

(3) 虽然惰性气体本身无毒，但具有窒息性。井下作业场所的氧气含量不得低于19%，否则会威胁工作人员的生命安全。因此，采用惰性气体防灭火时应至少配备1套专用的惰性气体输送管路系统及附属安全设施，防止惰性气体泄漏造成人员窒息。

采用液态惰性气体防火时，因常压下液态氮气的临界温度为－196 ℃，液态二氧化碳的临界温度为－78.5 ℃，汽化后体积膨胀几百倍，因此无论是输运液态惰性气体还是输运低温惰性气体的管路必须具备耐高压和耐受低温的能力。

(4) 可依托采空区自然发火束管监测系统连续监测采空区气体成分变化，同时设固定或者移动的温度观测站(点)，安排专人定期检测、分析和整理有关记录，发现问题及时报告处理。通过上述手段对采空区内惰化指标、惰性气体的泄漏量、温度进行实际考察，通过技术经济比较，合理确定惰性气体灌注的工艺参数和封堵防漏措施。

第六十七条　惰性气体防火系统可分为地面固定式和井下移动式。

井下生产集中、惰性气体需求量较大时，可集中布置地面固定式制氮站或者液氮、液态二氧化碳储罐及气化装置；同时生产的采(盘)区相距较远、惰性气体需求量较大时，可分区布置地面固定式制氮站或液氮、液态二氧化碳储罐及气化装置。

惰性气体需求量小、地面输送距离长时，可选择井下移动式制氮装置或者液氮、液态二氧化碳小型储液罐及附属装置。

【解读】 本条是关于惰性气体防火系统的规定。

目前，常用的惰性气体防火系统一般分为地面固定式和井下移动式两类，通常根据井田范围大小、装置能力大小及惰性气体装置服务范围等因素综合选择。

(1) 井下灌注地点相对集中、火灾隐患重、惰性气体需求量较大时可采用地面固定式。

采用制氮机作为惰性气体源时，参考《煤炭矿井设计防火规范》(GB 51078)，制氮设备能力较大(>1 000 m^3/h)、井下运输及安设不便，可集中布置地面固定式。井下多个采区同时生产，各采区相对分散(>5 km)，每一个采区氮气需求量较大，选择的制氮设备能力较大(>1 000 m^3/h)，井下运输及安设不便时，宜分区布置地面固定式。

采用液氮或液态二氧化碳作为惰性气体源防灭火时，当灌注量大，设备不易井下运输时，适宜采用地面固定式装置。该装置安装在井口附近的地面上，将液态二氧化碳或氮气气化并通过管路系统输送至井下进行防灭火。

(2) 惰性气体需求量小，井下注惰气地点分散，地表至井下工作面距离远时宜选择井下移动式制氮装置或者液氮、液态二氧化碳小型储液罐及附属装置。

采用制氮机作为惰性气体源时，若井下注氮地点分散、地表至井下工作面距离远(>5 km)、制氮设备能力较小(<1 000 m^3/h)，宜选择井下移动式。若制氮设备布置在平板车上，其尺寸应满足井下运输要求。

采用液氮或液态二氧化碳作为惰性气体源时，若灌注流量小，灌注地点分散，可采用井下移动式液态惰性气体灌注装备。井下移动式灌注装备由运输矿车、储液罐、泵送增压调控系统及安全器件组成。系统可实现液态或低温惰性气体的直接灌注，具有窒息和降温的双重功效。

第六十八条　采煤工作面采空区采用惰性气体防火时，释放口的位置应当根据惰性气体的扩散半径、工作面参数及采空区自然发火“三带”分布规律确定，释放口应当保持在采空区的氧化带内。

【解读】 本条是关于采用惰性气体防火时释放口位置确定的规定。

释放口离工作面越近，漏风越强、惰性气体随漏风流失量越大，释放口距离工作面越远，惰性气体越易驻留，但管路灌注阻力越大、维护工作越困难；自然发火“三带”中的氧化带是煤自燃的危险区域，该区域内有漏风但强度不大，将释放口放在氧化带内灌注惰性气体时能够较为有效地缩短氧化带的宽度，增加窒息带的范围。

第六十九条 采煤工作面采空区防火惰性气体注入量按采空区氧化带内的原始氧浓度降到煤自燃临界氧浓度以下计算。已封闭采空区采用惰性气体防火时，以采空区内氧浓度降到煤自燃临界氧浓度以下为止计算。当采用液氮、液态二氧化碳直注防火时，使用量应当根据气化体积比进行换算。

【解读】 本条是关于惰性气体注入量计算的规定。

(1) 采煤工作面采空区防火惰性气体注入量按采空区氧化带内的氧浓度计算，这种计算方法的依据是将采空区氧化带内的原始氧浓度降到防灭火惰化指标以下。可按下式计算：

$$Q_N = [(C_1 - C_2)Q_V]/(C_N + C_2 - 1)$$

式中 Q_N——注入惰性气体流量，m^3/min；

Q_V——采空区氧化带的漏风量，m^3/min；

C_1——采空区氧化带内的原始氧浓度(取平均值)，%；

C_2——注入惰性气体防火惰化指标，可取 7%；

C_N——注入惰性气体纯度，%。

(2) 已封闭采空区注入惰性气体防火时，应保持对采空区内氧浓度的实时监测，当采空区内的氧浓度降到煤自燃临界氧浓度以下时可停止灌注惰性气体，不同煤种煤自燃临界氧浓度可由实验室测定。

(3) 当采用液氮、液态二氧化碳直注防火时，其使用量可根据液氮、液态二氧化碳气化后的体积比进行换算。

第七十条 采用惰性气体防火时，必须对工作面回风隅角氧气浓度进行监测。

采用二氧化碳防火时，必须对采煤工作面进、回风流中二氧化碳浓度进行监测。当进风流中二氧化碳浓度超过 0.5%或者回风流中二氧化碳浓度超过 1.5%时，必须停止灌注、撤出人员、采取措施、进行处理。

【解读】 本条是关于注惰性气体时防止窒息事故发生的相关规定。

凡是井下有人员工作或通行的地点，都必须要有充足的氧气。人体维持正常的生命过程所需的氧气量取决于人的体质、精神状态和劳动强度等。一般来说，人在休息时平均需氧量为 0.25 L/min，工作和行走时为 1～3 L/min。空气中氧气浓度对人的健康影响很大。最有利于呼吸的氧气浓度为 21%左右；当空气中的氧气浓度降低时，人体就可能产生不良的生理反应，出现各种不舒症状，严重时可能导致缺氧死亡。人体缺氧症状与空气中氧气度的关系如表 4-2 所列。

表 4-2　人体缺氧症状与空气中氧气浓度的关系

氧气浓度/%	主要症状
17	静止时无影响,工作时能引起喘息和呼吸困难
15	呼吸及心跳急促,耳鸣目眩,感觉和判断能力降低,失去劳动能力
10～12	失去理智,时间稍长有生命危险
6～9	失去知觉,呼吸停止,如没有及时抢救几分钟内可能导致死亡

二氧化碳是无色略带酸臭味的气体,对空气的相对密度为 1.52,是一种较重的气体,很难与空气均匀混合,常积聚于巷道的底部,在静止的空气中有明显的分界。二氧化碳不助燃也不能供人呼吸,易溶于水,生成碳酸,使水溶液呈弱酸性,对眼、鼻、喉黏膜有刺激作用。新鲜空气中含有微量的二氧化碳对人体是无害的,它对人的呼吸有刺激作用,如果空气中完全不含有二氧化碳,人体的正常呼吸功能就不能维持。当肺泡中二氧化碳增多时,能刺激人的呼吸神经中枢,引起呼吸频繁、呼吸量增加,因此在急救受到有害气体伤害的患者时,常常首先让其吸入含有 5%二氧化碳的氧气以加强呼吸。但当空气中二氧化碳的浓度过高时,会使空气中的氧浓度相对降低,轻则使人呼吸加快、呼吸量增加,严重时也可能造成人员中毒或窒息。二氧化碳中毒症状与浓度的关系如表 4-3 所列。

表 4-3　二氧化碳中毒症状与浓度的关系

二氧化碳浓度/%	主要症状
1	呼吸加深,但对工作效率无明显影响
3	呼吸急促,心跳加快,头痛,人体很快疲劳
5	呼吸困难,头痛,恶心,呕吐,耳鸣
6	严重喘息,极度虚弱无力
7～9	动作不协调,大约十分钟可发生昏迷
>9～11	数分钟内可导致死亡

工作面采用惰性气体防火时,惰性气体会随漏风流失,最终进入矿井通风系统。一般情况下,回风隅角是采空区漏风和有毒有害气体进入通风系统的主

要通道，回风隅角的有毒有害气体浓度最高、氧气浓度最低。因此，采用惰性气体防火时，必须对采煤工作面回风隅角的氧气浓度进行监测，根据《煤矿用氮气防灭火技术规范》(MT/T 701)规定，当氧气浓度低于18.5%时，应停止灌注，撤出人员，采取措施，进行处理。采用二氧化碳防火时，必须对采煤工作面进、回风流中二氧化碳浓度进行监测，根据《煤矿安全规程》规定，采掘工作面的进风流中，二氧化碳浓度不超过0.5%；采掘工作面回风巷风流中二氧化碳浓度超过1.5%时，必须停止工作，撤出人员，采取措施，进行处理。

第七十一条　为保证惰性气体防火效果，应当采取堵漏措施，降低防火区域漏风量。

【解读】 本条是关于注入惰性气体时堵漏的规定。

惰性气体防火具有工艺简单、操作简便、不污染防火区域以及抑爆的优点。同时，它也具有明显的局限性，其中注入火区的惰性气体不易滞留，容易随漏风流失，是惰性气体防火最主要的缺陷之一。漏风强度越大，惰性气体的流失量越高。因此，为保证惰性气体防火效果，应当采取堵漏措施，降低防火区域漏风量。

【案例4-1】 某矿ZF1801工作面长91 m，走向1 040 m，为下分层开采，巷道布置方式如图4-3所示。ZF1801工作面主采4#煤层，采用综放开采，开采厚度12 m，采放比为1∶3，4#煤层硬度$f>3.5$，倾角0°～5°，稳定性较高。经鉴定4#煤层为自燃煤层，煤尘有爆炸性，4#煤自然发火期为3～5个月，最短自然发火期为28 d，平均风量1 026 m^3/min。

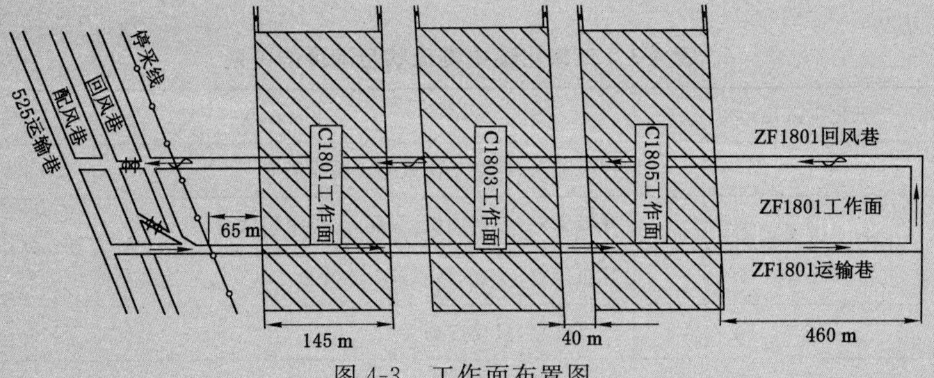

图4-3　工作面布置图

下分层ZF1801工作面进入上分层C1801工作面采空区后，CO浓度异常，采空区回风巷道侧束管内高达160～344 ppm，回风隅角为83～226 ppm，工作面31架前达112 ppm，运输平巷侧4#监测孔内为507 ppm。为了工作面安全开采，采取"堵漏降氧-惰化置换"的联合防灭火技术。

下分层采空区设置高分子胶体隔离墙封堵漏风和筛管注氮，隔离墙间距50 m，筛管间距40 m，见图4-4。采用联合防灭火措施后ZF1801工作面采空区内CO浓度变化见图4-5，上分层C1801采空区两巷道侧4[#]监测钻孔CO浓度变化见图4-6。下分层采空区回风巷侧束管CO浓度也由476 ppm降至32 ppm，回风隅角CO浓度则降至11 ppm，治理效果显著。

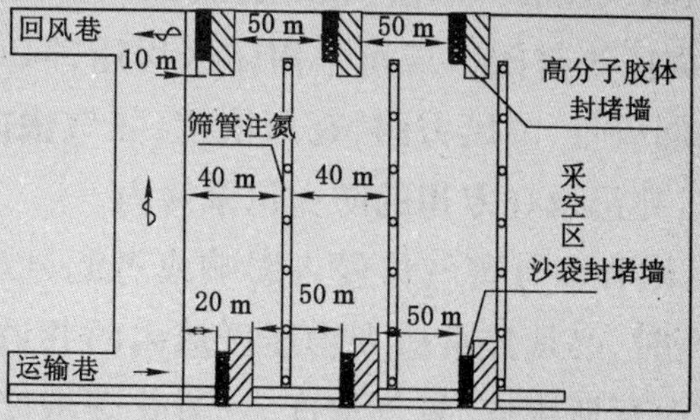

图4-4 隔离墙与注氮布置示意图

图4-5 下分层ZF1801工作面采空区CO浓度变化

图4-6 上分层C1801工作面采空区CO浓度变化

第三节 均压防火技术

第七十二条 采用均压技术防火时,根据均压区域是否封闭分为闭区均压和开区均压,并遵守下列规定:

(一) 有完整的区域风压和风阻资料以及完善的检测手段。

(二) 对采空区、火区等封闭区域可采用闭区均压,同时必须有专人定期观测与分析封闭区域的漏风量、漏风方向、瓦斯浓度、氧气浓度、空气温度、防火墙内外空气压差等状况,并记录在专用的防火记录簿内。

(三) 对受周围区域有毒有害气体侵入影响或者漏风难以控制的采煤工作面,确需采用开区均压时,必须经常检查均压区域内的巷道中风流流动状态,定期观测分析均压区域内瓦斯浓度、氧气浓度、一氧化碳浓度及压差变化情况,并有防止瓦斯积聚的安全措施。

(四) 改变矿井通风方式、主要通风机工况以及井下通风系统时,对均压地点的均压状况必须及时进行调整,保证均压状态的稳定。

(五) 开采突出煤层时,采煤工作面回风侧不得设置调节风量的设施。

【解读】 本条是关于均压防火技术的总体规定。

均压防火指的是通过设置调压设施或调整通风系统,改变井下巷道中空气压力的分布状态,尽可能减少或消除漏风通道两端的风压差,从而达到减少或消除漏风、抑制煤炭自然发火乃至灭火的目的。均压防火的实质就是“以风防火”,根据均压区是否封闭分为闭区均压和开区均压。

开区均压通常是指在生产工作面建立的均压系统,其特点是在保证工作面所需通风风量的条件下,通过实施通风调节,尽量减少向采空区漏风,抑制煤的自燃,防止一氧化碳等有毒有害气体涌入工作面,从而保证正常生产的进行。开区均压的措施有调节风窗均压、局部通风机均压、局部通风机与调节风窗联合均压,见图 4-7。

闭区均压是对已经封闭的区域进行均压,可防止封闭区中的煤炭自燃,又可加速封闭火区熄灭速度。闭区均压的措施有:并联风路与调节风门联合均压、调压通风机与调节风门联合均压、连通管均压、调压气室-连通管均压。

均压设施的位置与质量、均压参数的选用与控制以及实施过程中技术措施的安排与应用等,都会影响均压技术的效果。均压防火是一项复杂的工作,如若失败,不仅达不到均压防火的效果和目的,还可能导致通风系统更加不稳定、

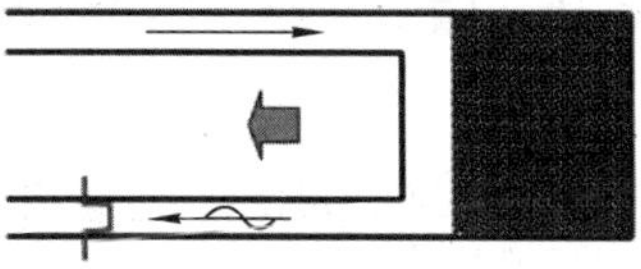

(a) 调节风窗均压

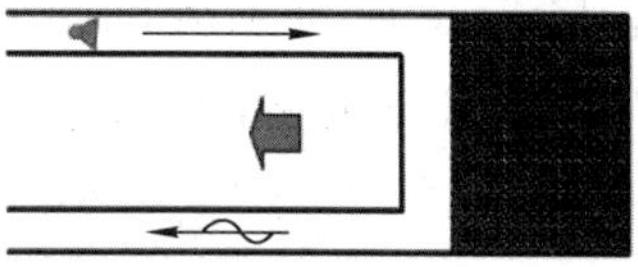

(b) 局部通风机均压

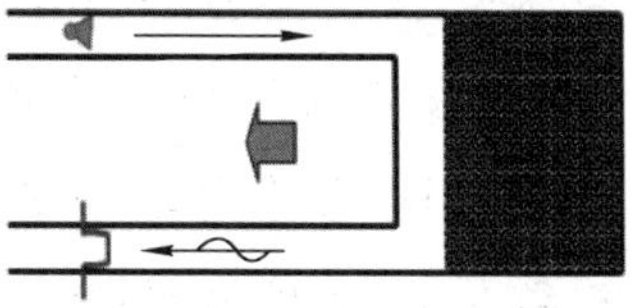

(c) 局部通风机与调节风窗联合均压

图 4-7　开区均压的措施

漏风更加严重甚至引起发火或使火区复燃的严重后果。因此，对采用均压防火技术作了严格具体的规定。

(1) 实施均压技术时，必须首先绘制通风系统图、通风立体图、通风网络图和通风压能图；其次，要查明均压区域、风流压能分布和漏风状况，充分考虑上述因素并在此基础上制定均压方案和措施，才能取得更好的防火效果。

(2) 对采空区、火区等封闭区域实施闭区均压后，要注意对均压效果进行实时监测，必须选派专人定期观测与分析封闭区域的漏风量、漏风方向、瓦斯浓度、氧气浓度、空气温度、防火墙内外空气压差等状况，并记录在专用的防火记录簿内。若发现有毒有害气体涌出量增加等现象，则可能说明均压效果不好，需要采取调整措施，以保证达到均压防火的目的。

(3) 对受周围区域有毒有害气体侵入影响或者漏风难以控制的采煤工作面实施开区均压时，必须经常检查均压区域内的巷道中风流流动状态，定期观测分析均压区域内瓦斯浓度、氧气浓度、一氧化碳浓度及压差变化情况。均压会导致通风系统的压能发生变化，从而引起部分井巷无风或微风，因此经常检查均压区域内的巷道中风流流动状态，并制定防止瓦斯积聚的措施。

(4) 通风方式、主要通风机工况和通风网络变化会影响到井巷压能的变化，原均压技术的均压效果会受到影响。因此，改变矿井通风系统时，对均压地点的均压状况必须及时进行调整，以保证均压状态的稳定。

(5) 一旦发生煤与瓦斯突出事故，阻力小且通风顺畅的井巷有助于快速排出突出瓦斯，降低突出事故带来的威胁。若通过在工作面回风侧安设调节风窗实施均压措施，回风侧阻力变大，通风系统变得复杂、可靠性低，这些不利于排出突出的瓦斯，降低了通风系统的抗灾能力。因此，开采突出煤层时，采煤工作面回风侧不得设置调节风量的设施。

【案例 4-2】 某矿 2342 综放工作面采空区与 2343 采空区连为一体，采空区漏风压差较大，漏风通道较畅通。为使整个采空区处于均压状态，抑制火灾气体涌入 2342 综放工作面，阻断向采空区的漏风供氧，该矿决定采取综放工作面升压措施，均衡采空区主要漏风通道两端的风压。即在 2342 综放工作面采用风门与局部通风机联合的均压方法。在回风带式输送机机道建两道调节风门，在进风材料道建两道风门并安装了局部通风机向综放工作面压风。此时，综放工作面进风量为 568 m^3/min，空气压力提高了 200 Pa，具体布置如图 4-8 所示。采用该方法后，该工作面的安全回采得到了保障。

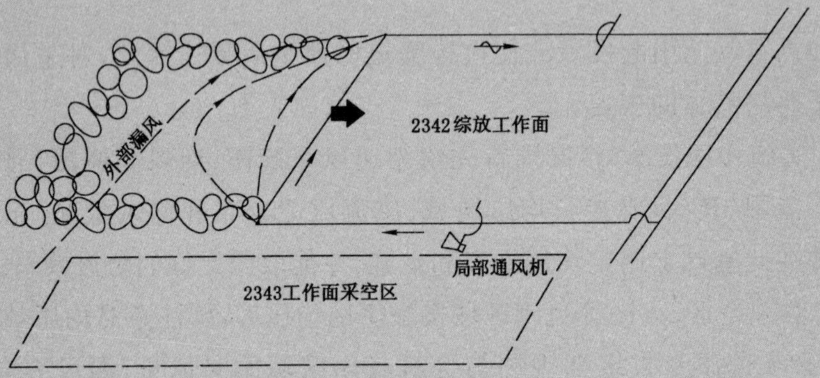

图 4-8　调节风门与局部通风机联合均压

第七十三条　采用均压防火技术时，应当编制专项方案，经论证报上级企业技术负责人批准后方可使用。均压方案必须包括调压方法、均压设备设施管理、效果检验、应急处置等内容。

【解读】 本条是对均压防火技术专项方案的规定。

均压防火技术虽然具有投入少、见效快的优点，但若使用不当会带来严重的安全隐患，因此必须谨慎采取均压防火技术。在实施均压防火前，应编制好均压防火专项方案，充分论证均压后通风系统压能变化，及可能引起的灾害气体聚集、运移规律变化，分析潜在的风险，在此基础上报上级企业技术负责人批准后，才可以使用均压防火手段。专项方案中除应明确调压的方法外，还应对实施均压防火期间调压装备的管理办法外、均压防火效果的监测手段以及均压失效后的应急处置方法作出明确的规定。

第七十四条 调压措施应当根据均压要求确定，可选择调压风墙、调压风门、调压风窗、调压风机、调压风道、调压气室等调压措施或者其组合。

【解读】 本条是关于均压防火时调压措施选择的相关规定。

调压措施主要有调压风墙、调压风门、调压风窗、调压风机、调压风道、调压气室等手段，根据实施均压区域的特点，可以采用不同的调压措施。对于以减少工作面采空区漏风为目标的开区均压，同第七十二条解读所述，可以采用在回风侧安设调节风窗、进风侧安设局部通风机或回风侧安装调节风窗与进风侧安设局部通风机联合均压的方式。对于封闭区的均压，则可以采用调压风机、调压风道、调压风墙构筑调压气室进行调压，闭区均压原理如图 4-9 所示。

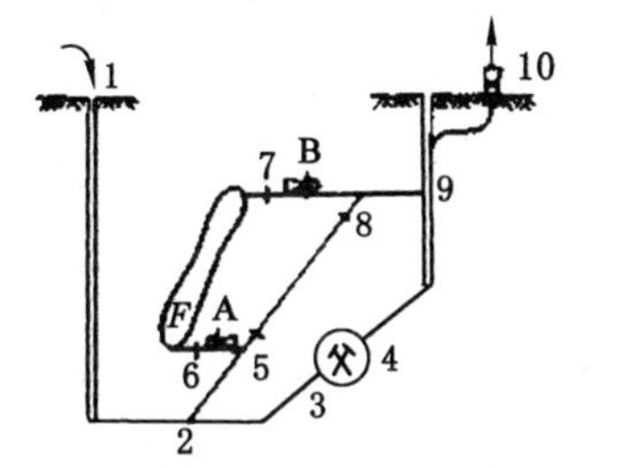

(a) 在封闭区的进回风侧建立均压硐室 A 与 B

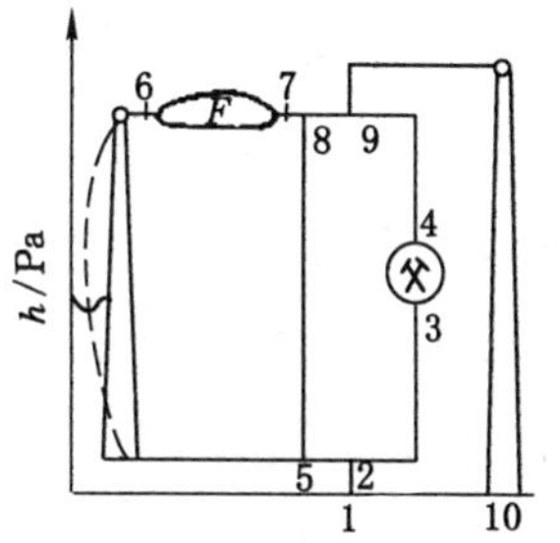

(d) 负压均压硐室压能图

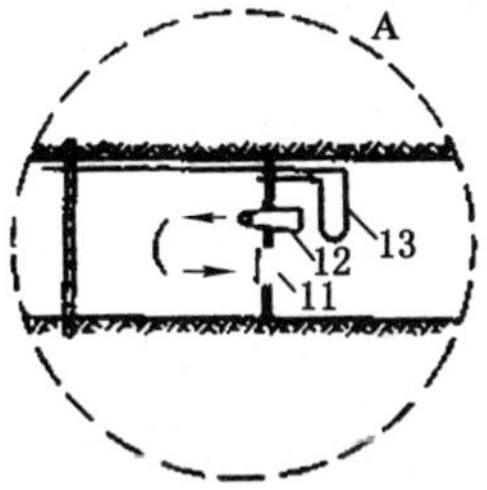

(b) 负压均压硐室

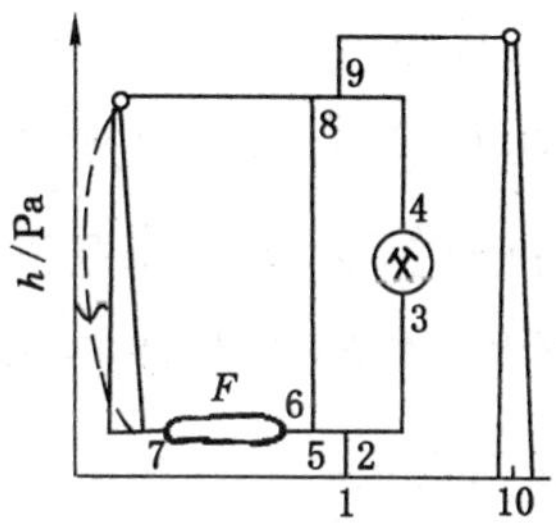

(e) 正压均压硐室压能图

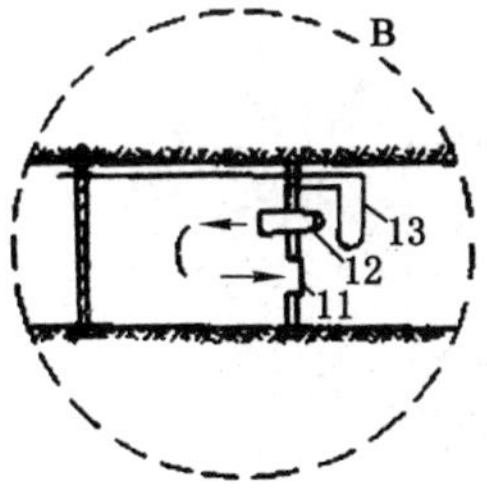

(c) 正压均压硐室

1—进风井口；2，5，8—轨道上山；3—火源上风侧；4—火源下风侧；6—封闭区回风侧正压硐室；7—封闭区进风侧负压硐室；9—回风井；10—回风井口；11—调节风窗；12—均压风机；13—水柱计。

图 4-9 封闭火区均压时调压气室的布置形式

第七十五条　采用均压技术调压时,应当符合下列要求:

(一) 开采地表严重漏风的煤层时,应当先堵漏,再采用调压措施均压。

(二) 有相互影响的多煤层同时开采时,应当一并采取相应的均压措施。

(三) 采用层间调压时,应当采取控制层间压差的措施,防止有毒有害气体泄入相邻煤层的采煤工作面。

(四) 在煤层冒顶处的下方和破碎带内,不得设置调压设施。

(五) 与均压区并联的巷道中,不得设置调压风墙和调压风门。

(六) 调压风机必须安装同等能力的备用局部通风机,均采用"三专"供电,实现自动切换功能。

【解读】 本条为实施均压防火技术的一般规定。

调压技术对控制地表漏风具有较好的效果,但均压手段管理难度大,一旦失效存在灾害气体短时涌入采掘空间诱发事故的可能。因此,应优先选用地表或井下堵漏技术控制漏风,在此基础上再辅助采用调压措施,可在降低均压风险的同时取得较好的堵漏效果。若地表漏风严重时,可先在地表实施堵漏措施,再使用调压措施进行均压。通常采用黄土覆盖方法封堵地表漏风。

采用分层开采的煤层,在下分层开采时,进、回风巷上部采空区一般会存在较为严重的漏风,因分层开采会揭露大面积破碎区,漏风通道较为丰富,堵漏较为困难,这种情况尤其适合采用均压防火技术减少漏风,以达到防止自然发火的目的。

如图 4-10 所示,在煤巷的煤层冒顶处的下方和破碎带内设置风门、风窗或风墙等调压措施时,会增加井巷的通风阻力从而导致通过煤柱或高冒区破碎带煤体的漏风增加,容易引起破碎煤柱或高冒区出现煤自然发火。因此,不宜在煤巷的煤层冒顶处的下方和破碎带内设置调压设施。

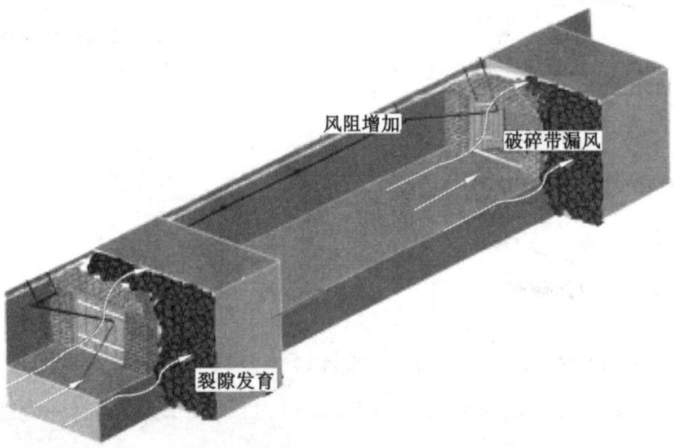

图 4-10　通风设施附近的煤柱破碎区

第四节 密闭防火技术

第七十六条 密闭按服务期限可分为临时密闭和永久密闭，采用密闭防火时，应当编制密闭设计，并经矿总工程师批准，并应当遵守下列规定：

（一）开采容易自燃和自燃煤层的矿井，封闭采空区时，应当构筑不少于2道永久密闭墙，墙体中间采用不燃性材料进行充填。

（二）永久密闭必须采用不燃性建筑材料。临时密闭应当首先保证结构严密，并方便施工、易于拆除。

（三）密闭位置应当选择在动压影响小、围岩稳定、断面规整的巷道内。

（四）保证密闭施工安全和工程质量，提高密闭防火效果。煤巷施工永久密闭必须掏槽，岩巷施工永久密闭可不掏槽，但必须将松动岩体刨除见硬岩体。

（五）永久密闭应当留设放水孔、观测孔和措施孔。

（六）采煤工作面回采结束后的采空区、报废煤巷的自燃火灾预防，以及采煤工作面长期停产等特殊条件的采空区自燃火灾预防，应当采用密闭防火。

【解读】 本条是关于矿井防火密闭位置选择、密闭施工材料、质量等要求的规定。

密闭是指在既不允许风流通过，也不准许行人和通车的巷道中所设置的一种控制风流的设施。密闭防火就是利用密闭切断风流，抑制和熄灭火区。根据密闭的功能和作用时间，可分为临时密闭和永久密闭。

临时密闭一般是指为了封闭井下暂时不用的盲巷、探矿巷道或两巷之间需临时切断风流流通而设置的密闭墙，一般服务时间较短。临时密闭特点是结构严密、便于施工，一般临时密闭的构筑是先在巷道中打上支柱，然后在支柱上钉上木板，最后再钉上不燃的风筒布或涂黄泥，在达到封闭火区目的的同时，又便于拆除，如图4-11所示。目前，也有一些新型的临时密闭构筑方法，如图4-12所示的气囊式临时密闭墙。

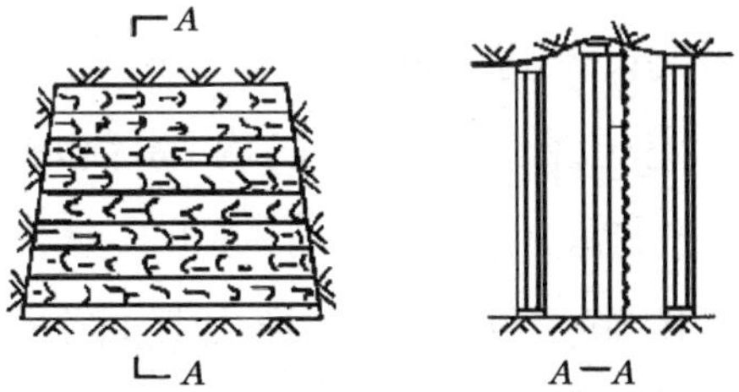

图4-11 木板临时密闭

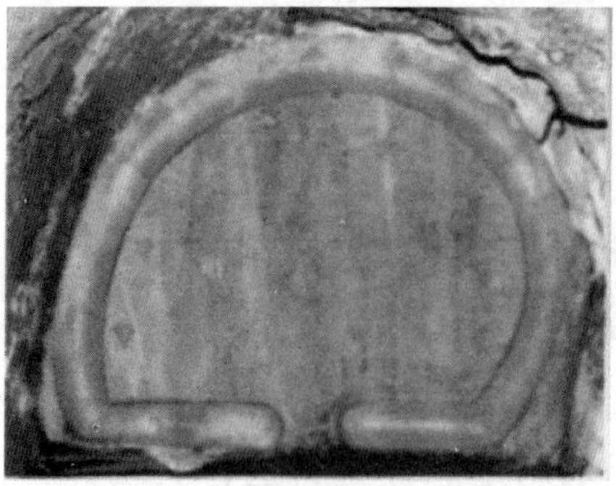

图 4-12　气囊式临时密闭墙

永久密闭一般是指为了隔绝废弃的旧巷道和堵塞各类空区通往生产区的所有通道而设置的密闭墙，一般服务时间较长。永久密闭施工要采用不燃性材料，可利用砖、石块、沙袋或者坚实的木料做成直达巷道顶部的不透风单墙或者双墙，如图 4-13 所示。

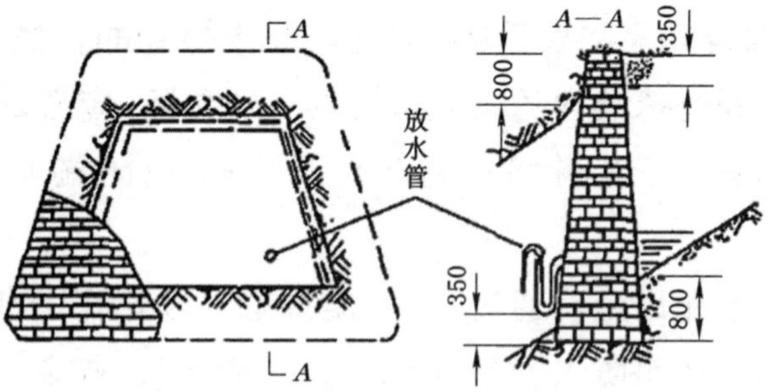

图 4-13　砖块式永久密闭墙示意图

(1) 开采容易自燃和自燃煤层的矿井，封闭采空区时，应当构筑不少于 2 道永久密闭墙。采用双墙方式时，采用泥沙、岩粉或者粉煤灰制成浆体状充填于两个墙体之间。将这些材料用泵像注液体一样注入密封区域时，浆体将会渗入巷道周围的裂隙中去，并形成紧密的固态整体，具有较好的密封效果。

(2) 密闭的作用是切断风流，减少向封闭区内的漏风。密闭墙位置的选择应以密闭受矿山压力影响小、密闭质量有保证、漏风少为目标。若将密闭墙施工在动压大、围岩不稳定、巷道不规整的巷段内，密闭墙及周边煤岩体易受压产生裂隙，密封效果变差而增加漏风量，不利于防止自然发火。

(3) 为了保证永久密闭施工安全和工程质量，减少漏风，提高密闭防火效果，煤巷施工永久密闭时巷道四周必须掏槽，掏至硬帮、硬底、硬顶，和煤体接实，帮槽深度以见实体煤后进入实体煤大于 0.5 m 为宜，顶槽深度以见煤后大于0.3 m为宜，底槽深度以见煤后大于0.2 m为宜，掏槽的宽度大于墙厚0.3 m；岩巷施工永久密闭可不掏槽，但必须将松动岩体刨除见硬岩体。

（4）一般情况下，永久密闭应当留设放水孔、观测孔和措施孔，对应在墙体上安设三个管：放水管、观测管和注浆管，管道直径为35～100 mm，观测管和注浆管距巷道底板高度不小于1 300 mm，两管之间距离为400 mm。注浆管用以在封闭时以及封闭后向火区灌注灭火材料，加快火源熄灭速度，其在密闭内侧露出长度应不小于2 000 mm，露在密闭外侧长度为200 mm，管口有螺纹并带有管帽或用木塞封堵；观测管用以从火区中抽取气样，能够监测火区内的状况，判断火情，观测管在密闭内侧露出长度也应不小于2 000 mm，露在密闭外侧长度应为150～200 mm，管口应有相应的封堵措施；放水管距巷道底板150～200 mm，用以及时排除密闭墙后面的水。管外端装上阀门控制，水应该没过管道或者做成一段U形管以作为底部的密封，防止漏风。

（5）漏风供氧是煤自燃发生的必要条件，为了防止新鲜风流进入采空区，给采空区的浮煤提供氧气从而引发自然发火，采煤工作面回采结束后，必须在45 d内对工作面进行永久性封闭。对于报废的煤巷以及长期停产的采煤工作面，为防止向煤体持续供给氧气诱发煤炭自燃，也应封闭。

安全生产标准化管理体系通风设施基本要求和评分方法的考核要点见表4-4。

表4-4 安全生产标准化管理体系通风设施基本要求和评分方法的考核要点

项目	项目内容	基本要求	标准分值	评分方法	检查内容	查阅资料
通风设施	设施管理	1. 有构筑通风设施（指永久密闭、风门、风窗和风桥）设计方案及安全措施，设施墙（桥）体采用不燃性材料构筑，其厚度不小于0.5 m（防突风门、风窗墙体不小于0.8 m），严密不漏风	15	查现场和资料。应建未建或者构筑不及时不得分；其他不符合要求1处扣10分	现场检查密闭状态	密闭设计与施工方案
		2. 密闭、风门、风窗墙体周边按规定掏槽，墙体与煤岩接实，四周有不少于0.1 m的裙边，周边及围岩不漏风；墙面平整，无裂缝、重缝和空缝，并进行勾缝或者抹面或者喷浆，抹面的墙面1 m^2 内凸凹深度不大于10 mm	7	查现场。不符合要求1处扣5分	现场检查密闭状态	密闭设计与施工方案

表 4-4(续)

项目	项目内容	基本要求	标准分值	评分方法	检查内容	查阅资料
通风设施	密闭	1. 密闭位置距全风压巷道口不大于 5 m,设有规格统一的瓦斯检查牌板和警标,距巷道口大于 2 m的设置栅栏;密闭前无瓦斯积聚。所有导电体在密闭处断开(在用管路采取绝缘措施处理的除外)	10	查现场。不符合要求 1 处扣 5 分;不设置栅栏 1 处扣 2 分,栅栏设置不合格 1 处扣 1 分(最多扣 2 分)	现场检查密闭状态	密闭设计与施工方案
		2. 密闭内有水时设有反水池或者反水管,采空区密闭设有观测孔、措施孔,且孔口设置阀门或者带有水封结构	10	查现场。不符合要求 1 处扣 5 分	现场检查密闭状态	密闭设计与施工方案

第七十七条 采用密闭防火时,必须分析掌握自然发火隐患区域,查明隐患区域的漏风分布、流向和漏风通道及其连通性,确定合理的封闭范围和密闭数量。

【解读】 本条是关于密闭封闭范围和数量的有关规定。

密闭的位置和数量根据封闭火区范围,遵循数量要少、封闭的时间要快、封闭的密封性好的原则进行确定。火区进风密闭的位置要求选在距火源近,且支护完整的地段,而且密闭周围 5 m 以内无杂物、积水、淤泥、煤尘堆、片帮和冒顶。为使密闭避开断层,将其设在没有裂隙的岩体内,有时可能造成密闭墙离火源距离较远,从而增加密闭的数量,若以后还需要打开火区会造成一定困难。所以,密闭的位置应当根据实际情况进行综合考虑确定。

在进风密闭与防火区之间不能存在连通火源前后的巷道,如图 4-14 所示。这种巷道易造成火烟的循环,容易导致火灾气体爆炸。

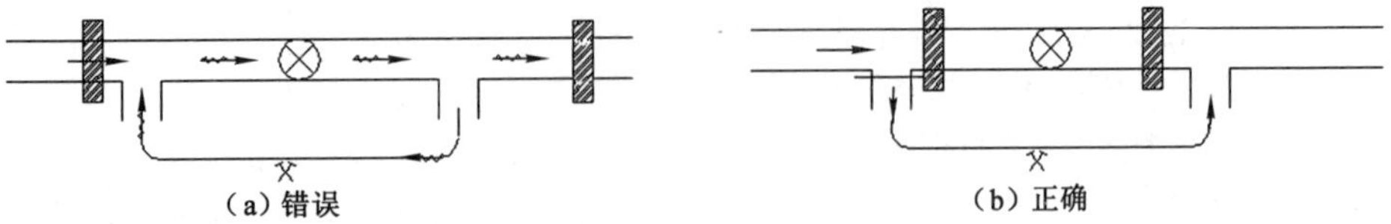

图 4-14 进风侧密闭位置选择

另外，密闭的位置距巷道的交叉口也不宜过远，因密闭建成之后将形成一个盲巷，很容易产生瓦斯积聚，使检查人员无法进入。如图 4-15 所示，火源在 P 点，虽然火源附近 A 点的岩石比较坚固，由于此处离新鲜风流太远，不宜在此设密闭，而应建在 B 处。一般要求密闭距新鲜贯穿风流 5～10 m。密闭必须建在距贯穿风流较远处时，应该建筑导风设施，如图 4-16 所示。另外，考虑运输的方便性，密闭应建在运输巷附近，这样可以缩短建造时间，保证封闭工作顺利进行。

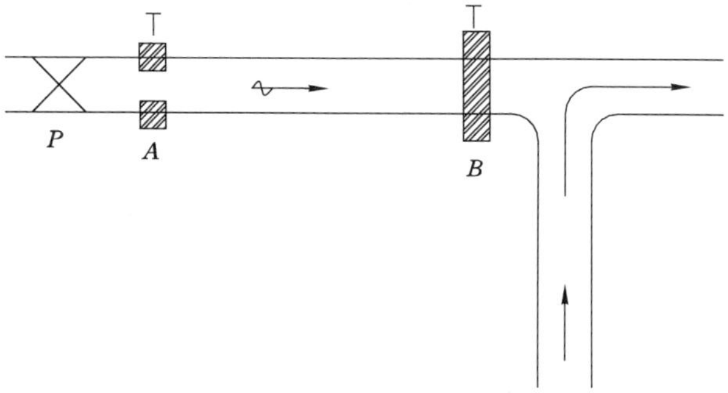

图 4-15　新鲜风流近处布置密闭墙

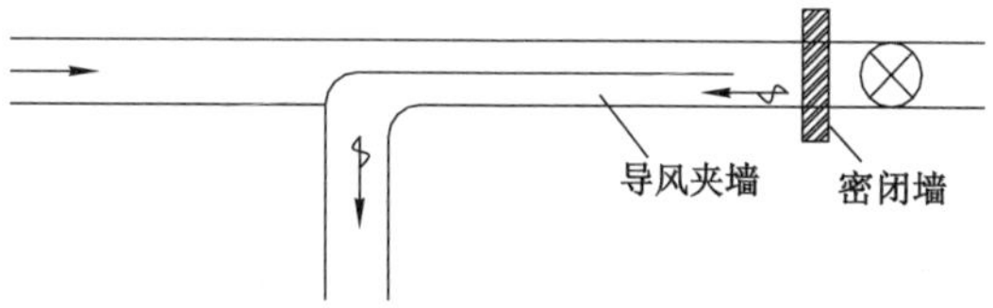

图 4-16　封闭火区形成盲巷通风

由于封闭火区的原则在很多情况下是相互制约的，因此密闭的布置应根据实际情况，综合考虑确定。在防灭火措施计划中，对预计易发生火灾的地点实施封闭措施时，都要预计灭火时建筑密闭的位置、布置方式和对密闭质量的要求。

第七十八条　必须加强对封闭区的管理，定期检查其邻近区域生产活动对密闭的采动影响，及时对密闭进行维修，保证封闭区良好的密闭状态。

【解读】　本条是对密闭与封闭区管理的规定。

密闭是火区管理的重要构筑物，它的严密性在很大程度上决定着封闭火区的防灭火效果，必须定期对密闭的状态进行检查，掌握和维护密闭的质量，发现问题及时处理，始终保持密闭处于严密不漏风的完好状态。

第七十九条 必须建立完善的封闭区观测制度。定期测定封闭区密闭内外压差、气体浓度及空气温度，进行漏风分析，掌握密闭区的自然发火趋势。

【解读】 本条是对密闭区监测管理的规定。

通过密闭内的空气成分、空气温度和密闭内外压力差的监测，系统分析封闭区的变化。通过温度和气体监测数据分析，一是可以判断原存在火源的封闭区内火源是否熄灭，二是可以判断封闭区是否存在隐患，同时还可以判断密闭墙的气密性。

密闭墙内气体成分、温度等观测记录表见表4-5。

表4-5 密闭墙内气体成分、温度等观测记录表

火区编号：　　　　　　　　　　　　　　　　　　密闭墙编号：

<table>
<tr><td>地点</td><td></td><td>封闭日期</td><td></td><td>厚度/m</td><td></td><td>断面积/m³</td><td></td><td>建筑材料</td><td></td><td>施工负责人</td><td></td><td>惰性气体注入量/m³</td><td></td></tr>
<tr><td rowspan="2">观测日期</td><td colspan="5">密闭墙内气体成分/%</td><td colspan="2" rowspan="2">密闭墙内温度/℃</td><td colspan="2" rowspan="2">密闭墙出水温度/℃</td><td rowspan="2">密闭墙内外压差/Pa</td><td colspan="3" rowspan="2">其他情况（火区的漏风量、漏风方向等）</td></tr>
<tr><td>CH_4</td><td>O_2</td><td>CO_2</td><td>CO</td><td>N_2</td></tr>
<tr><td></td><td></td><td></td><td></td><td></td><td></td><td colspan="2"></td><td colspan="2"></td><td></td><td colspan="3"></td></tr>
<tr><td></td><td></td><td></td><td></td><td></td><td></td><td colspan="2"></td><td colspan="2"></td><td></td><td colspan="3"></td></tr>
<tr><td></td><td></td><td></td><td></td><td></td><td></td><td colspan="2"></td><td colspan="2"></td><td></td><td colspan="3"></td></tr>
<tr><td></td><td></td><td></td><td></td><td></td><td></td><td colspan="2"></td><td colspan="2"></td><td></td><td colspan="3"></td></tr>
<tr><td></td><td></td><td></td><td></td><td></td><td></td><td colspan="2"></td><td colspan="2"></td><td></td><td colspan="3"></td></tr>
<tr><td></td><td></td><td></td><td></td><td></td><td></td><td colspan="2"></td><td colspan="2"></td><td></td><td colspan="3"></td></tr>
</table>

第五节 其他防火技术

第八十条 阻化剂防火可采用喷洒阻化剂、压注阻化剂和汽雾阻化剂等工艺，采用阻化剂防火时，应当遵守下列规定：

（一）选用的阻化剂材料不得污染井下空气和危害人体健康。

（二）必须在设计中对阻化剂的种类和数量、阻化效果等主要参数作出明确规定。

（三）应当采取防止阻化剂腐蚀机械设备、支架等金属构件的措施。

【解读】 本条是关于阻化剂防火技术的规定。

阻化剂是一种阻止煤炭氧化自燃的化学物质，又称阻氧剂。阻化剂防火是利用某些阻化剂喷洒于采空区或压注入煤体之内以抑制或延缓煤的氧化过程，达到防止煤炭自燃的目的。

阻化剂是一种在某些地点或部位喷洒或注入时，能阻止和延缓煤炭氧化，达到防止和降低自然发火概率的一些无机盐类化合物，如氯化钙、氯化镁、氯化钠、三氧化铝以及水玻璃等溶液，又称阻氧剂。这些阻化剂对煤的阻化作用是通过隔绝煤、氧接触或保水、保湿来达到阻化效果的，它们对煤炭的主要阻化作用来自于物理作用，只发生少量化学反应或不发生化学反应，因此为物理阻化剂。物理阻化剂改变的只是煤及其环境的物理条件，不能从根本上消除煤自燃的危险，随着阻化剂的消耗流失，其阻化效果也逐渐消失，因此这类阻化剂存在阻化效果差、阻化衰退期短等缺点。

相对而言，化学阻化剂通过破坏或减少煤体中反应活化能较低的结构防止煤自燃。这种阻化剂通过改变煤表面活性官能团的氧化反应历程或控制自由基反应，从内在本质上影响了煤的氧化，只要目标煤体没有改变，化学阻化剂的阻化效果就一直存在，防灭火效果不随外在条件改变而发生改变，因此其阻化效果优于物理阻化剂。目前主要使用的化学阻化剂为强氧化剂，其主要作用是使煤中的活性基团被氧化而失去氧化性，降低煤的自燃倾向性。但是，利用强氧化剂作为化学阻化剂阻止煤氧化存在一定的缺陷：① 氧化反应过程是放热反应，产生的反应热如果不及时疏散，将会使煤体的反应热迅速升高。② 氧化剂具有较大的火灾危险性，如高锰酸钾遇高温以及与有机物、酸类接触，就能够引起着火爆炸；而过氧化尿素也属于强氧化性的易燃易爆物品。③ 这些氧化剂多为具有腐蚀性和刺激性的化学物质，因此在使用时，势必存在一定的不安全性。

(1) 选用的阻化剂应为环境友好型，对人体无害。用于防火的阻化剂应该选用阻化率高、防火效果好、来源广泛、价格便宜的物质。有些阻化剂，如铵盐类阻化剂虽然阻化效果好，但受热易分解产生氨气，对人体造成一定的危害，应避免采用。

(2) 阻化效果的评价。阻化效果的评价指标包括阻化率和阻化衰退期。煤种对阻化剂具有选择性，选用阻化剂前应该考察不同阻化剂对煤的阻化效果，也就是测试阻化率和阻化衰退期，在此基础上尽可能选择阻化率高、阻化衰退期长的阻化剂。

① 阻化率。

煤样在阻化处理前后放出的 CO 量的差值与未经阻化处理时放出的 CO 量

的百分比称为阻化率(E),即

$$E=\frac{A-B}{A}\times 100\%$$

式中 E——阻化率,%;

A——煤样未经阻化处理时,在温升(100 ℃)试验中通入净化干燥空气(160 mL/min)时放出的一氧化碳的浓度,ppm;

B——煤样经阻化处理后,在上述相同条件下放出的CO的浓度,ppm。

② 阻化衰退期。

煤炭经阻化处理后,阻止氧化的有效日期为阻化衰退期,也称为阻化剂的阻化寿命。阻化剂的阻化寿命越长,其阻化率下降的速度越慢。超过阻化寿命后,可根据具体情况补注阻化剂。

理想的阻化剂应为阻化率高、阻化寿命长的阻化剂。阻化剂的效果与煤种、阻化剂的溶液浓度和使用的工艺有关。

煤的种类对阻化剂有一定的选择性,如水玻璃和氢氧化钠对含硫较高的煤的阻化效果较好,碱土金属的氯化物(如氯化锌、氯化镁等)对非高硫煤的阻化效果较好。

表4-6为不同煤种较理想的阻化剂类型及参数。

表4-6 不同煤种的最适宜阻化剂类型及参数

煤种	最适宜阻化剂	浓度/%	阻化率/%	煤种	最适宜阻化剂	浓度/%	阻化率/%
褐煤	工业氯化钙	10	70～80	不黏煤	工业氯化钙	10	60～70
		20	75～90			20	70～90
	卤块、片、粒	10	50～60		卤块、片、粒	10	50～60
		20	60～80			20	60～80
气煤	工业氯化钙	10	40～50	高硫烟煤	水玻璃	10	80
		20	45～60			20	90
	卤块、片、粒	10	40～50		卤块、片、粒	10	80
		20	45～60				

阻化剂的阻化效果还与阻化剂的浓度密切相关。实验表明:10%浓度的氯化镁在实验温度100 ℃时的阻化率为36.2%,20%浓度的氯化镁在实验温度100 ℃时的阻化率为51.75%。因此在使用阻化剂防火时,应该注意其使用浓度。

实践表明,煤体压注阻化剂比表面喷洒的效果要好。压注阻化剂能够在高压的作用下使阻化剂溶液渗透至孔隙内部;表面喷洒阻化剂只能润湿煤块的表面。

鉴于上述原因,设计阻化剂防火方案时,必须在现场、实验室考察阻化效果的基础上对阻化剂的种类和数量、阻化效果等主要参数作出明确规定,以保证阻化剂防火的效果。

(3) 阻化剂使用应避免腐蚀煤矿井下机电设备。酸碱物质溶液对井下设备、设施的腐蚀作用不可忽视。为保证设备、设施安全正常运转、维修量小,延长使用寿命,矿井在使用阻化剂进行防火之前,都必须对阻化剂的腐蚀性等进行分析测定,以确定合理的阻化剂种类,综合考虑应用工艺、浓度、数量与阻化效果。应用腐蚀性阻化剂时,应避免直接在工作面进行喷洒,防止阻化剂腐蚀机械设备、支架等金属构件。

【案例 4-3】 某矿 5110 工作面属于孤岛工作面,煤层厚度 7.37 m,采用长壁式综合机械化低位放顶煤全部垮落采煤法,所在煤层易自燃,最短自然发火期为 6 个月。为了预防煤炭自燃,在该工作面实施了阻化剂防火技术。

1. 应用方案

(1) 钻孔布置:如图 4-17 所示,在回风巷道近似平行打孔,注液孔的总数为 58 个,钻孔深度为 128 m,仰角 1°～2°;打钻设备采用 ZL-750 型钻机。

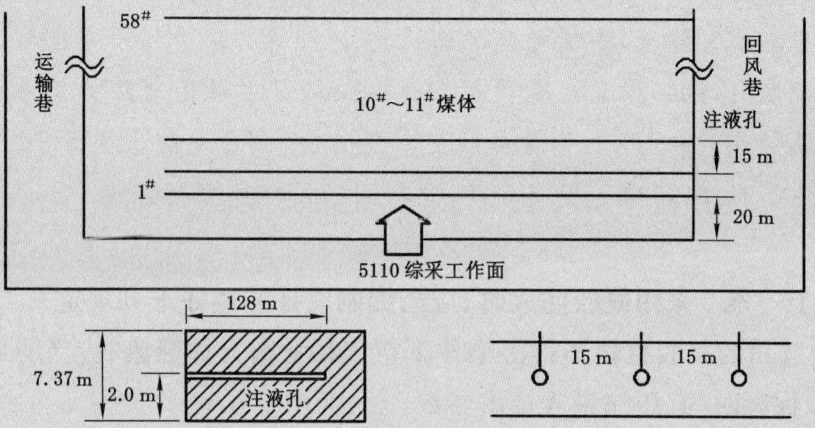

图 4-17　钻孔布置图

(2) 封孔参数及封孔工艺:封孔采用橡胶快速封孔器封孔,封孔器长 1 m。封孔深度 9 m,即封孔器外端距煤壁 9 m。

(3) 煤层注液参数的选择:每孔注液量 235 t,同时注液孔数 2 个,注液孔间距 15 m,注液孔长度 128 m,封孔长度 10 m,单孔注液流量 2 t/h,注液时间 118 h,注液压力(终压) 取 4 MPa。

(4) 注液超前距离和时间：超前距离 33 m，超前时间 9.2 d。注液系统示意图见图 4-18。

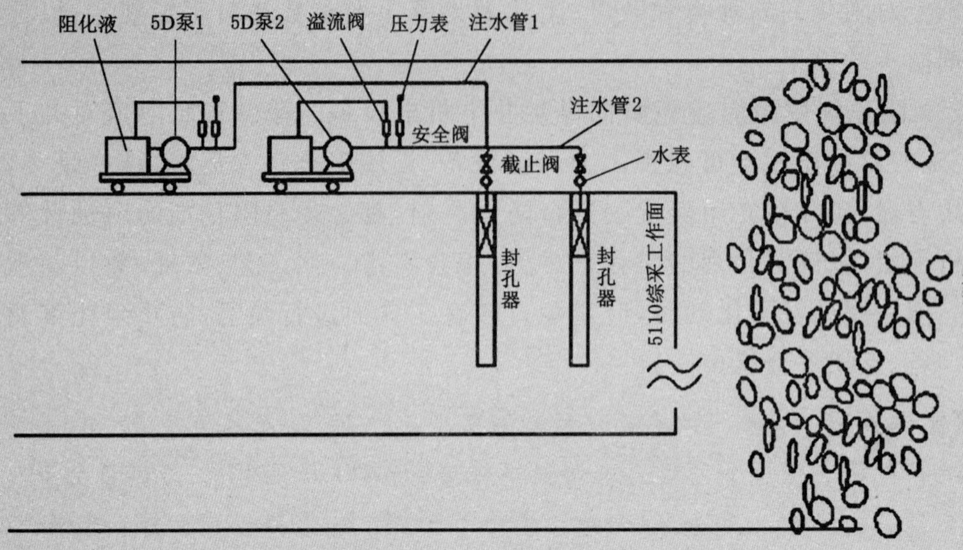

图 4-18 注液系统示意图

2. 应用效果

采取预注阻化剂防火技术后，各测点在采空区可能自燃带内距工作面相同距离时温度有明显降低，降低幅度平均达到 4～6 ℃，在达到未采取防灭火技术时的最高温度时，距工作面距离推后 60～80 m，预注阻化剂防火技术取得了非常好的应用效果，大大降低了煤自然发火危险性，成功地防止了 5110 工作面和采空区的煤炭自燃，实现了安全生产，顺利回采了全部煤炭资源。

第八十一条 采用凝胶防火时，应当编制设计并遵守下列规定：

(一) 选用的凝胶材料不得污染井下空气和危害人体健康，应当明确规定凝胶的配比、促凝时间、压注量等技术参数。

(二) 煤巷高冒区、局部有自燃危险煤柱裂隙和空洞等地点采用凝胶防火时，压注的凝胶必须充填满全部空间，其外表面应当喷浆封闭，并定期观测，发现老化、干裂时重新压注。

(三) 禁止使用含铵盐促凝剂凝胶材料。

【解读】 本条是关于采用凝胶防火的规定。

胶体是指含分散颗粒的尺寸在 1～100 nm(1 nm=10^{-9} m)的水溶液。在适当的条件下，溶胶或高分子溶液中的分散颗粒相互联结成为网络结构，水介质充满网络之中，使其成为失去流动性的半固体状态的胶冻，处于这种状态的物质称为凝胶。根据制备凝胶基料化学性质的不同，凝胶主要可分为无机凝胶和有机凝胶两大类。

无机凝胶主要由基料、促凝剂和水按照一定比例配置成水溶液发生凝胶作用而形成，胶体内充满着水分子和一部分其他物质，凝胶起框架作用，把易流动的水分子固定在凝胶内部。无机凝胶成本低，是凝胶防火的主要应用形式。

有机凝胶也称高分子凝胶。高分子凝胶是指分子量较高（通常为 10^4～10^6）的一类高分子化合物的溶液。这种高分子化合物吸水能力很强，与水接触后，短时间内溶胀且凝胶化，最高吸水能力可达自身重量的千倍以上。目前用于矿井的高分子防灭火材料以聚丙烯酰胺、聚丙烯酸钠为主要成分。

（1）选用的凝胶及制备凝胶的材料应为环境友好型，对人体无害。以铵盐作为促凝剂的无机凝胶，虽然具有成本低、成胶效果好的特点，但铵盐在低温下容易分解，具有很大的刺激性气味，对井下工人的健康有危害，应禁止使用含铵盐促凝剂凝胶材料。

采用无机凝胶防火时，凝胶中的基料和促凝剂的配比影响凝胶成胶时间。矿井灭火一般选择成胶时间在几十秒到十分钟之间的原料，根据不同的使用条件，要求胶体有不同的成胶时间。用于封闭堵漏和扑灭高温火源点，其成胶时间应控制在混合液体喷出枪头 30 s 内；用于阻化浮煤自燃的成胶时间应控制在混合液体喷出枪头 5～10 min。凝胶的配方影响成胶时间与流动特性，是影响实施凝胶防灭火效果的主要因素之一。

（2）凝胶具有较好的密封性和较快的凝固性等特点，应用于较小空间或裂隙地点发火隐患治理时可达到较好效果。在煤巷高冒区、局部有自燃危险煤柱裂隙和空洞等地点采用凝胶防火时，压注的凝胶必须充填满全部空间，实施过程中必须对凝胶的配比、压注数量和促凝时间等参数的选用进行合理的计算。对凝胶防火区域的外表面应当喷浆封闭，减少凝胶与空气的接触，防止凝胶过早出现老化、干裂、漏风的情况，当发现凝胶干裂、漏风增加时应重新压注。

【案例 4-4】 山东省某矿 1308 工作面开采深度超过一900 m，工作面走向长 1 008 m，倾斜长 123 m，开采面积 12.43 万平方米，平均煤层厚度 7.03 m，纯煤厚 6.88 m。自燃发火期为 57 d，易自燃。平均地温梯度为 3.01 ℃/100 m，处于二级高温区。该矿选用凝胶防火技术防止撤面期间的自然发火。

采用大系统注胶工艺，对停采面架后采空区压注凝胶。注胶钻孔的位置在回风巷、运输巷端头各 20 个支架处以及回风巷端头。注胶后，对回风隅角和 24—25、39—40、54—55、69—70 架的 4# 测点（4# 测点为工作面支架后尾梁位置）以及束管监测、收集到的数据进行分析。监测表明 CO 浓度和温度发生了显著的降低，这表明凝胶防火技术在 1308 工作面取得了较好的应用效果，如图 4-19和图 4-20 所示。

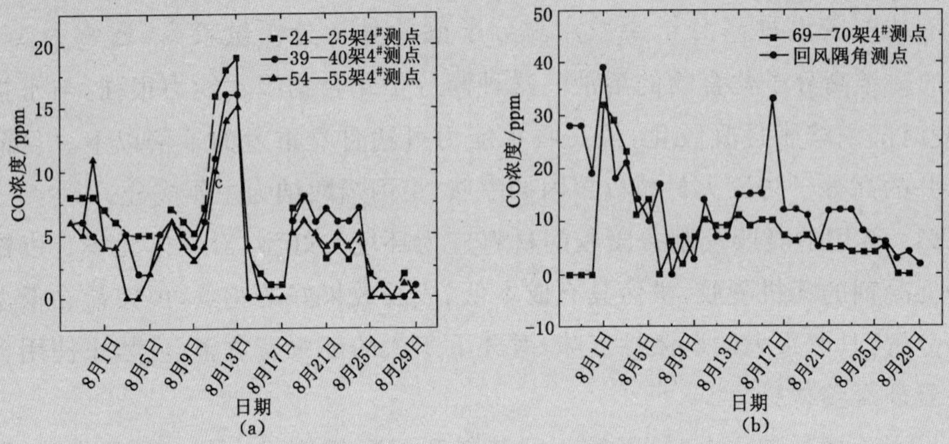

图 4-19　注胶后各气体检测孔 CO 浓度变化折线图

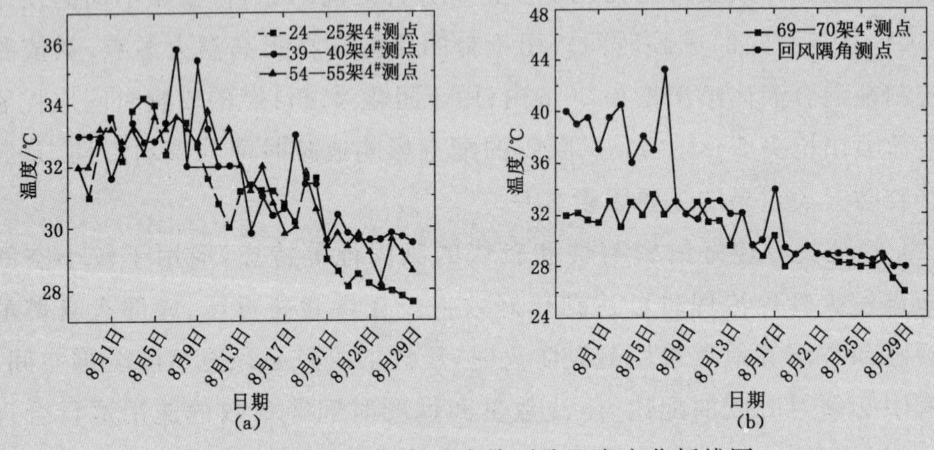

图 4-20　注胶后各温度检测孔温度变化折线图

第八十二条　采用三相泡沫防火时，应当遵守下列规定：

（一）制备三相泡沫的浆液水土（灰）比宜为 4∶1～6∶1。

（二）气源可采用氮气或者空气。气源进入发泡器入口的压力应当大于该点至灌注点间的泡沫流动阻力，且不低于 0.2 MPa。

（三）发泡剂不得具有可燃性、助燃性、毒性、辐射性、刺激性等。

（四）走向长壁采煤工作面可在标高较高的巷道进行灌注，倾斜条带采煤工作面可在进、回风巷同时灌注，巷道高冒区可采用钻孔灌注。

【解读】 本条是关于采用三相泡沫防火技术的规定。

三相泡沫防火技术指的是将固、液、气三相介质发泡后形成的大量泡沫注入火区或采空区，覆盖在浮煤上，起到降温、隔氧，有效抑制煤炭的氧化自热的目的。

三相泡沫制备流程：在制浆站中将一定比例的水与粉煤灰或黄泥混合形成的浆液送到注浆管路中；通过定量螺杆泵将发泡剂注入注浆管路中；浆液与发泡剂在混合器中充分搅拌混合后进入发泡器，在发泡器中接入氮气管路，使气体与粉煤灰或黄泥浆液相互作用产生高倍数的三相泡沫。三相泡沫在使用过程中，发泡剂的添加十分灵活，可以根据现场情况的需要，采取井下添加或者地面添加的方式。

(1) 制备三相泡沫浆液的水土（灰）比。因为粉煤灰或黄泥浆液的浓度越大，颗粒越密集，则生成的膜越致密，生成泡沫的膜也就越坚固。三相泡沫浆液浓度越大，泡沫稳定性越高。但浆液浓度大到一定程度后，成泡前浆液输送过程中易沉淀，且导致发泡剂的添加比例也会比较大。因此，在现场的应用过程中，制备三相泡沫的浆液水土（灰）比宜为 4∶1～6∶1。

(2) 制备三相泡沫的气源及压力。三相泡沫的气相可以采用空气、氮气等不溶于水或较难溶于水的气体。从防火效果来讲，氮气三相泡沫要比空气三相泡沫的防火效果好。因为空气中含有 21%的氧气，采用空气可能会给采空区带进一定量的氧气。因此，在矿区有氮气的情况下应首选氮气作为气源。一方面氮气是一种惰性气体，除非在特殊的条件和有催化剂的参与下，否则很难与其他物质发生反应，因此本身就是一种很好的防灭火材料；另一方面它可以作为载体，将大量的粉煤灰或黄泥输送到采空区。为确保氮气或空气能够充分进入发泡器，气源进入发泡器入口的压力应当大于该点至灌注点间的泡沫流动的阻力，且不低于 0.2 MPa。此处，发泡器至灌注点间的泡沫流动的阻力可根据泡沫的黏度、泡沫流量、管道长度与管道摩擦阻力系数进行计算。

(3) 三相泡沫发泡剂的相关规定。作为一种防灭火材料，三相泡沫的发泡剂首先不得具有可燃性、助燃性；另外，为了不对井下环境和工人健康带来威胁，三相泡沫的发泡剂不应具有毒性、辐射性和刺激性。

(4) 三相泡沫的应用工艺。采用三相泡沫防火时，为了获得较大的覆盖范围，走向长壁采煤工作面可在标高较高的巷道进行灌注，倾斜条带采煤工作面可在进、回风巷同时灌注，巷道高冒区可采用钻孔灌注。

【案例 4-5】 走向长壁工作面采空区煤层自燃防治。

(1) 工作面概况

大兴矿位于东北地区，是一座年设计生产能力为 380 万 t 的特大型矿井。该矿开采的 $N_2$703 综放工作面位于北二采区中部，工作面回风巷长 1 431 m，运输巷长 1 411 m，倾斜宽 160 m，工作面面积 227 360 m^2。煤层以气煤为主，煤层厚度 5.60～9.88 m，平均煤厚 7.81 m，整个工作面设计采出率为 85%，采区设计采出率为 75.14%。煤层倾角为 15°～25°，工作面小断层构造多，裂隙较发育，漏风较严重。煤层属于易自燃煤层，自然发火期为 1～3 个月，最短为 18 d，该工作面周围与四个采空区相连，自然发火情况相当严重。

(2) 应用过程

$N_2$703 综放工作面于 2004 年 9 月 22 日开始开采，工作面采空区于 10 月 25 日起开始出现大量 CO，26 日开始出现 C_2H_4，情况十分危急，此时工作面推进了 90 多米，无法准确判断高温火源点的位置。该矿决定采用注三相泡沫来防治采空区的煤炭自燃，以黄泥作为固相，井下抽到地面的废水作为液相。配制的浆液水灰比(质量比)大约为 4∶1，浆液每小时流量控制在 15～20 m^3/h，气量为 600 m^3/h，发泡剂为浆液量的 0.5%(质量百分比)。由于该工作面采用俯采，注三相泡沫的地点离工作面比离运输巷近得多，三相泡沫容易先从回风巷的后三角点喷涌而出。因此，在离工作面大约 10 m 处的采空区内先注砂形成一道砂墙，并于 2004 年 10 月 30 日开始大量注三相泡沫，持续 7 d。图 4-21 为其三相泡沫灌注点及泡沫扩散示意图。

(3) 应用效果

① 注三相泡沫情况

$N_2$703 综放工作面采空区从 2004 年 10 月 30 日到 11 月 5 日，连续 7 d 注入三相泡沫，共向采空区中注黄泥约 672 t，废水约 2 600 t，但是浆液几乎没有从采空区流出。11 月 5 日上午，可以从综放工作面支架后采空区各个地方的煤体裂隙中看到三相泡沫扩散出来，说明三相泡沫均匀充满了整个采空区，并进入了煤体的裂隙和漏风通道，有效地包裹了整个采空区低、高处的浮煤，封堵了采空区的煤体裂隙，有效地控制了采空区内的高温火源点。

② 取样孔参数变化情况

采用三相泡沫防火技术以后，$N_2$703 综放工作面采空区的高温火源点得到了有效控制，回风巷道和采空区 CO 浓度变化情况如图 4-22 所示。

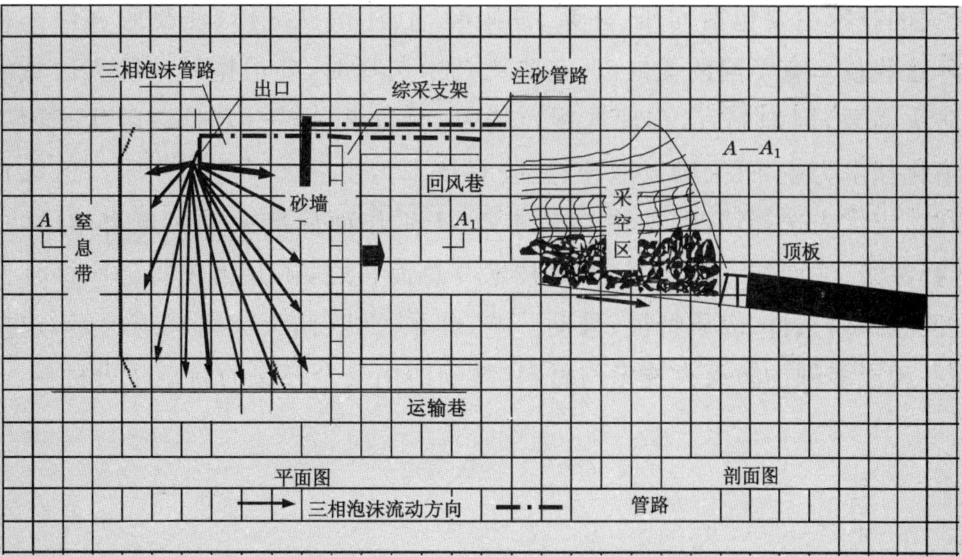

图 4-21　三相泡沫灌注点及泡沫扩散示意图

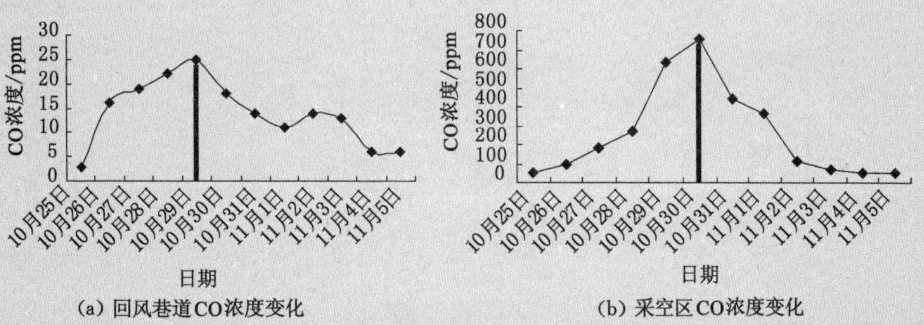

图 4-22　注三相泡沫后 CO 浓度变化趋势

（注：图中竖线位置为开始注三相泡沫）

可以看出，从开始注三相泡沫以来，回风巷和采空区内的 CO 浓度显著降低，采空区的隐蔽高温火源点得到了有效控制。三相泡沫在大兴矿的成功应用表明，三相泡沫不仅适用于扑救倾斜俯采综放工作面采空区的火灾，而且对位置无法准确探测的隐蔽火源，防灭火效果也十分显著。

第八十三条　煤矿应当综合考虑防火区域地质条件、煤质特征、采动影响等因素，根据防火需求选择适用的防灭火材料，确定其工艺参数，鼓励使用安全环保的新型防火材料。

【解读】　本条是关于综合防灭火技术的规定。

“预防为主、综合治理”是矿井火灾防治工作中的指导方针。目前，防治自燃火灾的技术主要包括均压、注浆、注阻化剂、注惰性气体、注凝胶和注三相泡沫等，这些技术有不同的优缺点，在防火技术选择时，要根据矿井防火区域的特点、防火需要，因地制宜，合理选用。其中，预防煤自燃主要是以阻化、灌浆、堵漏、惰化技术为主，灭火则以泡沫、注胶等技术为主。如对于封闭采空区煤自燃的预防，应优先选择堵漏、注惰性气体；对于工作面后部采空区煤自燃的防治，可选择注浆、注泡沫、注惰性气体等技术。总而言之，矿井火灾防治应综合考虑防火区域地质条件、煤质特征、采动影响、开采方式、防灭火需求等因素，选择适宜的一种或多种的防灭火技术与材料，鼓励使用安全环保的新型防火材料。

第五章　应 急 处 置

第一节　内因火灾处置

第八十四条　当井下自然发火监测数据出现异常，达到自然发火预警值或者出现自然发火预兆时，应当采取应急处置措施，并从预防措施设计、实施和现场管理等方面分析原因，改进措施，消除风险隐患。

【解读】 本条是关于井下自然发火监测数据出现异常时应当采取应急处置的规定。

(1) 煤矿自然发火监测系统一般由采样系统、样品分析系统和数据分析及报警系统组成。自然发火监测系统有效运行的前提是获得监测点可靠的气体信息。煤矿安全监测系统可以连续监测一氧化碳、二氧化碳、氧气等环境参数，根据这些环境参数的变化进行自燃预报，但存在传感器数量种类少、布置范围小和维护困难的不足。煤矿安全监测系统与煤炭自燃预报的束管监测系统相互配合使用，能更加有效地做好煤矿自然发火的监测及预测预报工作。

(2) 当井下自然发火监测数据出现异常，一氧化碳浓度达到自然发火预警值或者出现自然发火预兆时，应当采取应急处置措施。应急处置措施应包括两方面的内容：一是撤出相关人员，确保现场人员安全；二是查漏补缺，从预防措施设计、实施和现场管理等方面分析原因，看设计是否存在缺陷、是否存在不按设计实施运作的问题、现场是否存在管理漏洞。一旦存在上述漏洞或弊端，应立即改进完善措施，消除发生火灾的风险隐患。

【案例 5-1】 2008 年 9 月 20 日 3 时 30 分，某煤矿发生一起煤炭自燃火灾事故，造成 31 名矿工遇难。

1. 直接原因

该矿采取压入式通风，防灭火检测手段落后，未能及时发现煤炭自然发火征兆；易自燃煤层永久巷道锚喷封闭不严，存在自然发火条件；该矿进风井第四联络巷煤层自燃引发火灾事故。

2. 间接原因

(1) 该矿属于小煤矿,矿井主要负责人和其他安全生产管理人员日常安全管理松懈,安全意识淡薄,尤其缺乏防灭火安全意识,防灭火设施配备不到位。

(2) 该煤矿安全培训不到位,矿工不熟悉矿井避灾路线,缺乏自救、互救知识,导致事故扩大。

第八十五条 当井下发现自然发火征兆时,必须停止作业,立即采取有效措施处置。在发火征兆不能得到有效控制时,必须撤出人员,封闭危险区域。进行封闭施工作业时,其他区域所有人员必须全部撤出。

【解读】 本条是关于井下发现自然发火征兆时应采取应急处置的规定。

(1) 为了避免火灾产生的烟雾和有毒有害气体危及作业人员的生命安全,当井下发现自然发火征兆时,必须停止作业。按《煤矿安全规程》规定,采取相应的安全防范措施,待确认消除隐患后才能继续进行生产作业;如不采取措施继续生产建设的为重大事故隐患。因为煤氧化产生的热量需要一定的时间才能使煤着火,在刚发现自然发火征兆时,煤自燃火源强度较弱,此时必须立即采取有效灭火措施,控制火势;否则火势会迅速蔓延,造成更大的危害。

(2) 自然发火征兆,主要通过以下两个方面判断:

① 人体感知征兆,如煤、岩、空气和水的温度超过正常值,附近巷道湿度增大,附近巷道壁面和支架表面出现水珠(挂汗),巷道中有煤油、汽油、松节油和焦油等气味。

② 仪器检测征兆,如出现一氧化碳气体且其含量呈上升趋势,氧含量持续降低,出现其他有毒有害气体。

(3) 当井下发现自然发火征兆时,必须停止作业,立即采取有效措施处置。火区治理过程中,若温度及有毒有害气体浓度持续上升,火势得不到有效控制时,按照"以人为本、生命至上"的理念,必须及时撤出作业人员,并对危险区域进行封闭。自然发火征兆得不到有效控制时,已经说明主动的直接灭火措施失效,煤自燃朝向引起灾变的方向发展,此时该区域已经不具备继续生产的条件,应立刻启动下一步灭火措施,即封闭火区。

(4) 在封闭危险区域过程中,风流迅速减小,瓦斯浓度增大,发生瓦斯爆炸的可能性变大且爆炸强度未知。为防止灾害扩大化,其他区域所有人员必须全部撤出。

(5) 从危险区内撤出人员的安全措施:

危险区是指直接受威胁的发火地点及其邻近的地区,以及烟气流向风井所要经过的地区。因此,在这些地区工作的人员,除参加救灾工作的人员外,其余人员应当首先撤出。同时撤出随着火势发展可能发生风流逆转而有被烟气侵袭危险地区的人员。

① 按《矿井灾害应急预案》的要求,必须考虑到井下任何地点发生火灾时,撤出遇险人员最短、最安全的路线,向他们告知报警的方法,以及把他们送到安全地点的措施。

② 在撤退人员的路线上,必须加强支护,有适当的照明,并设置通往出口的避难硐室的路标,而且平时要使井下人员熟悉这些路线的所有井巷,所以要标明井巷名称。此外,每隔一定时间还必须告知这些路线的井巷的变化情况,并根据变化情况制定相应的撤退方法。

③ 矿井内发生火灾时,可用电话及照明等方式通知有关人员。安装电话的地点必须使所有井上人员都知道。照明信号一般采用多次切断照明电源的办法来通知有关人员。

④ 避险人员要迎着新鲜风流,选择安全的避灾路线,有秩序地撤离危险区,同时要注意风流的变化。当撤退路线已为火烟遮断,有中毒危险时,要立即佩戴自救器,尽快通过附近风门进入新鲜风流内。如确定无法撤退时,应进入附近硐室或筑建临时避难所等待救援;如该处有压风管路,应打开阀门或设法切开管路,放出压气维持呼吸。

⑤ 对独头掘进工作面,如发现烟气从风筒出风口排入工作面时,应立即将风筒出风口扎紧,截住烟气,撤出人员。当人员无法撤退时,应静卧在巷道中无烟处等待救援,并用衣物等在火烟可能侵入处做临时密闭隔离。

⑥ 在井下受烟气弥漫的地区内,如仍有人员未撤出,或无法知道他们是否撤出时,应考虑他们可能在现有避难硐室或筑建了临时避难所,所以不能中断送向这些地区的压风。

【案例 5-2】 2005 年 4 月 26 日 15 时,某煤矿施工立眼布置投产工作面时,井下安全员反映立眼温度高、有煤焦味,矿上并没有立即采取措施。18 时许,值班人员再次反映相同的问题,直到 21 时 10 分才采取相应的措施。6 个多小时的时间严重助长了火势的发展,失去了最佳的灭火时机。27 日凌晨 2 时左右,立眼烧垮,积聚在老火区内大量有害气体、烟雾扩散至进风流,蔓延到−250～

—180 m的所有巷道，导致35人中毒死亡。因此，当井下发现自然发火征兆时，必须停止作业，在自然发火初始阶段采取有效措施进行处理。

第八十六条 采空区自燃火灾处置，应当符合下列规定：

（一）采空区发生自燃火灾时，应当视火灾程度、灾区通风和瓦斯情况，立即采取有效措施进行直接灭火。当直接灭火无效或者采空区有爆炸危险时，必须撤出人员，封闭工作面。

（二）采煤工作面采空区发生自燃火灾封闭后（或发生自燃火灾的其他密闭区），应当采取措施减少漏风，并向密闭区域内连续注入惰性气体，保持密闭区域氧气浓度不大于5.0%。

（三）为加速封闭火区熄灭，在火源位置分析或探测的基础上，可在地面或者井下施工钻孔，或者利用预埋管路向火源位置注入灭火材料。

（四）灭火过程中应当连续观测火区内气体、温度等参数，考察灭火效果，完善灭火措施，直至火区达到熄灭标准。

【解读】 本条是关于采空区发生自燃火灾应急处置的规定。

1. 采空区发生自燃火灾的初期，应该采取一切可能的办法进行直接灭火，迅速控制火势。此时，若人员弃火逃跑贻误灭火良机，一旦火势蔓延，灭火难度会更大，甚至会酿成重特大事故。因此，采空区发生自燃火灾时，应当根据火灾性质、火灾程度、灾区通风和瓦斯情况做出判断。具备直接灭火条件的，应当立即采取一切可能的办法直接灭火并迅速报告调度室。

发生火灾时，首先要保障人员的生命安全，受火灾威胁地区的人员如果不能及时撤离就可能受到伤害，造成重大的人员伤亡。因此，当直接灭火无效或者采空区有爆炸危险时，必须撤出人员，封闭工作面。

2. 氮气是一种不自燃也不助燃的惰性气体。采用注氮防灭火，能够降低惰化空间内的氧气浓度，抑制遗煤氧化自燃，促进火源窒息，并降低惰化空间内气体的可燃、可爆性；同时能够使防灭火区域形成正压，有效减少防灭火区域的漏风。由于采空区范围广且氮气易随漏风流泄漏，必须长时间连续注氮才能达到预期效果，因此采用氮气防灭火时，氮气源必须稳定可靠，能够以一定流量长时间持续稳定地制备浓度达标的氮气。同时，应加强密闭区域漏风通道的排查，发现漏风隐患必须及时处理、封堵。减少漏风（压差）的措施包括：合理确定通风系统；合理设置通风设施；注凝胶等充填材料。

氧气是燃烧三要素之一,因此注入的氮气浓度会影响其防灭火效果。当氮气浓度较低时,氧气浓度偏高,不仅不能熄灭火源,反而会继续支持火源发展,因此,注入氮气浓度越高越好。从经济层面以及煤矿井下防灭火实际出发,向密闭区域注入的氮气浓度不得小于97%。需要指出的是,虽然注氮能够形成窒息环境、控制火势发展,却不能有效消除高温点。因此,采煤工作面采空区发生自燃火灾封闭后(或发生自燃火灾的其他密闭区),应当采取措施减少漏风,并向密闭区域内连续注入惰性气体,保持密闭区域氧气浓度不大于5.0%。

3. 灌浆防灭火的作用为:浆液充填煤岩裂隙及其孔隙的表面,增大氧气扩散的阻力,减小煤与氧气的接触和反应面;浆水浸润煤体,增加煤的外在水分,吸热冷却煤岩;加速采空区冒落煤岩的胶结,增加采空区的气密性。灌浆防灭火的实质是抑制煤在低温时的氧化速度,延长自然发火期。

目前采用的灌浆方法主要有以下几种:

(1) 钻孔灌浆。在煤层底板的集中运输巷或回风巷道或专门开掘的灌浆巷道内,每隔一定距离(10～15 m)向采空区打钻灌浆。

(2) 埋管灌浆。把灌浆管铺设在工作面的回风道内。工作面放顶前,在回风巷的灌浆支管上接一段预埋钢管(10～15 m),预埋管和支管之间用高压胶管连接。工作面放顶后始终保持预埋管压在采空区内5～8 m,预埋管用回柱绞车拉着外移。

这种方法的优点是简便,工作量小,但缺点是浆液在采空区内流动情况难控制,浆液在采空区分布不均匀,当工作面倾斜长度大时,灌浆效果差。

(3) 工作面洒浆。为了保证灌浆质量,对于自然发火危险性较大的工作面,应在埋管灌浆的同时向采空区喷洒灌浆。其方法是,工作面放顶之前,从回风巷灌浆管上接出一根预埋浆管,沿倾斜方向分段向冒落区里喷洒泥浆。

4. 火区管理。

火区封闭后,配合灭火工作的进行,日常对火区所进行的观察、检测、资料分析整理等工作,统称为火区的管理。具体内容有以下几个方面:

(1) 建立火区档案。

矿井通风部门对火区实行统一编号,建立火区档案,加以保存。火区档案的内容如下所列:

① 建立火区卡片,详细记录发火日期、发火原因、火区位置、范围。

② 处理火灾时的领导机构人员名单。

③ 灭火过程及采取的措施。

④ 发火地点的煤层厚度、煤质、顶底板岩性、瓦斯涌出量、火区封闭煤量等。

⑤ 生产情况，如采区范围、采出率、采煤方法、回采时间。

⑥ 发火前、后气体分析情况和温度变化情况。

⑦ 发火前、后的通风情况（风量、风速及风向）。

⑧ 绘制矿井火区示意图。以往所有火区及发火地点都必须在图上注明，并按时间顺序编号。注明灌浆钻孔布置以及火区外围风流方向、通风设施等内容，并绘制必要的剖面图。

⑨ 永久密闭的位置和编号、建造时间、材料及厚度等。

火区管理卡片由矿井通风部门负责填写，并装订成册，永久保存。每一次发火还应在矿井通风系统图上标明火源位置、发火日期。待火区注销后，应注上火区注销的日期。

（2）防火墙管理。

① 每个密闭墙附近必须设置栅栏，禁止人员入内，并悬挂说明牌，牌上记明密闭墙建造日期、材质、厚度，密闭墙内外的气体成分、温度、空气压差、测定日期和测定人员姓名。

② 密闭墙外的空气温度、瓦斯浓度、密闭墙内外空气压差以及密闭墙墙体本身，都必须每天检查 1 次，所有检查结果必须记入记录簿。发现急剧变化时，每班至少检查 1 次。

③ 密闭墙的严密性在很大程度上决定封闭火区的成效，所以密闭墙管理除了建立检查、观测、警戒制度外，还应加强严密性检查。密闭墙要用石灰水刷白，以便发现是否有漏风的地方。由密闭墙发出的“咝咝”声也可以作为密闭墙漏风和渗出火灾瓦斯的征兆。凡是漏风的地方，立即用黏土、灰浆等封堵。

④ 不管是进风侧密闭墙，还是回风侧密闭墙，在外部都应保持良好的通风，只有携带安全仪器的人员才允许进入该区进行观测和检查。

（3）火区检查。

为了掌握火区的变化情况，应当定期检查火区内的气体成分和温度。火区气体的采样地点应当选在火区回风侧密闭墙处，通过密闭墙上的观测管采集气体试样。若密闭墙离火源较远，可在靠近火源位置打观测孔。火区距地表深度不大时，也可利用地面钻孔观测。采样应定期进行，在火区尚未稳定的阶段，每天检查采样 1 次，以后可每 3 d 或每 7 d 检查采样 1 次。火区的检查和采样由专职人员或救护队人员承担。采样时，在采样地点应对容器进行气体清洗，每次采样的位置应保持一致。气样出井后要及时化验分析，以免出现人为误差。火区温度的测定，通常是测定火区气体温度及出水温度，可在气样采取时进行测温。采用矿用温度测定仪时，可利用地面或井下观测孔进行远距离测温。应及时整理火区内气体成分和温度的资料，绘制气体成分、温度变化曲线，分析火情趋势。如有恶化现象，应查找原因，采取有效措施。

5. 火区同时具备下列条件时，方可认为火已熄灭：

(1) 火区内的空气温度下降到 30 ℃以下，或者与火灾发生前该区的日常空气温度相同。

(2) 火区内空气中的氧气浓度降到 5.0％以下。

(3) 火区内空气中不含有乙烯、乙炔，一氧化碳浓度在封闭期间内逐渐下降，并稳定在 0.001％以下。

(4) 火区的出水温度低于 25 ℃，或者与火灾发生前该区的日常出水温度相同。

(5) 上述 4 项指标持续稳定 1 个月以上。

【案例 5-3】 2003 年 2 月 1 日 6 时，某煤矿 21181 综放工作面在生产期间发生了一起瓦斯燃烧事故，引燃液压支架顶部和采空区的瓦斯，导致工作面煤体燃烧，工作面被迫封闭。

事故原因如下：

(1) 移架工素质低，在第 65 架拉移困难时，明知顶梁上面有工字钢，对可能产生火花认识不到，没有通知瓦斯检查工检查瓦斯，就强行移架。支架与工字钢摩擦火花点燃了顶梁处的瓦斯，是造成这起事故的直接原因。

(2) 作业现场生产组织安全管理混乱。火情出现后，组织灭火工作十分不力，贻误最佳灭火时机，造成火灾扩大，是导致事故发生的主要原因。

(3) 上副巷防灭火注浆管路拆除后未及时恢复，导致火灾发生后，上副巷灭火水路不通，仅靠下副巷防尘水管灭火，水量供应不足，灭火工作难以有效实施，是导致火灾扩大、造成封闭工作面的重要原因。

(4) 该工作面开切眼处煤层厚度达 25 m，煤层瓦斯储存量大，工作面采动后，瓦斯沿采动裂隙大量涌出，积聚在液压支架顶梁处，是造成瓦斯燃烧事故的又一客观原因。

(5) 灭火水源供给不足。消防水取自井下排水系统，属循环供水，在井下发生灾情需要大量用水时，水源供给不足，是导致事故扩大的另一原因。

【案例 5-4】 2013 年 8 月 27 日，某煤矿 W4204 工作面采空区遗煤自燃，之后在上下工作面巷道施工密闭墙进行封闭。自 8 月 28 日开始实施封闭注氮，氮气浓度大于97%。注氮长达5个多月后，于2014年2月8日启封；但2月14日中班发现在44号掩护支架靠采空区侧有烟雾涌出，立即重新进行了封闭。长达5个多月的注氮并没有使火源彻底熄灭，导致启封后火区快速复燃，因此，对一些特殊煤层实际采用氮气灭火时注入的氮气浓度最好不小于99%。采空区遗煤自燃应选择降温能力强的液体灭火介质，以实现采空区隐蔽火源的快速、彻底熄灭。

第八十七条　巷道高冒区、煤柱(煤壁)破碎区自燃火灾处置，应当符合下列规定：

(一) 采取下风侧撤人，上风侧封堵、注水、注浆(胶)等直接灭火措施进行灭火。当火情不能有效控制时，立即对火区区域进行封闭。

(二) 火区封闭后，应当采取措施减少漏风，并向封闭区内连续注入惰性气体，保持封闭区域氧气浓度不大于5.0%。

(三) 为加速封闭火区熄灭，可向火区施工钻孔注入灭火材料。

(四) 灭火过程中应当连续观测火区内气体、温度等参数，考察灭火效果，完善灭火措施，直至火区达到熄灭标准。

【解读】 本条是关于巷道高冒区、煤柱(煤壁)破碎区自燃火灾处置的规定。

(1) 发生火灾时，首先要保障人员的生命安全，受火灾威胁地区的人员如果不能及时撤离就可能受到伤害，造成重大的人员伤亡。因此，采取下风侧撤人，上风侧封堵、注水、注浆(胶)等直接灭火措施进行灭火，当火情不能有效控制时，立即对火区区域进行封闭。

(2) 氮气是一种不自燃也不助燃的惰性气体。采用注氮防灭火，能够降低惰化空间内的氧气浓度，抑制遗煤氧化自燃，促进火源窒息，并降低惰化空间内气体的可燃、可爆性；同时能够使防灭火区域形成正压，有效减少防灭火区域的漏风。由于巷道高冒区、煤柱(煤壁)破碎区范围广且氮气易随漏风流泄漏，必须长时间连续注氮才能达到预期效果，因此采用氮气防灭火时，氮气源必须稳定可靠，能够以一定流量长时间持续稳定地制备浓度达标的氮气。同时，应加强密闭区域漏风通道的排查，发现漏风隐患必须及时处理、封堵。减少漏风(压差)的措施包括：合理确定通风系统；合理设置通风设施；注凝胶等充填材料。

从经济层面以及煤矿井下防灭火实际出发，向密闭区域注入的氮气浓度不得小于97%。需要指出的是，虽然注氮能够形成窒息环境、控制火势发展，却不能有效消除高温点。因此，火区封闭后，应当采取措施减少漏风，并向封闭区内连续注入惰性气体，保持封闭区域氧气浓度不大于5.0%。

(3) 灌浆防灭火的作用为：浆液充填煤岩裂隙及其孔隙的表面，增大氧气扩散的阻力，减小煤与氧气的接触和反应面；浆水浸润煤体，增加煤的外在水分，吸热冷却煤岩；加速采空区冒落煤岩的胶结，增加巷道高冒区、煤柱（煤壁）破碎区的气密性。灌浆防火的实质是抑制煤在低温时的氧化速度，延长自然发火期。

(4) 火区的日常管理。火区封闭后，必须加强管理，不能一闭了之，要经常观察和测量，了解火区的情况，判断火区是否熄灭。具体工作如下：

① 建立火区卡片。卡片上要详细记录发火日期、原因、位置、火区的处理过程，要附有原始的矿井通风系统图或采区巷道布置图及相关的通风设施，由通风部门建立档案。

② 防火墙管理。对于井下的防火墙都要进行编号，方便管理，记录防火墙壁的厚度、位置，与矿井的通风系统图相一致。防火墙前要设栅栏，悬挂警标，禁止人员入内。防火墙外要悬挂管理牌板，标明防火墙内外的瓦斯和一氧化碳浓度、温度及测定日期和测定人员的姓名。

③ 火区的检查。刚封闭的火区，要进行连续的检查，稳定以后，每天检查1次。瓦斯浓度急剧变化时，每班检查1次火区，所有检查记录经整理后，都要记入防火记录本中。

如果发现防火墙封闭不严或其他问题及有害气体浓度变化时，要采取措施，及时处理。

(5) 火区同时具备下列条件时，方可认为火已熄灭：

① 火区内的空气温度下降到30 ℃以下，或者与火灾发生前该区的日常空气温度相同。

② 火区内空气中的氧气浓度降到5.0%以下。

③ 火区内空气中不含有乙烯、乙炔，一氧化碳浓度在封闭期间内逐渐下降，并稳定在0.001%以下。

④ 火区的出水温度低于25 ℃，或者与火灾发生前该区的日常出水温度相同。

⑤ 上述4项指标持续稳定1个月以上。

第八十八条　地面矸石山自燃火灾处置，应当遵守下列规定：

（一）采用物探或者钻探方式，分析矸石山火区分布范围。

（二）采用整体搬迁、局部剥挖、蓄水渗灌、钻孔注浆方法进行灭火降温。

（三）灭火过程中应当制定防止爆炸措施。

（四）灭火完成后，应当对矸石山进行封堵覆盖。

【解读】 本条是关于地面矸石山自燃火灾处置的规定。

（1）煤矸石中含有的残煤、碳质泥岩、碎木材等可燃物质，在长期露天堆积后，会发生自燃现象，能够引发爆炸现象，给矿区带来巨大的经济损失。煤矸石自燃过程中排放出大量的一氧化碳、二氧化碳、二氧化硫、硫化氢等有毒有害气体，严重影响矿区周围环境。因此，矸石山火灾的危害是巨大的，应加强对矸石山自然发火的预防和治理。

（2）矸石山自燃条件。

煤矸石山发生自燃须具备以下条件：

① 煤矸石具有自燃倾向性。

② 有连续的氧气供给。

③ 有热量积聚的环境。

④ 以上条件应维持足够时间以达到自燃点。

其中，条件①为煤矸石发生自燃的内部特征，条件②、③为其自燃的外部条件。煤矸石中的可燃物主要是黄铁矿和煤，而氧气及热量积聚的环境，与其堆积结构有关。矸石山在自然堆放（平地或顺坡堆放）过程中，均会发生粒度偏析，在矸石山内产生“烟囱效应”。氧化产生的热量，一部分由“烟囱效应”随空气带出，另一部分则积聚在矸石山中。当某一局部温度达到自燃点时便引起自燃，且逐步向四周蔓延。

（3）矸石山自燃灭火方法主要有覆盖隔绝法、分层堆放法、推平压实法、挖沟灌注法、挖掘熄灭法、表面喷浆法、注浆熄灭法等。

（4）采用物探或钻探方式，掌握矸石山火区分布情况，为治理矸石山自燃灾害，消除火灾事故提供了科学依据。

（5）整体搬迁矸石山，彻底消除自燃根源，能改善矿区周围环境和解除了矸石山火灾险情。局部剥挖自燃的火源，控制火势发展，也能起到灭火作用。采用蓄水渗灌、钻孔注浆时，水或浆液渗透到矸石内部时，遇到高温矸石迅速汽化，带走矸石内部大量热量，使矸石迅速降温，达到灭火降温效果。

（6）利用挖沟灌注法、蓄水渗灌法、表面喷浆法、注浆熄灭法等方法灭火时，水或浆液与高温燃烧物反应过程中会产生高能热量，遇到高温明火会出现急剧汽化的现象，引起水煤气爆炸，因此，采用上述方法灭火应制定防止爆炸的安全措施。

(7) 灭火完成后，矸石山内部尚有余热。为防止“死灰复燃”带来新的火灾隐患，在矸石山表面铺土、压实，隔绝空气进路；或采用浆液对矸石山进行封堵覆盖，彻底根除自燃火源。

【案例 5-5】 2005 年 5 月 15 日 19 时 40 分和 5 月 16 日 1 时 6 分，某煤矿矸石山先后发生两次自燃崩塌灾害，共造成 8 人遇难，123 人受伤，其中 6 人伤势较重，15 人因吸入热气流导致呼吸道受伤，手术处理后疗效明显，伤情稳定好转，直接经济损失约 1 000 万元。

1. 事故原因

(1) 由于矸石山内部长期自燃，积蓄大量热能，骤降暴雨时大量雨水注入火区，致使内部高温矸石遇水后发生物理化学反应：① 高温使大量雨水变成水蒸气，使矸石山内部的压力迅速增高；② 根据矸石燃烧后出现的铁红色现象分析，矸石山内部的温度至少达到 800 ℃，因此，当雨水注入矸石山后，部分水分解，与 CO、H_2S 等气体混合产生爆炸，加之其他原因，导致矸石山崩塌、喷发。

(2) 第一次崩塌后，矸石山局部表层被剥离，内部高温矸石与大气大面积接触，燃烧加剧，5 h 后暴雨又一次骤降，致使矸石山上部的能量再次聚积，产生第二次喷发。

2. 事故教训与对策

本次矸石山自燃崩塌灾害的教训是：煤矿矸石山自燃崩塌灾害在国内外曾经有所发生，但对其发生机理、预防及治理方法等还有待于深入研究。为防止类似灾害发生，提出如下对策建议：

(1) 对自燃矸石山通过清除火源、降温、隔氧等途径进行综合治理，具体方法包括挖掘熄灭法、表面封闭法(覆盖法)、喷浆法、灌注法、深部注浆法、推平压实法等。

(2) 采用石灰乳灭火，可利用石灰中所含的 CaO 在遇水后生成的 $Ca(OH)_2$ 与煤矸石自燃产生的 SO_2、CO_2 等有害气体生成不溶于水的 $CaSO_4$、$CaCO_3$ 等，而且在高温下，$Ca(OH)_2$ 能与矸石中的 Al_2O_3、Fe_2O_3 等形成的胶体状物质同前述盐类形成一层较致密的隔氧层，达到灭火的目的。通过覆盖，一方面降低矸石的透气性、供氧量，另一方面可防止煤矸石自燃后的蔓延扩大。

(3) 对已发生自燃的矸石山,在初期发生局部自燃时,可采取挖掘法处理,清除自燃体,防止自燃蔓延扩大。

(4) 在矸石山上可采用深孔注入 MEA-Ⅰ等灭火材料进行灭火,然后采用注入黄土、石灰浆或乙炔渣与粉煤灰等混合浆液,以隔绝供氧,防止复燃。严禁直接注入大量清水灭火。

(5) 保持矸石山的自然稳定。国内外资料表明,矸石堆放的自燃安息角一般为 38°~40°,如果矸石山堆积过高、坡度过大或受到人为开挖,当受到暴雨侵蚀、产生内部高压时,容易形成崩塌、滑坡、渣石流等灾害。因此,应注意避免上述现象出现。

(6) 对正在自燃的矸石山,应建立预警制度,在矸石山一定范围内设置警戒线,警戒范围内不得有工业和民用建筑,无关人员不得入内。

第二节 外因火灾处置

第八十九条 任何人发现井下火灾时,应当视火灾性质、灾区通风和瓦斯情况,立即采取一切可能的方法直接灭火,控制火势,并迅速报告矿调度室。矿调度室在接到井下火灾报告后,应当立即按灾害预防和处理计划通知有关人员组织抢救灾区人员和实施灭火工作。

矿值班调度和在现场的区、队、班组长应当依照灾害预防和处理计划的规定,将所有可能受火灾威胁区域中的人员撤离,并组织人员灭火。电气设备着火时,应当首先切断其电源;在切断电源前,必须使用不导电的灭火器材进行灭火。

抢救人员和灭火过程中,必须指定专人检查甲烷、一氧化碳、煤尘以及其他有害气体浓度和风向、风量的变化,并采取防止瓦斯、煤尘爆炸和人员中毒的安全措施。

【解读】 本条是关于任何人发现井下发生火灾时,对灾情应急处置的规定。

(1) 火灾现场应急处置措施:

① 在发现火源时,现场人员应利用附近灭火器材积极扑灭初期火灾,并迅速向调度室报告。在火灾难以控制时应立即佩戴自救器,按照火灾事故的避灾路线,迅速撤出灾区直至地面。

② 在撤离受阻时应戴好自救器，选择最近的避难硐室或临时避险设施待救。

③ 带班领导和班组长负责组织灭火、自救互救和撤离工作。采取措施控制事故的危害和危险源，防止事故扩大。

(2) 矿井应急处置要点：

① 调度室接到事故报告后，必须立即发出警报，通知灾区和可能受威胁区域的人员撤出。在判断受威胁区域时，要充分考虑到矿井外因火灾发展迅速、火烟蔓延速度快的特点，要估计到火势失去控制后可能造成的危害。严格执行抢险救援期间入井、升井制度，安排专人清点升井人数，确认未升井人数。

② 通知相关单位，报告事故情况。第一时间通知矿山救护队出动救援，通知当地医疗机构进行医疗救护，通知矿井主要负责人、技术负责人及各有关部门相关人员开展救援，通知可能波及的相邻矿井和有关单位，按规定向上级有关部门和领导报告。

③ 要抓住火灾初期容易控制、容易扑灭的有利时机，尽快采取措施灭火和控制火势发展，防止灾情扩大。迅速组织开展救援工作，积极抢救被困遇险人员。

④ 保持风机正常运行，维护通风系统稳定。

(3) 矿井火灾从发生到蔓延扩大需要一定的时间。在矿井火灾发生的初期，应该采取一切可能的办法进行直接灭火，迅速控制火势。此时，若现场人员弃火逃跑贻误灭火良机，一旦火势蔓延，灭火难度会更大，甚至会酿成重特大事故。因此，井下任何人发现火灾时，应根据火灾性质、灾区通风和瓦斯情况做出判断。具备直接灭火条件的，应当立即采取一切可能的办法直接灭火并迅速报告调度室。矿调度室在接到井下火灾报告后，应当立即按灾害预防和处理计划通知有关人员组织抢救灾区人员和实施灭火工作。矿调度室和在现场的区、队、班组长应依照灾害预防和处理计划的规定，将所有可能受火灾威胁区域内的人员撤离，并组织人员灭火，这是处理灾害时的基本原则，即“先救人，后救灾”。特别是在处理高瓦斯矿井火灾时，关于“救人”和“救灾”的顺序是有过沉痛教训的。

(4) 在发生火灾时，首先要保障人员的生命安全，受火灾威胁地区的人员如果不能及时撤离就可能受到伤害，造成重大的人员伤亡。因此，在直接灭火工作中，应当保留直接灭火所需的人员力量，全面撤离灾区极有可能波及区域内的其他人员，最大限度避免潜在的人员伤亡。在电气设备着火时，必须先切断其电源，防止电气火灾事故扩大和救火时发生触电伤人事故。如果在断掉电源前用导电的器材进行灭火，不仅不能安全、快速、有效地扑灭火灾，还可能由于灭火器材导电（譬如直接用水灭火时），造成意外的人身触电伤亡事故。

(5) 在抢救人员和灭火过程中，检查甲烷、一氧化碳、煤尘、其他有害气体浓度和风向、风量的变化，不仅可以给救援决策提供有关依据，便于科学采取安全救援的措施，而且可以保障救灾过程中人员的安全。采取防止瓦斯、煤尘爆炸和人员中毒的安全措施，例如：直接灭火过程中保持正常的风流供给，防止瓦斯积聚；停止作业，灭火同时向积尘、扬尘区域洒水，防止煤尘飞扬；人员只准在火源上风侧灭火，用湿毛巾捂住口鼻，避免火灾有毒烟气对人体的侵害等。

【案例 5-6】 某煤矿入风井电缆着火引燃木棚熏人事故。2003 年 5 月 18 日 11 时，该矿一段水泵工兼蹬钩工张某正在一段车场挂车准备打点提车，忽然听到附近传来“轰隆”一声巨响。他抬头一看，发现一段车场附近的 QL83-80 开关处的电缆着火了，随即引燃了木棚。事故造成 6 人因一氧化碳中毒时间过长而死亡。

这起事故的原因是变压器输出端电缆直接入井，未设变压器馈电保护，用电负荷过大造成电缆短路。火灾发生后，最关键也是最重要的就是怎么组织抢救受火烟威胁的人员。而从这起事故来看，从上到下都在考虑灭火，谁也没有考虑怎么救人。如果在灭火的同时，能够采取一些措施，改变自然风压的方向，如加高立井井口标高，或将风筒顺入立井筒内，接上局部通风机，强制供风，都可以收到很好的效果。

【案例 5-7】 某煤矿在处理西石门－140 m 水平采区变电硐室着火时，从发现变电硐室起火到变压器爆炸，泵房断电长达 1 h，但这期间没有将人员及时撤出，最终因灾害扩大导致 15 人死亡。

这起事故造成 15 人遇难的主要原因是违反了“先救人，后救灾”的救灾基本原则。因此，一旦发生火灾，必须首先要保障人员的生命安全，受火灾威胁地区的人员如果不能及时撤离就可能受到伤害，造成重大的人员伤亡。在直接灭火工作中，应当保留直接灭火所需的人员力量，全面撤离灾区极有可能波及区域内的其他人员，最大限度避免潜在的人员伤亡。

第九十条　处理矿井火灾应当了解下列情况：

（一）发火时间、火源位置、燃烧物、火势大小、波及范围、遇险人员分布情况。

（二）灾区有毒有害气体情况、通风系统状态、风流方向及变化可能性、煤尘爆炸性。

（三）巷道围岩、支护情况。

（四）灾区供电状况。

（五）灾区供水管路、消防器材种类及数量。

【解读】 本条是关于处理矿井火灾应了解情况的规定。

（1）处理矿井火灾事故原则：

① 在处理矿井火灾时，矿山救护队在下井前，首先应向矿井指挥部了解发火时间、发火原因、火源位置、火势大小、波及范围、遇险人员分布情况，灾区瓦斯情况、通风系统状态、风流方向、煤尘爆炸性，巷道围岩、支护情况，灾区供电状况，灾区供水管路、消防器材种类及数量。

② 矿井指挥部的负责人和技术人员应当准确及时地回答救护队提出的询问，并提供上述资料和图纸。必要时，救护队还应当直接询问从灾区现场逃生出来的矿工。只有了解这些情况和掌握相关信息，才能制订合理的进入灾区的救灾行动计划和安全措施。

上述原则告诉我们：处理矿井火灾事故时，灾区内遇险人员的抢救是第一位的，所有的措施都应该围绕此而制定。

矿井火灾事故，在煤矿发生较为频繁，已成为矿山救护队处理最多的事故，同时它又是最为复杂且危害性较大的事故。处理这种事故的危险性大，技术要求高。采取的处理方案正确，可以为救护队处理事故创造有利的条件，为抢救人员提供安全保证，否则将会造成不必要的人员伤亡（遇险人员及救护队员伤亡），使火灾扩大，增加事故处理难度。稍有不慎还可能造成瓦斯、煤尘爆炸，导致更大的人员伤亡。

（2）抢险救援技术要点：

① 了解掌握火灾地点、火灾类型、火源位置、灾区范围、遇险人员数量及分布位置、通风情况、瓦斯等有害气体浓度、巷道破坏程度，以及现场救援队伍和救援装备等情况。根据需要，增调救援队伍、专家和装备等救援资源。

② 应迅速派矿山救护队进入灾区侦察灾情，发现遇险人员立即抢救，探明灾区情况，为救援指挥部制定决策方案提供准确信息。救援指挥部根据已掌握

的情况、监控系统检测数据和灾区侦察结果，进一步分析判断火源点、燃烧强度、温度及气体浓度分布状况、破坏范围及程度，判断被困人员的生存状况，研究制定救援方案和安全技术措施。

③ 采取风流调控措施，控制火灾烟雾的蔓延，防止火灾扩大，防止引起瓦斯爆炸，防止因火风压引起风流逆转造成危害，创造有利的灭火条件，保证救灾人员的安全，并有利于抢救遇险人员。采取反风措施处理进风井筒、井底车场及主要进风巷火灾时，必须详细制定和严格实施反风方案和安全措施；反风前，撤出火源进风区人员。

④ 根据现场情况选择直接灭火、隔绝灭火或综合灭火等方法。当火源明确、能够接近、火势不大、范围较小、瓦斯浓度在允许范围内时，应采取清除火源、用水浇灭等直接灭火方法，尽快扑灭火灾，防止事故扩大。对于大面积或隐蔽火灾，直接灭火无效或者危及救援人员安全时，应采取封闭火区的隔绝灭火方法或综合灭火方法。在封闭具有爆炸危险的火区时，应采取注入惰性气体、注浆等措施惰化火区，消除爆炸危险，再在安全位置建立密闭墙进行隔绝灭火。

⑤ 组织恢复通风设施时，遵循“先外后里，先主后次”的原则，由井底开始由外向里逐步恢复，先恢复主要的和容易恢复的通风设施。损坏严重且一时难以恢复的通风设施可用临时设施代替。

【案例 5-8】 2012 年 9 月 22 日 4 时 15 分左右，某煤矿十井主井二段 −140 m运输平巷靠近三段绞车道处顶板冒落，砸坏电缆，导致电缆短路着火，引发火灾，造成 12 名矿工遇难。

1. 直接原因

15 号煤层 −140 m 运输平巷石门口处变压器至馈电开关之间低压橡套电缆被冒落的岩石砸坏，绝缘损坏，造成相间短路，电缆着火，引燃周边可燃物及煤壁，导致火灾事故发生、人员中毒窒息死亡。

2. 间接原因

(1) 救援过程中，违反《矿山救护规程》的规定，使用混合救护小队。在现场条件没有发生变化的情况下，安排救护队重复探查，增加了救护队员的劳动强度和危险。在今后的事故救援中，应严禁使用混合小队。

(2) 救援技术装备落后。救灾过程中，有的救护指战员没有佩戴全面罩氧气呼吸器，造成眼睛受到高浓度二氧化碳强烈刺激，影响了战斗力。

建议所有救护指战员均应配备全面罩氧气呼吸器，提高防护装备的安全性、可靠性。

(3) 矿井生产技术管理薄弱，图纸资料不全、不真实、不准确，影响了指挥部救援方案的制定和救援进度。

(4) 矿井巷道布置不符合《煤矿安全规程》有关规定，没有设置2个以上通达地面的安全出口，事故发生后，仅有的一条通道被堵塞，造成遇险人员无法逃生。

(5) 多支矿山救护队联合救援时，应成立联合救援指挥部。事故矿井所在区域的矿山救护队指挥员统一指挥协调各矿山救护队的救援行动，并作为指挥部成员，参与指挥部救援方案的制定。

【案例5-9】 某年3月10日14时10分，某矿由于B_8煤层采空区自然发火，造成15人一氧化碳中毒事故。救援方案均经认真分析，多次根据实际情况做出调整。救护队迅速行动，准确搜寻。最终成功抢救出15名遇险人员，顺利封闭了火区，避免了火势扩大。

1. 事故直接原因

B_8煤层采煤工作面采空区漏风严重，遗煤缓慢氧化，引起采空区内自然发火，形成大量一氧化碳并溢出，造成B_8煤层2行、3行底层作业工人一氧化碳中毒。

2. 应急处置经验

(1) 各级领导十分重视这次事故，迅速及时成立指挥部，统一指挥，措施正确，避免了火势进一步加剧。矿领导在发生多人一氧化碳中毒事故后，能及时带领工人开展科学合理的自救互救，弥补了救护队力量的不足。

(2) 救护队平时训练严格，在这次事故处理中，仪器装备完好率达到100%。救护队指挥员班班到现场，坐镇指挥。队员连日作战，不畏艰险，作风顽强。队员熟悉灾区急救知识，能够快速对2名假死伤员进行苏生，挽救了伤员生命。

(3) 先期处置得当，避免了人员入井造成伤害。救援措施得当，先后采取了封闭进风侧和调风，降低火区负压等措施，在火灾未扩大之前，出色完成了火区封闭任务。

(4) 救护队配备便携式一氧化碳数据显示仪，及时准确地反映了灾区一氧化碳浓度，便于指挥员现场决策指挥。

3. 事故教训

(1) 矿方安全生产工作松懈，采空区漏风严重，对采空区自然发火情况处理不当，致使多人一氧化碳中毒。

（2）矿方对井下专职人员安全培训不够，对一氧化碳气体性质及危害不了解。1名假死伤员（瓦斯检查工）经苏生器苏醒后，还认为自己是被瓦斯熏倒的（当时他已测得底层3行瓦斯浓度为0.1%）。

（3）应急处置不熟悉，召请电话中未能说清事故性质和具体情况；救护队员对井下巷道不熟悉，一定程度上影响了抢救工作救率。

第九十一条　处理矿井外因火灾时，应当遵守下列原则：

（一）控制烟雾的蔓延，防止火灾扩大。

（二）保持通风系统稳定，防止引起瓦斯、煤尘爆炸。必须指定专人检查瓦斯和煤尘，观测灾区的气体和风流变化。当甲烷浓度达到2.0%以上并继续增加时，全部人员立即撤离至安全地点。

（三）有利于人员撤退和保护救灾人员安全。

（四）创造有利的灭火条件。

【解读】 本条是关于处理矿井外因火灾事故时应遵守的原则规定。

（1）在处理矿井外因火灾事故时，矿井指挥部必须控制烟雾的蔓延，防止火灾扩大，给矿山救护队创造从火区进风侧进入灭火的条件。

矿山救护队在下井前，首先应向矿井指挥部了解发火时间、火源位置、火势大小、波及范围、遇险人员分布情况，灾区瓦斯情况、通风系统状态、风流方向、煤尘爆炸性等情况。矿井指挥部的负责人和技术人员应准确及时地回答救护队提出的询问，并提供上述资料和图纸。必要时，救护队还应直接询问从灾区现场逃生出来的矿工。只有了解这些情况和掌握相关信息，才能制定合理的进入灾区的救灾行动计划和安全措施。

（2）为防止引起瓦斯、煤尘爆炸，在进、回风侧都必须安排专人检查瓦斯和煤尘。

在火区回风侧，使用便携式气相色谱仪及时检测灾区环境的气体。当发现有爆炸危险时，基地指挥员可先下令撤退现场人员后再向指挥部报告。

在火区进风侧，指定专人检查瓦斯和煤尘，观测灾区的气体和风流变化。当瓦斯浓度达到2.0%以上并继续增加时，全部人员立即撤离至安全地点后再向指挥部报告。

煤矿火灾标志性气体是按一氧化碳→氢气→乙烯→丙烯→乙炔的顺序生成的。目前，我国的矿山救护队进入灾区工作只检查一氧化碳气体。但是，这些标志性气体都是爆炸性气体,它们的存在都会对瓦斯爆炸有很大的影响。

煤炭在高温的情况下产生的氢气就是一种爆炸威力极强气体。相关研究资料表明:氢气的存在对瓦斯爆炸下限的影响很大。例如,美国某资料显示,当火区内的混合气体中有氢气时,瓦斯浓度达到1.5%～2%就可能发生爆炸。中国矿业大学的研究数据表明:当煤的温度达到 200～250 ℃时,就会产生氢气。温度越高,产生的氢气越多,瓦斯的爆炸下限越低,当氢气的浓度为 0.5%、1.0%、1.5%时,瓦斯浓度达到 2.4%、1.5%和 1.2%时就会爆炸。

在处理矿井火灾事故时,保护现场救援人员与抢救灾区内的遇险人员同等重要,所有的救援措施都应该围绕防止瓦斯爆炸和保证现场救援人员的安全来制定。因此,处理火灾事故时,必须安排专人严格检查灾区气体,当瓦斯浓度达到 2.0%以上并继续增加时,灾区现场工作的全部人员必须立即撤离至安全地点并向指挥部报告。

(3) 处理矿井火灾事故时,抢救灾区内的遇险人员是第一位的,所有措施都应该围绕抢救遇险人员和保护救灾人员安全制定。

保护救护人员的安全措施如下所列:

① 所有能通往危险地带的风路都要设置警戒牌,在警戒区内除做灭火的有关工作外,不允许进行其他工作。

② 必须由专人负责检查矿井主要地点气体成分的变化,特别是对于瓦斯矿井发生火灾时,检查矿井内空气更加重要。在这样的矿井内,通风状况的变化有可能造成局部瓦斯超限,极易出现瓦斯爆炸事故。

③ 当瓦斯浓度超限时,应立即撤出所有救灾人员,并立即加强通风,保障救灾人员的安全。

④ 应考虑到即使已封闭的火区仍有爆炸的可能性。

(4) 处理矿井外因火灾事故时的安全注意事项如下所列:

① 加强对灾区气体检测分析,防止发生瓦斯和煤尘爆炸,造成伤害。必须指定专人检查瓦斯和煤尘,观测灾区的气体和风流变化。当甲烷浓度达到 2.0%并继续上升时,全部人员立即撤离至安全地点并向指挥部报告。

② 救护队在行进和救援过程中,指挥员应当随时注意风量、风向的动态变化,用以判断是否出现风流逆转、逆退和滚退等风流紊乱,并采取相应防护措施。还应注意顶板和巷道支护情况,防止因高温燃烧造成巷道垮塌伤人。

③ 处理掘进工作面火灾时,应保持原有的通风状态,进行侦察后再采取措施。

④ 处理上、下山火灾时，必须采取措施，防止因火风压造成风流逆转或巷道垮塌导致风流受阻威胁救援人员安全。

⑤ 处理爆炸物品库火灾时，应先将雷管运出，再将其他爆炸物品运出。因高温或爆炸危险不能运出时，应关闭防火门，退至安全地点。

⑥ 处理绞车房火灾时，应将火源下方的矿车固定，防止烧断钢丝绳造成跑车伤人。处理蓄电池电机车库火灾时，应切断电源，采取措施，防止氢气爆炸。

⑦ 封闭火区时，为了保证安全和提高效率，可采取远距离自动封闭技术实施封闭。采用传统封闭技术时，必须设置井下基地和待机小队，准备充足的封闭材料和工具，确保在灾区爆炸性气体达到爆炸浓度之前完成封闭工作，撤出作业人员。

⑧ 采取火区缩封措施减小火区封闭范围时，应当在采取注惰性气体、注浆等措施有效惰化火区后实施缩封作业。

【案例 5-10】 某煤矿八层右零片采空区自然发火，处理中因擅自开启风门，造成采空区风流反向，引起采空区积聚的瓦斯回流，流经火区造成瓦斯爆炸事故，伤亡 27 人。

1. 事故原因

右零片采空区自然发火的原因：在八层风道零片至一片间安设风门，这道风门在事故前 4 个月左右安设，原因是八层队组减少，不需要太多的风量。安设风门后，八层风道的风量由 1 460 m^3/min 减少到 480 m^3/min。经实测零片至一片的压差约增加了 230 Pa，造成采空区微风，这是零片采空区自然发火的主要原因。此外，打钻灭火时，只考虑到了采空区露出终采线的火，没有对采空区进行全面侦察，又因一片密闭漏风较大，导致火灾逐渐下延，烧到一片。

2. 事故经验及教训

制定灭火方案时，指挥部只在通风系统图上看到有两道风门，未安排人员到现场实地查看风门状况，因而不知道两道风门间距太短，不足一节钢管的长度，进而同时打开了两道风门，犯了一个致命的错误，导致火区风流反向，采空区积聚的瓦斯反向流入火区引起了爆炸。主带式输送机道和新副井绞车道的火灾也是八层风道右零片采空区的火灾造成的。因主带式输送机道和新副井绞车道都设计在八层风道右零片采空区终采线下，而且距离较近，不足 2～4 m，右零片采空区火势扩大后，必然波及主带式输送机道和新副井绞车道，这是一个教训。对于易自燃的煤层，立体交叉的巷道要留有足够厚的隔离层，防止漏风引起煤层自燃或事故扩大。

第九十二条　根据火区的实际情况选择灭火方法。在条件具备时，应当采用注水、注浆等直接灭火的方法。灭火工作必须从火源进风侧进行。用水灭火时，水流应当从火源外围喷射，逐步逼向火源的中心，必须有充足的风量和畅通的回风巷，防止水煤气爆炸。

为控制火势，可采取设置水幕、拆除木支架（不致引起冒顶时）、拆掉一定区段巷道中的木背板等措施阻止火势蔓延。

灭火过程中必须随时注意风量、风流方向及气体浓度的变化，并及时采取控风措施，避免风流逆转、逆退，保护直接灭火人员的安全。

当火源点不明确、火区范围大、难以接近火源时，或者用直接灭火方法无效、灭火人员存在危险时，采用隔绝方法灭火。

【解读】 本条是关于根据火区的实际情况选择灭火方法的规定。

1. 直接灭火方法就是用水、沙子、岩粉、化学灭火器、高倍数泡沫灭火器、惰气发生装置以及清除可燃物等方法来扑灭火灾，是一种积极有效的灭火方法。

清除可燃物也叫作挖出可燃物，就是将着火带及附近已发热或正燃烧的可燃物挖除并运出井外。其适用条件是：

（1）火源位于人员可直接到达的地区。

（2）火灾尚处于初始阶段。

（3）火区无瓦斯聚集，无瓦斯和煤尘爆炸危险。

用水、泡沫、固态或液态惰性气体等灭火材料是最常用的直接灭火方法，主要起到降低燃烧物温度的作用。灭火效果在控制燃烧三要素方面表现为：

（1）因灭火材料汽化的吸热作用或冷却作用降低火源温度。

（2）减少或防止分解出挥发性可燃物，控制火势的发展和蔓延。

（3）灭火材料汽化产生的水蒸气或本身的混合覆盖作用降低了着火带氧气浓度，并对燃料的燃烧有一定的隔氧封闭作用。

用沙子、岩粉和干粉灭火器灭火，主要用于扑灭油料和带电电气设备火灾，只适用于火势较小、人员可接近的火源。

2. 水幕起到降温阻断火势作用，能控制火势发展。木支架、木背板都是易燃材料。设置水幕、拆除木支架（不致引起冒顶时）、拆掉一定区段巷道中的木背板等措施都能阻止火势蔓延。

3. 采用直接灭火法灭火时，现场灭火人员应位于进风侧。为了保证灭火人员的安全，应安排专人负责随时注意风量、风流方向及气体浓度的变化，并及时采取控风措施，避免风流逆转、逆退，保证灭火人员的安全。

4. 矿山救护队直接灭火时，必须从火源进风侧进行。应当设置水幕和防止火势蔓延的防火段。

用水或注浆的方法灭火时，应当将回风侧人员撤出，密闭附近不得有人。这样做既可以保证灭火人员的相对安全，又可以保证灭火工作的效率。

5. 矿井火灾产生的浮力和节流效应，引起矿井风流状态的紊乱变化。该变化可分为风流(烟流)逆转、烟流逆退和烟流滚退。

(1) 风流(烟流)逆转。

在浮力和节流效应共同作用下，反抗机械风压的影响，致使矿井某些巷道风流方向发生变化，称为风流逆转。逆转主要发生在其反向热风压大于正向机械风压的旁侧支路(主干风路是指从入风井经火源到回风井的通路，而旁侧支路是指除主干风路外的其余支路)。

风流逆转引起风流流动状态的紊乱，可能给人员撤退和救灾工作造成更大的困难，带来更大的危险。

① 逆转风流携带大量有毒有害气体，蔓延至更大区域，甚至污染进风区域，扩大受灾范围，威胁整个矿井。

② 风流逆转经历减风—停风—反风的过程。在减风和停风阶段，因风量剧减，风流中瓦斯浓度相对升高，并因风速减小，为瓦斯形成局部聚集创造了条件。

③ 风流逆转使火源下风侧富含挥发物的风流或局部瓦斯聚集带的污风再次进入着火带的可能性增大，从而增加了爆炸的可能性。这就是在金属、非金属矿井火灾中，也会发生可燃气体爆炸的原因。

(2) 烟流逆退。

烟流逆退是指在浮力或节流效应分别作用下(取决于巷道倾角)，加上巷道纵、横断面方向温度、压力梯度的影响，在着火巷火源上风侧，新鲜风流继续沿巷道底部供风的同时，烟流沿巷道顶部逆向流出。风流逆退可能发生在着火巷及其相连接的主干风路上。

烟流逆退对火源上风侧直接灭火人员造成直接威胁。烟流与进风混合再次进入火源，在一定条件下，可能诱发瓦斯爆炸。烟流逆退致使烟流进入其他巷道，可能造成与风流逆转相似的结果。

(3) 烟流滚退。

烟流滚退是指在火源下风侧节流效应和巷道横断面温度、压力梯度影响下，在新鲜风流沿巷道底部按原风向流入火源的同时，火源产生的烟流沿上风侧巷道顶部逆向回退并翻卷流向火源。在一定条件下，这种现象也可能发生在下风侧。

逆转以同种流体单向流动为主;逆退是不同流体(烟流与新鲜风流)异向流动;滚退是在同一断面上,既有新鲜风流和烟流的异向流动,又有烟流翻卷引起的同种流体异向流动。滚退是逆退和逆转发生的先兆。

滚退现象导致火源上风侧烟流与新鲜风流掺混后,再逆流回火源,在一定条件下,可能诱发瓦斯爆炸。烟流滚退对火源上风侧的灭火人员也构成直接威胁。

矿井火灾时期风流紊乱现象特征见表5-1。

表5-1 矿井火灾时期风流紊乱现象特征

紊乱形式	发生地点	发生原因	现象
风流(烟流)逆转	主要在旁侧支路	旁侧支路中反向热风压大于其正向机械风压	烟流逆原风流方向流动,一般全断面逆转
烟流逆退	着火巷(主干风路),上行、平巷通风,下行通风	火源下风侧节流效应、反向热风压+巷道纵、横断面温度、压力梯度影响	火源上风侧同一巷道断面出现不同流体异向流动
烟流滚退	着火巷火源上风侧,少数可发生在下风侧	下风侧节流效应+巷道横断面温度、压力梯度影响	火源上风侧(有时在下风侧)巷道断面既出现风流异向流动,又出现烟流翻卷异向流动

6. 矿山救护队用水直接灭火时,应采取以下措施防止水煤气爆炸:

(1) 当用水灭火时,如果将水直接喷射到火源中心,特别是正在燃烧的炽热火焰中心,水将会和煤化合生成可燃气体氢气和一氧化碳。当混合的可燃气体达到爆炸界限后就会发生爆炸。因此,直接用水灭火时,水流应当先向火源外围喷射,逐步逼向火源中心,防止水煤气爆炸。

(2) 用水灭火时,也会产生大量的高温水蒸气,如果不能及时排入回风系统,就会向进风侧蔓延,造成人员烫伤和窒息。因此,用水直接灭火时,必须有充足的风量和畅通的回风道,防止水煤气爆炸。

水煤气爆炸是指矿井发生火灾时,用水灭火或巷道的涌水接触高温火源而产生的大量水煤气(可燃气体为氢气和一氧化碳)达到爆炸浓度后被点燃发生的爆炸。

7. 隔绝灭火方法:即封闭所有与火区连通的巷道和裂缝,以防新鲜空气进入火区，然后采用均压技术或灌注泥浆、河沙、粉煤灰等，并利用火区产生的惰性气体（二氧化碳）使火区加速熄灭的方法。封闭火区是隔绝供氧灭火的可靠措施，这种灭火手段可能具备消除燃烧三要素的功能。使用隔绝灭火法时，封闭的区域越小越好。

【案例 5-11】 某年 11 月 1 日 5 时 10 分左右，某煤矿带式输送机暗斜井第二部带式输送机机头以下 200 m 左右处，输送带摩擦起火，造成 16 人死亡、18 人受伤的重大恶性事故，直接经济损失达 200 多万元。

1. 事故处置过程

矿调度室接到事故汇报后，立即通知矿总值班的副总工程师以及有关矿领导和局调度室。同时矿总值班及调度员立即安排运转区现场人员进行直接灭火，切断带式输送机暗斜井的所有电源，并通知井下各采掘作业点所有人员撤离现场进行自救。

2. 事故原因

(1) 带式输送机中部着火，系托辊不转圈，输送带与托辊滑动摩擦造成高温而引燃附近可燃物。这是导致这次火灾事故的直接原因。

(2) 管理不严，致使带式输送机暗斜井第二部带式输送机局部地段存在余煤等可燃物，职工违反劳动纪律，提前下班。这是造成这起事故的主要原因。

(3) 井下使用非阻燃输送带，带式输送机巷消防设施不齐全，三水平材料库跨通带式输送机暗斜井，跨通区用可燃性材料支护且封闭不严。

(4) 井下压风自救系统不完善，没有自救器。

3. 事故经验及教训

(1) 在火灾预防处理计划中必须具体规定和落实各部带式输送机火灾报警的人员，如何通知井上、下人员，可能采取的通风措施和采用的通信设备，是否割断输送带减少火灾蔓延危险等。

(2) 人员劳动纪律松散，提前下班，不遵守岗位责任制，不仅对生产造成巨大影响，也形成巨大安全隐患。

(3) 反风本身是比较容易执行的措施，但该案例从发现进风暗斜井火灾到采取反风措施，中间相隔 3 h，说明反风的影响是非常复杂的，有可能造成新的危险而使救灾指挥者决策困难。

(4) 在平时要加强对反风设施的维修，保证灾变时能及时运行。要通过反风演习了解反风后的有效性和风门的开启状况，落实主要风门开启的责任人。在有条件的矿井，设置井下可遥控或由地面监控系统中心控制的自动风门。

(5) 火灾预防处理计划和救灾决策应尽可能预先考虑复杂环境条件和救灾措施的相互影响,注意救灾措施执行顺序的合理性。本案例火灾发生在进风斜井,救灾指挥可能同时面临人员撤退、反风、组织现场人员直接灭火、命令救护人员下井救灾等救灾措施执行先后的选择。

(6) 直接灭火能否奏效,一方面在于能否在火灾现场就地组织人员直接灭火,外因火灾特别是输送带火灾发展迅猛,等待地面组织救护队员下井救灾往往为时已晚;另一方面在于能否建立有效的防灭火系统,在易发火区要有充足的供水系统和灭火材料。该案例显示着火区域无充足供水,既要使用防尘水也需要加接水管,影响直接灭火的正常运行。

(7) 应在易发火区特别是主要进风带式输送机巷设置带烟雾或一氧化碳传感器的监测系统和自动洒水装置,以便及时发现火警并灭火。

第九十三条　处理不同地点的矿井外因火灾,应当符合下列规定:

(一) 处理上、下山火灾时,必须采取措施,防止因火风压造成风流逆转和巷道垮塌造成风流受阻。

(二) 处理进风井井口、井筒、井底车场、主要进风巷和硐室火灾时,应当进行全矿井反风。反风前,必须将火源进风侧的人员撤出,并采取阻止火灾蔓延的措施。多台主要通风机联合通风的矿井反风时,要保证非事故区域的主要通风机先反风,事故区域的主要通风机后反风。采取风流短路措施时,必须将受影响区域内的人员全部撤出。

(三) 处理掘进工作面火灾时,应当保持原有的通风状态,进行侦察后再采取措施。

(四) 处理爆炸物品库火灾时,应当首先将雷管运出,然后将其他爆炸物品运出;因高温或者爆炸危险不能运出时,应当关闭防火门,退至安全地点。

(五) 处理绞车房火灾时,应当将火源下方的矿车固定,防止烧断钢丝绳造成跑车伤人。

(六) 处理蓄电池电机车库火灾时,应当切断电源,采取措施,防止氢气爆炸。

【解读】 本条是关于处理不同地点的矿井外因火灾,应当遵守的规定。

1. 火风压。矿井发火的最初阶段,井下风流与火烟都是沿着发火前的原有方向流动。当火势加大,温度增高,空气成分发生变化,矿内空气获得热能,在通风网路中就出现了自然风压增量,即火风压。

火风压值按下式计算：

$$h_{火} = Z(\rho_{o} - \rho)g \tag{5-1}$$

式中 $h_{火}$——火风压值，Pa；

Z——高温火烟经过的井巷始末两点标高差，m；

ρ_{o}——发火前巷道内的平均空气密度，kg/m^3；

ρ——发火后巷道内的平均空气密度，kg/m^3；

g——重力加速度，取 $g=9.8\ m/s^2$。

火风压值亦可按下式计算：

$$h_{火} = 1.2Z(t/T) \tag{5-2}$$

式中 t——发火后巷道内温度的增值，℃；

T——发火后巷道内空气平均绝对温度，℃。

火风压的特点：高温火烟流经的井巷始末两端的标高差越大，火风压值越大；火势越大，温度越高，火风压就越大；火风压的方向永远向上。

火风压的危害：火风压在通风网路中如同一台风压值逐渐变化的辅助通风机，能改变通风网路中原有的风压分布，引起风路中风量的增减，甚至风流逆转，使正常的通风系统遭到破坏，扩大了事故范围，在瓦斯矿井还会引起瓦斯爆炸。

风流逆转的危害：风流逆转引起风流流动状态的紊乱，它会使井下有些安全地区也会突然出现火烟，使远离火源的有些独立风流中的工作人员中毒或窒息，从而扩大灾区，可能给人员撤退和救灾工作造成更大的困难，给灭火救灾带来更大的危险。

巷道垮塌造成风流受阻的危害：处理上、下山火灾时，如果发生了巷道垮塌，会阻断风流。当风流被阻断之后，就可能造成瓦斯积聚甚至瓦斯爆炸事故。

2. 处理上、下山火灾时，预防火风压引起的风流逆转和巷道垮塌造成风流受阻的措施如下所列：

(1) 控制火势，必要时密闭火源进风侧或使风流短路，尽量减小火风压。

(2) 保持主要通风机正常运转。

(3) 采用局部反风，变下行风流火灾为上行风流火灾。

(4) 加大火风压所在旁侧风路的风阻，尽量减小回风风路的风阻。

3. 处理进风井井口、井筒、井底车场、主要进风巷和硐室火灾时，可进行全矿井反风或风流短路。

(1) 全矿井反风。指挥部下达反风命令前，必须将火源进风侧的人员撤出，并采取阻止火灾蔓延的措施。风流方向:进风井口→井筒→井底车场→主要进风巷和毗连硐室。这些地点距离地面较近,范围较小,人员比较少,反风前人员撤离较容易。反风后,可以使火源以里的人员得到解救。

扑灭上述地点的火灾时,为了阻止火灾蔓延,指挥部应根据现场情况和火灾特点,采取设置水幕、消除可燃物、拆除木支架(但要保证巷道不至于塌冒)等安全措施。

多台主要通风机联合通风的矿井反风时,为了保证非事故区域人员的安全撤出,必须严格执行非事故区域的主要通风机先反风,事故区域的主要通风机后反风的规定。

(2) 风流短路。采取风流短路措施时,被短路区域的风量将会减少,烟雾将被直接排入回风道,火灾烟流流经的路线将会改变。此时风阻的改变,将会影响其他区域的风量,所以在决定实施风流短路前,必须将受影响区域的人员撤到安全地点。

4. 掘进工作面发生火灾后,通风机可能出现 2 种情况:一种情况是由于着火电源被切断,风机停止了运转;另一种情况是发生火灾后,风机还在正常运转供风。如果改变原有通风状态,可能使事故现场具备瓦斯爆炸的 3 个条件,造成瓦斯爆炸的严重后果。因此,改变原有通风状态的措施,应在救护队进行侦察后再实施。

(1) 发生火灾后,在风机停止运转的情况下,如果盲目启动风机,就会向火区提供风(氧气),此时,就可能发生瓦斯爆炸。

① 如果着火的掘进工作面积聚的瓦斯达到或超过了爆炸下限,但是因为空气中氧气浓度过低(低于 12%),不具备发生爆炸条件。此时盲目启动风机,就会给灾区补足了氧气,从而造成瓦斯爆炸。

② 虽然掘进工作面火源处的瓦斯浓度没有达到爆炸下限,但是火源以里有积聚的瓦斯,此时盲目启动风机,就会导致排出的瓦斯经过火点,造成瓦斯爆炸。

(2) 发生火灾后,风机还在正常运转供风的情况下,如果盲目将风机停止,就可能因为掘进工作面停风而形成瓦斯积聚,达到爆炸浓度而发生爆炸。

足够的瓦斯、氧气和高温是瓦斯爆炸的三要素。矿山救护队经过检测已知发火巷道有爆炸危险时,应采取以下措施:

(1) 在需要进入抢救遇险人员的情况下,现场指挥员应立即向地面指挥部汇报,并在采取安全措施的情况下,派小队快速进入抢救遇险人员。

（2）在不需要救人的情况下，指挥员不得派小队进入着火地点冒险灭火或探险；已经通风的独头巷道如果瓦斯浓度迅速增长，也不得入内灭火，而应在远离火区的安全地点建筑风墙，具体位置由矿井救灾指挥部确定。

（3）如果矿工生存情况未知，矿山救护队应首先操作探险机器人进入采集信息，并根据机器人采集的信息决策救护队是否需要进入。

5. 扑灭井下硐室中火灾时的规定如下所列：

（1）着火硐室位于矿井总进风道、矿井一翼进风道或采区总进风流所经两巷道的连接处时，应采用反风或风流短路措施。

（2）由于雷管、导爆索中所用的起爆炸药比直接用于爆破的矿用炸药的热感度高，因此，矿山救护队在处理爆炸物品库火灾时，应首先将易于运输的热感度高的雷管运出，然后再将其他爆炸物品运出。因高温运不出时，应该关闭防火门，退至安全地点。

（3）当绞车在运行中绞车房突然起火时，为了防止大火将钢丝绳烧断而造成跑车伤人事故发生，必须将火源下方的矿车固定。

（4）因为蓄电池在充电过程中能释放出氢气，而氢气又是爆炸性气体，所以当蓄电池机车库着火时，必须切断电源、停止充电；采取加强通风措施排除积聚的氢气，防止氢气爆炸。

【案例 5-12】 某煤矿运输下山发生火灾，如图 5-1 所示。采区采煤工作面 W_1 内有近百人工作，调度室为了控制火势，在人员没有撤出的情况下，控制火源进风（打开风门 D_2 减少火源处风量），结果造成近百人全部缺氧窒息死亡，而他们全部都佩戴过滤式自救器。事后发现大部分人员已走到回风上山附近，有的人已快到风门处，穿过风门即可获生，可是由于调度室过早地命令控制火源进风而丧生。

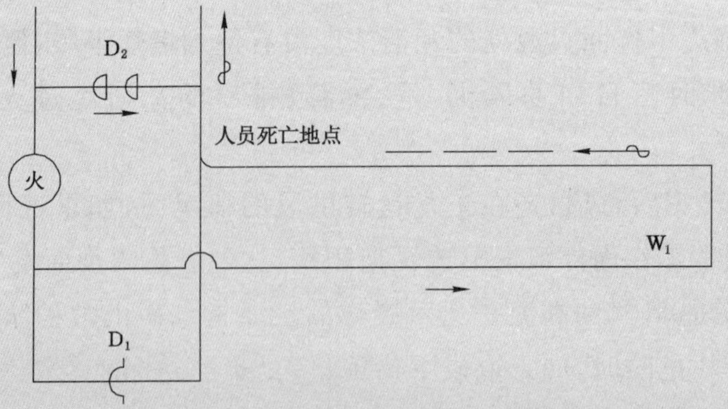

图 5-1 减少风量造成火灾事故人员伤亡案例通风系统图

事故经验：

(1) 在发生火灾或爆炸事故后，在灾区人员未撤出灾区时，不能随意减少灾区风量，否则，灾区可能出现贫氧或瓦斯浓度上升引起爆炸，不利于人员撤退。因此，应不减少风量，必要时应增大灾区风量。

(2) 不减少灾区风量，并不等于不减少火源处风量，若能做到在不减少灾区风量的前提下，同时使火源处风量减少，无疑是最佳控风措施。

(3) 过滤式自救器的使用条件为氧含量不能低于17%。在灭火时，过早地控制火源进风，会造成人员贫氧窒息。

【案例 5-13】 如图 5-2 所示，某煤矿三水平五盘区的集中运输上山，因输送带与主滚筒摩擦引起火灾，烟流蔓延，造成多名工人死亡。

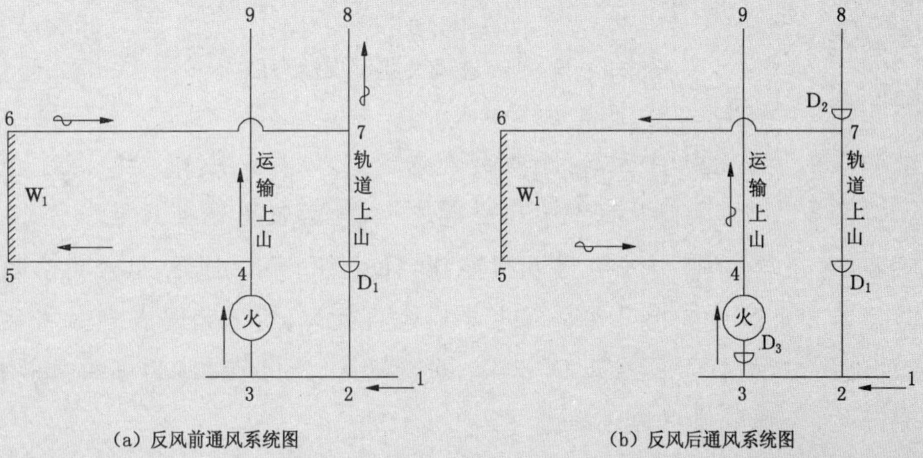

图 5-2　运输上山火灾事故工作面局部反风案例通风系统图

1. 事故原因

从通风系统图看，完全可以采用局部反风，原通风系统为 1→2→3→4→5→6→7→8，只要把 D_1 风门打开，同时关闭在火源上风侧的 D_3 风门和 7→8 回风中 D_2 风门，即可实现由 1→2→7→6→5→4→9 的反风系统，人员沿 5→6→7→2 路线撤出，烟风沿运输上山 4→9 流出，但因事前没有考虑也没有构筑预备控制风门 D_3 和 D_2，以致酿成严重后果。

2. 事故经验

只要平时有准备，2 min 即可实现局部反风，及时抢救出人员。但因预备风门没有设置而延误了时间，增加了人员伤亡。

【案例 5-14】 某地方煤矿－40 m 进风大巷 A 处发生明火(图 5-3)，火灾烟雾侵袭路线为 A→2→3→4→5→6→7→8→9→10。由于火势旺盛，W_1 工作面人员逆风撤出，又由于浓烟大视线不清，工作面人员全部在3→4下山内中毒倒地。

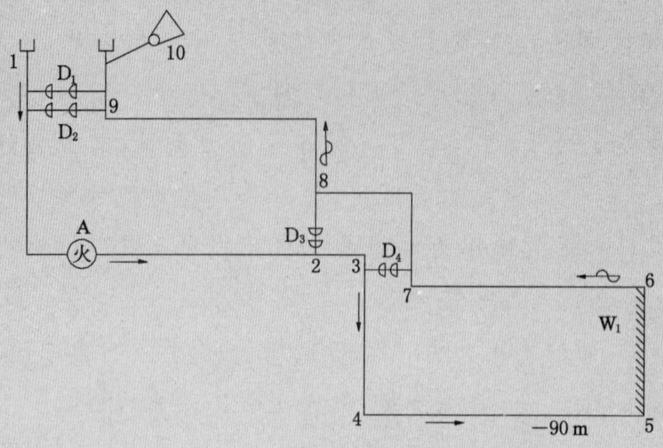

图5-3 −40 m进风大巷发火示意图

救护队到达事故矿井后，火源A处燃烧严重，人员无法通过A处到达3→4下山。后又打开D_2风门从回风巷9→8进入救人，但由于回风巷低矮(0.5 m高)、烟雾浓、温度高，救护小队进入困难，D_3、D_4风门不能打开，风流无法短路。

地面因无反风设备也无法进行主要通风机反风，后采用局部通风机往下压风，使风流反向，救护人员打开D_1风门，进到3→4下山内，将遇难人员救出，但因时间过长，人员全部中毒遇难。

事故经验：

该煤矿火灾事故初始时，救护人员如能迅速打开D_3风门，使烟雾风流短路，并集中力量抢救和引导人员通过9→8回风巷，打开D_2风门，进到进风斜井内，这样W_1工作面人员就能很快脱险。

因此，正确的应急处置措施和救援方法可以避免更多的人员伤亡。

第三节 火区封闭

第九十四条 当井下发生火灾，无法直接灭火或者直接灭火无效时，应当采取封闭措施灭火。封闭火区时，应当合理确定封闭范围，在保证安全的情况下，应当尽量缩小封闭范围。必须指定专人检查甲烷、氧气、一氧化碳、煤尘以及其他有害气体浓度和风向、风量的变化，并采取防止瓦斯、煤尘爆炸和人员中

毒的安全措施。

火区封闭后，应当避免火区缩封，有爆炸风险的，严禁缩封。如果必须进行缩封时，应当制定缩封过程安全保障措施，报上级企业技术负责人批准，无上级企业的由煤矿组织专家进行论证。

【解读】 本条是关于火区封闭及火区缩封应当采取安全措施的规定。

(1) 在井下受限空间内，当无法直接灭火或直接灭火无效时，常采用封闭火区控制火势，防止灾害的进一步扩大。在矿井火灾救灾中，通常将直接灭火称为主动灭火，将封闭火区称为被动灭火。封闭火区就是通过构筑防火墙(又称密闭)把连通火区的通道隔离，切断火区供氧来控制火势和灭火，同时防止火区影响其他区域。

(2) 在确保隔绝火区的条件下，尽量缩小封闭范围，减少密闭墙建造数目。可以充分利用原来质量良好的密闭墙、风门。在考虑封闭时，应注意封闭区内的体积足以承受炽热气体的膨胀，不至于危及正在构筑密闭墙的人员或损坏密闭墙。

(3) 密闭墙建造地点前后 5 m 范围内要求围岩完整稳定、无断层、无破碎带、巷道断面小，并且距巷道交叉口 10 m 左右。在建造临时密闭的地方，应留有建造永久密闭墙的余地(6 m 以上)。巷底岩层应坚固，最好高于可能的水淹水平。在永久密闭墙内积水有助于防止漏风，但其底板不应是耐火黏土。对于临时密闭，积水可能破坏密闭墙的严密性，冲刷密闭墙底部，增加漏风通道。

(4) 合理的封闭范围主要指合理确定进、回风侧的密闭位置，确定的基本原则是选定的密闭位置要具备安全的施工条件，易于实现快速安全撤退，同时实施的密闭数量少、完成的时间短。合理确定封闭范围既包括对缩小封闭范围的要求，更强调要确保封闭过程的安全。封闭范围的合理性首先表现为安全性，这是对封闭工作的根本要求；同时合理性也表现为便捷性，为实现对火区的快速控制和缩小火区对其他区域的影响，应尽量缩小封闭范围、减少密闭数量、提高可靠性，只有这两者同时做到才是合理的。

(5) 要便于构筑密闭墙使人员迅速撤往安全区域，便于运送材料，便于向构筑密闭墙人员供新鲜风。

封闭采煤工作面火区时，密闭墙的位置一般要依火源的位置而定。具体规定如下：

① 火灾发生在工作面进风巷，进风侧密闭墙应尽量靠近火源，而回风侧的密闭墙距火源应有一定距离，使烟流温度降低，便于构筑密闭墙作业。

② 火灾发生在工作面回风巷，从缩小火区的原则出发，进风侧密闭墙应尽量靠近工作面，而回风侧密闭墙应距工作面一定距离。在高瓦斯矿井，将进风密闭墙靠近工作面，减小火源进风侧空气中氧气浓度和瓦斯爆炸的可能性。并且在火区封闭时应当由进风侧注入惰气，使火区惰化。

③ 火灾发生在工作面，应当根据火灾发展情况以及烟雾和温度情况，将进、回风密闭墙砌筑在上、下相对的位置。若工作面火灾在长期封闭后仍达不到启封条件，就可在密闭墙外重掘开切眼甩掉火区进行回采；如条件许可，砌筑进风侧密闭墙时可往工作面方面靠近，减小封闭时发生爆炸的可能性。

（6）合理封闭范围由救灾决策者根据灾情和矿井条件确定。决策者应按最危险条件对火区内的瓦斯量和来源、火区空间和通风对瓦斯浓度的影响进行分析与估算，掌握进、回风中的流量、气体成分、温度等参数及变化趋势，考虑火区的地形条件和实施封闭技术的能力与水平。一般而言，若巷道发生外因火灾且无瓦斯涌出，可通过控风减弱火势，封闭火区范围应尽量缩小。在含瓦斯区域，应稳定通风系统，在封闭过程中要保持足够的风量对瓦斯进行稀释；必须指定专人检查甲烷、氧气、一氧化碳以及其他有害气体浓度和风向、风量的变化；为实现快速密闭和缩小封闭范围，应在进、回风侧同时构筑密闭墙。合理的封闭范围是与灾情紧密联系的。救灾决策者确定合理的封闭范围，需对灾情发生有较全面的了解，对灾情的发展有符合逻辑的预测，对构建密闭墙的组织与实施工作有一定的经验。

（7）封闭火区气体爆炸性分析。

① 火区瓦斯气体爆炸条件分析。

发生瓦斯爆炸要同时具备 4 个基本条件，即瓦斯浓度处于爆炸界限内、足够浓度的氧气、一定温度的点火源、瓦斯与火源接触的时间大于感应期。

② 火区瓦斯气体爆炸危险性影响因素分析。

由火区气体爆炸条件可以看出，决定混合气体爆炸可能性和危险性的因素是火区气体中可燃气体浓度是否达到了爆炸界限，以及火源的影响。这可以从以下 3 个方面进行分析：

首先，混合气体的浓度。如果可燃气体在空气中的浓度低于爆炸下限，遇明火既不会爆炸，也不会燃烧。若高于爆炸上限，遇到明火虽然不会爆炸，但是可以发生燃烧。有时在燃烧经过一段时间后，又吸入空气，使可燃气体在空气中的浓度下降，达到爆炸极限，便可发生爆炸；也可能在燃烧发生后，可燃气体得到大量供应，空气中的可燃气体的浓度没有下降，形成连续燃烧的条件，因而就不会由燃烧转入爆炸。

其次，混合气体爆炸极限的变化。各种不同的可燃气体，由于它们的理化性质不同，因而具有不同的爆炸极限。一种可燃气体的爆炸极限也不是固定不变的，受到温度、压力、含氧量、容器直径等因素的影响。

温度升高时，爆炸下限降低，使爆炸危险性增加。

压力增高时，爆炸下限也会降低，使爆炸危险性增加。

气体中氧气含量增加，爆炸下限也会降低，从而增加爆炸的危险性。气体中氧气含量降低，爆炸下限会升高，爆炸的危险性也会随之降低。对于一般可燃气体，如果氧气在混合物中的体积分数降低到6%～14%范围时，即可避免燃烧或爆炸。

最后，火源的性质。如果火源的强度高、热表面面积大、与混合物接触的时间长，就会使爆炸界限扩大，其爆炸的危险性也就会增加。

(8) 火区封闭后，封闭区内的氧气、温度、一氧化碳、甲烷等都比较稳定，相应的密闭等防火设施也砌筑完毕，整个火区处于一个相对安静的平稳状态。一旦对火区缩封，将会打破原有的稳定状态，如果无措施随便缩封，可能导致漏风，引发火区内火情变化，有爆炸风险，因此严禁缩封。如果必须进行缩封时，应当制定缩封过程安全保障措施，报上级企业技术负责人批准，无上级企业的由煤矿组织专家进行论证。

【案例5-15】 2010年2月15日中班18时，某煤矿+564 m东一南石门B_4煤层一密闭处发生自然发火事故。

事故原因如下：

(1) 2010年2月15日中班18时，+564 m东一南石门进行扩巷工程施工，在+564 m B_4巷密闭外留有4棚金属支架未拆除，受扩巷施工影响及巷道来压造成B_4密闭前顶部煤体松散离层，巷道喷浆支护时未进行清除，喷浆时对密闭前支架、空隙没有完全覆盖，产生微弱漏风通道，引起顶部松散煤体氧化蓄热、自燃。

(2) 春节停产期间，矿井通风系统风量调整后对各区域通风系统分析检测处理不到位，致使+564 m东一南石门巷道内风量减小，在+564 m B_4密闭前形成了微风区域，为密闭前金属支架顶部松散煤体自燃创造了适宜热量积聚的环境和条件。

(3) 春节停产前组织矿井安全检查不严、不细，对矿井"一通三防"设施检查不全面，停产前矿井通风系统风量调整后对"一通三防"隐患排查和处理不到位。

(4) 矿井"一通三防"管理工作不到位,长期对救护队检查密闭工作疏于管理,配合检查不到位,未对密闭检查结果进行全面审核。

【案例 5-16】 2011 年 3 月 3 日夜班,某煤矿 2331(3)上风巷沿空掘进工作面发生一起煤层自然发火生产性重大非死亡事故。

1. 直接原因

2010 年 4 月 2331(3)上风巷贯通上阶段工作面运输顺槽钻场后,封闭采空区仅采用编织袋装煤充填、紧贴编织袋施工一道木板封闭墙、用罗克休充注的封闭措施,封闭不严实,且封闭后至发火前长达 10 个月,松散煤炭长期漏风供氧导致自然发火事故。

2. 间接原因

(1) 未按集团公司规定对采空区封闭墙采取双墙封闭、墙内注水泥浆充填严实的措施,造成松散煤炭漏风供氧。

(2) 防火预测预报不到位,未能检测到该处煤层氧化到自然发火的一氧化碳等发火指标。

(3) 沿空留巷掘进小煤垛净垛 3.3 m,未按集团公司规定对沿空留巷巷道进行喷浆堵漏。

第九十五条 封闭火区时,应当同时封闭各条进回风通道,包括具有多条进回风通道的火区。

【解读】 本条是关于火区封闭进回风通道的规定。

(1) 火区封闭只有在确保火区无人时才可以进行。在多风路的火区建造密闭墙时,应当根据火区范围、火势大小、瓦斯涌出量等情况来决定封闭火区的顺序。一般是先封闭对火区影响不大的次要风路的巷道,然后封闭火区的主要进、回风巷。

火区进、回风口的封闭顺序影响控制火势的速度,更关系到救护人员的安全。

(2) 常用的火区进、回风通道密闭墙封闭顺序有以下 3 种:

① 先封闭进风口,后封闭回风口。

一般来说,在火区的进风侧建立密闭墙要比回风侧容易得多。只要封闭了进风侧的密闭墙,进入火区的风量会大大减少,从而使火势减弱,涌出的烟量减少,有利于回风侧密闭墙的建立。因此,在非瓦斯矿井中,通常都是先封闭进风口,后封闭回风口。

② 先封闭回风口,后封闭进风口。

一般在火势不大、温度不高、无瓦斯积存的情况下,为了迅速截断火源蔓延而采用此方法。密闭墙建立后,墙前压力局部升高,墙后压力局部下降。在瓦斯矿井,如果前一个建立的是进风侧密闭墙,且此墙和火源之间有采空区存在时,在构筑密闭墙的过程中,流向火源的风量将逐步减少。与此同时,在局部负压的作用下,从采空区涌出的瓦斯量将增多,易使风流中瓦斯浓度达到爆炸界限而引起爆炸。因此,在密闭墙和火源之间有瓦斯源存在时,封闭进风侧的密闭墙是极其危险的,而首先封闭回风侧密闭墙要安全一些。首先封闭回风侧密闭墙的做法能够在火区内造成正压,抑制采空区的瓦斯涌出。

③ 进、回风口同时封闭。

在砌筑密闭墙的过程中,留有一定断面积的通风口,保证供给的风量使火区内瓦斯不超限积聚。当砌墙工作完成时,在约定的时间同时将进、回风侧密闭墙上的通风口迅速封闭并立即撤出人员。由于这种方法能很快封闭火区,切断供氧,火区瓦斯也不容易达到爆炸界限,可保证人员的安全,所以它是瓦斯矿井封闭火区常用的封闭顺序。

(3) 在有条件(无瓦斯爆炸危险)的情况下应同时封闭各条通道;不能实现同时封闭的,应先封闭次要进、回风通道,后封闭主要进、回风通道。同时封闭进、回风巷时,必须在施工过程中预留通风孔,保证火区供风,确保不会发生爆炸,通风孔留待最后快速封闭。

【案例 5-17】 如图 5-4 所示,某煤矿采区刮板输送机巷因自燃而发生火灾。火源附近约有 120 m^3 瓦斯积聚区。原计划采用局部的封闭措施,在三石门中做密闭,但因该巷道中有充填用管子无法密闭。最后决定在进风 4 处密闭,回风侧 3 处密闭,较大范围封闭火区,达到灭火目的。

密闭的封闭按 1→2→3→4→5→6→7 的顺序进行,亦即先封入风侧,后封排风侧。当封闭 4 号密闭过程中,充填密闭的水沙快要接顶时发生了瓦斯爆炸。此时正在 5 号密闭处进行准备工作的救护队员也受到爆炸波的冲击。一共连续爆炸 9 次。当第 6 次爆炸时,把二石门中的风门 D 冲坏打开,使风流短路,从而减少了三石门的负压,而使第 7 次爆炸以后的间歇时间延为 7 h 以上,后 3 次爆炸威力渐小。

由于先对进风侧施工密闭时,使回风侧的负压增加,因而使火源附近的 120 m^3的积存瓦斯大量外泄,经火区而发生爆炸。爆炸后冲击波的破坏,打破了原来瓦斯的积存状态而发生连续多次爆炸,这对抢险救灾工作威胁很大。

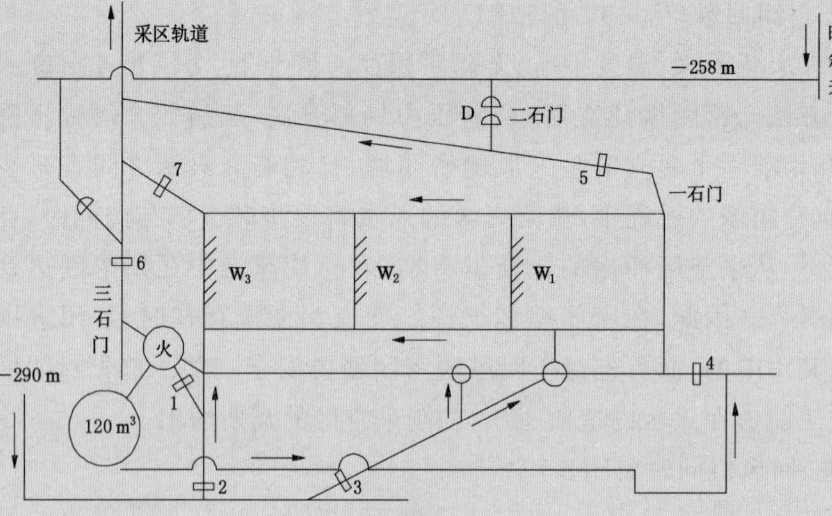

图 5-4 先封闭进风侧通风示意图

第九十六条 封闭工作面的密闭应当构筑在巷道围岩完整、支护良好的位置。密闭应当设置观测孔观测压差、气温、采集气样,观测管应当穿过所有密闭进入封闭区内;安装放水管用于观测水温、释放积水;安装防灭火措施管用于灌注惰气、注浆。

【解读】 本条是关于密闭砌筑位置及对密闭相关防火的规定。

(1) 密闭墙属于通防安全设施范畴,在控制井下风流、防止区域瓦斯等有害气体的渗透、抑制区域煤炭氧化自燃、防控灾变事故发展扩大方面有重要作用。封闭工作面的密闭内侧就是火区,此处积存大量有毒有害气体,有可能泄漏出来。密闭墙一旦出现裂隙,就会造成漏风量的增加,导致火区内有害气体的泄漏、积聚,同时出现漏风导致火区内火情变化。

防火密闭位置应当按照如下原则确定:封闭范围最小,数量最少,有利于快速建造,其前后 5 m 内围岩稳定、支护完好、巷道断面小、距巷道交叉口近、行人运料方便等。因此,封闭工作面的密闭应当构筑在巷道围岩完整、支护良好的位置,以避免因巷道围岩不完整、支护不良出现破坏密闭造成漏风引发火灾事故隐患。

(2) 若封闭火区内火源未彻底熄灭,启封过程中火源会因为新鲜空气的进入而迅速复燃,造成再次封闭,甚至引起火区爆炸,导致重大伤亡事故。因此,火区密闭和防火永久密闭都应当在离地板高度为墙高的 2/3 处设直径不小于 25 mm 的观测孔，用于观测压差、气温和取气样，观测管应当穿过所有密闭进入封闭区内；封闭区内高外低处的密闭应当安装直径 50 mm 以上的放水管，并带有水封结构或安装阀门，离底板高度为 0.3 m，用于观测水温、释放积水；另外在密闭的顶部还要安装直径不小于 100 mm 的灌浆管，以备灌浆或注惰气使用。

【案例 5-18】 2010 年 7 月 4 日 19 时 57 分，某煤矿发生一起一氧化碳中毒事故，造成 9 人死亡，直接经济损失 286 万元。

1. 直接原因

矿井主要通风机停止运行，自然风压造成矿井风流逆转，11010 火区内的高浓度一氧化碳扩散和运移到副井底附近，造成在副井底的 2 名排水人员中毒死亡；事故发生后，矿领导及有关人员 7 人盲目入井施救，造成事故扩大。

2. 间接原因

(1) 该矿对火区管理不善，未按规定对火区进行检查，密闭质量差，导致火区内一氧化碳涌出后大量积聚。

(2) 该矿通风管理混乱，随意停止运行主要通风机，未按规定进行机械通风。

(3) 该矿应急救援预案不完善，对煤层自然发火等倾向的预防措施不全面，应急演练未按规定进行，事故发生后盲目施救。

(4) 该矿安全教育、安全培训不到位，矿井的人员管理混乱，对职工应急避险知识教育不足。

第九十七条 封闭具有爆炸危险的火区时，应当遵守下列规定：

(一) 先采取注入惰性气体等抑爆措施，然后在安全位置构筑进、回风密闭。惰性气体注入前，应当撤出所有可能受爆炸威胁区域中的人员。

(二) 加强火区封闭的施工组织管理。封闭过程中，密闭墙预留通风孔，封孔时进、回风巷同时封闭；封闭完成后，所有作业人员必须立即撤出。

(三) 检查或者加固密闭墙等工作，应当在火区封闭完成 24 h 后实施，火区条件复杂时应当酌情延长至 48 h 或 72 h 后进行。发现已封闭火区发生爆炸造成密闭墙破坏时，严禁调派救护队近距离侦察或者恢复密闭墙；应当采取安全措施，实施远距离封闭。

【解读】 本条是关于封闭具有爆炸危险的火区应当遵守的规定。

(1) 注入惰性气体是防止封闭的火区发生瓦斯爆炸的有效措施。封闭火区时,首先采取从进风巷道方向注入惰性气体抑制瓦斯爆炸,并用便携式气相色谱仪及时检测回风侧流出的气体。当检测的混合气体中的惰性气体达到抑爆浓度(N_2为36.3%,CO_2为23.2%)后,救护队在安全的情况下再进入构筑密闭。

目前,煤矿井下广泛应用的惰性气体有燃气、氮气和二氧化碳3种。

① 燃气。通常通过航空煤油的燃烧而制成,其主要成分为二氧化碳,还有一些氮气、氧气、一氧化碳、水蒸气等。应用燃气灭火的优点是产气量大;缺点是燃气成分中的氧气和一氧化碳含量较高,影响火区气体状况的分析。

② 氮气(密度为1.25 kg/m^3,相对密度为0.97)。按状态分类,有气态、液态、固态3种,我国煤矿一般采用气态氮。气源主要采用空气分离技术获取,分离方法有深冷空分、膜分离、吸附分离3种。以深冷空分方式分离的氮气纯度很高,接近100%;以膜和吸附方式分离的氮气纯度较低,大约为95%。应用氮气灭火的优点是制气方便,缺点是产气量小。

③ 二氧化碳(密度为1.977 kg/m^3,相对密度为1.53)。按状态分类,有气态、液态、固态(干冰)3种,气源来自二氧化碳发生器,或者取自化工厂的副产品。采用发生器生产的二氧化碳,纯度接近100%,无氧气成分。应用二氧化碳气体灭火的优点是抑爆性能好、环保,缺点也是产气量较小。目前我国煤矿一般采用液态二氧化碳灭火。

惰性气体注入前,应当撤出所有可能受爆炸威胁区域中的人员。

(2) 加强火区封闭的通风管理:

① 封闭前加大风量,使封闭地点瓦斯浓度降至1.5%以下。

② 封闭过程中,密闭墙预留通风孔。封孔时,进、回风巷应同时封闭。

(3) 封闭火区的施工组织管理:

随着封闭火区的工程进行,火区内瓦斯的浓度会上升。为了保证封闭火区的施工安全,开工前应做好以下工作:

① 建立井下新鲜风流基地,并安排负责封闭火区工作的现场指挥员。

② 调集充足的救护小队并安排好班次。

③ 提前准备好密闭材料并运到施工现场附近。

在上述准备工作到位后,现场指挥员发布开工的命令,封闭火区的工作必须在瓦斯达到爆炸浓度前完成。

在建造防爆墙的过程中要预留通风孔,保证施工过程中火区内的可燃气体浓度不达到爆炸界限。通风孔留待密闭墙全部完成后在最短的时间内堵塞。堵塞后施工人员要尽快撤出危险区,防止随时可能发生的爆炸险情。

（4）当火区接近封闭时,火区内的进风压力降低造成瓦斯浓度快速上升。此时,为了防止封闭火区内的混合气体发生爆炸,矿山救护队指挥员必须做好撤退的准备。当密闭墙封顶后,立即带领全体救护队员迅速离开施工的危险区域。当需要进入检查或加固密闭墙时,要在确保安全的情况下进行。检查或加固密闭墙等工作,应当在火区封闭完成 24 h 后实施,火区条件复杂时应当酌情延长至 48 h 或 72 h 后进行。

矿山救护队的主要任务是抢救遇险人员。在井下进行救护工作,如果不需要抢救人员时,救护队员的自身安全必须是第一位的。在密闭的火区中发生爆炸破坏了密闭墙时,说明火区有再次发生爆炸的条件和可能,在这种非常危险的情况下,若火区中没有待救人员,严禁调派救护队近距离侦察或者恢复密闭墙;应当采取安全措施,并实施远距离封闭。

【案例 5-19】 某煤矿生产能力为 2 Mt/a,生产太西煤,属于高瓦斯矿井,煤层具有自燃危险。该矿于 2003 年 10 月发生火灾与爆炸相互转化的事故。事故首先发生在工作面采空区与四横川交叉点附近,由于该矿采空区与地面相连的裂缝通路畅通,地表漏风很大,瓦斯涌出量大,火区氧气和瓦斯补给源充足,不断补充爆炸对氧气和瓦斯的消耗,致使火区封闭无法形成火区内窒息性环境。

因此,在多次进行范围不断扩大的火区封闭期间,形成火灾与瓦斯爆炸的多次相互转化,引起百余次爆炸。

1. 事故原因

指挥部调查分析,发生多次封闭、多次爆炸的原因,是该矿的地面漏风大,煤层瓦斯大量涌出,火区封闭无法形成窒息性环境。最后,指挥部决定对南北翼相连的石门防爆密闭进行加固,防止渗漏,采取南翼灌水措施。该矿发生的火灾与爆炸相互转化的灾害是近年来最复杂的一次灾害,发生瓦斯爆炸 100 余次,但在整个救灾过程中无人员伤亡。

2. 事故经验及教训

(1) 对于高瓦斯矿井,当地面漏风大,漏风氧气与采空区瓦斯、氧气大量涌出时,一方面造成灾区封闭不能形成窒息性环境,另一方面造成间歇连续瓦斯爆炸的瓦斯和氧气供应源,火灾容易诱发多次爆炸。在具备类似条件的矿井,应特别注意多次爆炸发生的可能和火区封闭的困难,以及延迟一段时间观察(此时的等待往往不能使灾区状态好转)的必要性。

(2) 火区救灾应尽可能观察火区火源燃烧状态,或分析火区进回风气体组分浓度变化,对判断火源状况是十分重要的。

(3) 任何救灾措施的实施都有利弊,一定要注意进行利弊分析,两害相权取其轻。救灾时把瓦斯抽采管路改为今后的注浆管路,但忽视了在高瓦斯矿井中,中断瓦斯抽采会导致大量的瓦斯涌出,以至于对后面的救灾造成更大的危险与困难。

(4) 此次救灾在对通往火区的密闭加固时,只注意加固新建的密闭,忽视对通往火区的原密闭加固。

(5) 连接南北翼的主运输石门的防爆密闭上部在爆炸中受损,暴露永久密闭和防爆密闭接顶所存在的质量问题。在救灾过程中对修复的密闭上部采取用固定铁板加固的措施,在以后的爆炸中均未受损。另外,为减少横向冲击影响,指挥部作出以麻袋代替编织袋装砂砌筑防爆密闭的决定是正确的。

(6) 由于火灾具有吸氧蔓延和逆向传播的特征,所以正压通风具有两个易被忽视的问题:一是相连的小煤窑的自燃可能沿漏风方向传向大矿生产工作面的采空区,诱发采空区自燃;二是由于正压通风时,大矿采空区自燃生成的气体压向相连的采空区,所以在生产面回风巷难以监测到自燃生成的气体而造成采空区自燃预警的困难。因此,采用全矿正压通风、采区或工作面局部正压通风的矿井应注意上述两个问题,采取有效的预警和防范措施。

【案例 5-20】 2005 年 7 月,某煤矿综采工作面停采回撤设备期间发生高冒区自燃。8 月 20 日,回风石门风流中一氧化碳浓度突然上升。该矿决定采取封闭措施,先进行板闭施工,后在回风石门板闭外施工永久密闭。永久密闭施工到 0.6 m高时,板闭内开始出青烟,甲烷浓度为 1.9%,该矿立即组织撤人,同时使风流短路,减小火区风压,减少火区漏风。21 日 8 时,爆炸发生,回风石门木板密闭被摧毁,采空区出青烟,此时风量为 40~50 m^3/min,风流中一氧化碳浓度为0.05%~0.10%,甲烷浓度为 1%,轨道上山一氧化碳浓度为 0.085%。火区处理过程中发生 7 次爆炸。

事故原因如下:

爆炸过程的记录见表 5-2,定性分析事故原因为机道石门穿过 21 号煤层再穿过 18 号煤层,21 号煤层涌出的瓦斯流向火源点,当回风石门无风或风量减小时,21 号煤层涌出的达到爆炸浓度界限的瓦斯流经火源点时就会爆炸。

表 5-2　火区观测记录表

爆炸次数	时间	情况描述	爆炸原因的初步分析
1	2005 年 8 月 20 日 22 时 20 分	2005 年 8 月 20 日 22 时回风石门板闭施工完，22 时 20 分机道石门板闭施工完。9 h 40 min 后爆炸。二、三水平的警戒人员感觉到震动和冲击波	回风石门封闭后，风流隔断，21 号煤层瓦斯涌向火源处爆炸
2	21 日 17 时 20 分	三水平变电所观察人员听到爆炸声	机道石门建立木板 3 h 后爆炸。板闭隔断了机道风流，21 号煤层涌出的瓦斯涌到火源处爆炸
3	22 日 7 时 2 分	总机道风门风流短路后，配风巷永久调节风窗被摧毁	风流短路，机道石门风流减小，21 号煤层涌出的瓦斯达到爆炸界限
4	22 日 8 时 25 分	总机道观察人员感觉到冲击波，三水平风门受冲击波冲击而开动	机道石门充砂封堵，导致风流逐渐减小，21 号煤层涌出的瓦斯达到爆炸界限，涌到火源点处爆炸
5	23 日 3 时 25 分	三水平风门受冲击波冲击而开动，变电所观察人员听到较小的声音	机道石门充砂封堵，导致风流逐渐减小，21 号煤层涌出的瓦斯达到爆炸界限，涌到火源点处爆炸
6	24 日 9 时 25 分—22 时 15 分	变电所观察人员听到较小的声音。24 日 9 时 25 分注氮气。24 日 22 时 15 分火区内发生第六次瓦斯爆炸	机道石门充砂封堵，导致风流逐渐减小，21 号煤层涌出的瓦斯达到爆炸界限，涌到火源点处爆炸
7	25 日 6 时 50 分	瓦斯检查员在底弯道风门处听到明显的爆炸声音	机道石门充砂封堵，导致风流逐渐减小，21 号煤层涌出的瓦斯达到爆炸界限，涌到火源点处爆炸

第九十八条　火区封闭后，应当积极采取均压、堵漏、注浆、注惰性气体等灭火措施，加速火区熄灭进程。

【解读】 本条是关于火区封闭后采取灭火措施加速火区熄灭进程的规定。

(1) 均压防灭火是利用矿井通风调节设施，降低井下均压施治区域进、回风两端的压力差，减少或杜绝漏风，使火区窒息、煤炭自然发火被抑制的技术，具有简便、经济、实用的特点。均压通风是区域性防灭火措施，其设计必须以完整的区域风压和风阻资料为依据。同时，区域风压和风阻可能会发生动态变化，矿井应有完善的检测手段，以便及时掌握和调整。

采用均压技术防灭火时,应当遵守下列规定:

① 有完整的区域风压和风阻资料以及完善的检测手段。

② 有专人定期观测与分析采空区和火区的漏风量、漏风方向、空气温度、防火墙内外空气压差等状况,并记录在专用的防火记录簿内,见表 5-3、表 5-4。

表 5-3 火区注浆、注砂、注惰性气体记录表

火区名称: 火区编号:

<table>
<tr><td rowspan="2">钻孔
防火墙
编号</td><td colspan="2">位置</td><td rowspan="2">钻机编号</td><td rowspan="2">打钻时间</td><td rowspan="2">套管
直径
/m</td><td rowspan="2">孔深
/m</td><td colspan="3">注浆</td><td colspan="2">注砂</td><td colspan="2">注惰性气体</td><td rowspan="2">备注</td></tr>
<tr><td>地面</td><td>井下</td><td>日期</td><td>注浆
量/m^3</td><td>泥水比</td><td>日期</td><td>注砂
量/m^3</td><td>日期</td><td>注惰性
气体量
/m^3</td></tr>
<tr><td></td><td></td><td></td><td></td><td></td><td></td><td></td><td></td><td></td><td></td><td></td><td></td><td></td><td></td><td></td></tr>
<tr><td></td><td></td><td></td><td></td><td></td><td></td><td></td><td></td><td></td><td></td><td></td><td></td><td></td><td></td><td></td></tr>
<tr><td></td><td></td><td></td><td></td><td></td><td></td><td></td><td></td><td></td><td></td><td></td><td></td><td></td><td></td><td></td></tr>
<tr><td></td><td></td><td></td><td></td><td></td><td></td><td></td><td></td><td></td><td></td><td></td><td></td><td></td><td></td><td></td></tr>
<tr><td></td><td></td><td></td><td></td><td></td><td></td><td></td><td></td><td></td><td></td><td></td><td></td><td></td><td></td><td></td></tr>
<tr><td></td><td></td><td></td><td></td><td></td><td></td><td></td><td></td><td></td><td></td><td></td><td></td><td></td><td></td><td></td></tr>
</table>

表 5-4 防火墙内气体成分、温度等观测记录表

火区编号: 防火墙编号:

<table>
<tr><td>地点</td><td></td><td>封闭
日期</td><td></td><td>厚度
/m</td><td></td><td>断面
积/m^3</td><td></td><td>建筑
材料</td><td></td><td>施工
负责人</td><td></td><td>惰性气
体注入
量/m^3</td><td></td></tr>
<tr><td rowspan="2">观测
日期</td><td colspan="5">防火墙内气体成分/%</td><td colspan="2" rowspan="2">防火墙
内温度/℃</td><td colspan="2" rowspan="2">防火墙出水
温度/℃</td><td rowspan="2">防火墙
内外压差/Pa</td><td colspan="3" rowspan="2">发现情况(火区的漏风量、漏风方向等)</td></tr>
<tr><td>CH_4</td><td>O_2</td><td>CO_2</td><td>CO</td><td>N_2</td></tr>
<tr><td></td><td></td><td></td><td></td><td></td><td></td><td colspan="2"></td><td colspan="2"></td><td></td><td colspan="3"></td></tr>
<tr><td></td><td></td><td></td><td></td><td></td><td></td><td colspan="2"></td><td colspan="2"></td><td></td><td colspan="3"></td></tr>
<tr><td></td><td></td><td></td><td></td><td></td><td></td><td colspan="2"></td><td colspan="2"></td><td></td><td colspan="3"></td></tr>
<tr><td></td><td></td><td></td><td></td><td></td><td></td><td colspan="2"></td><td colspan="2"></td><td></td><td colspan="3"></td></tr>
<tr><td></td><td></td><td></td><td></td><td></td><td></td><td colspan="2"></td><td colspan="2"></td><td></td><td colspan="3"></td></tr>
<tr><td></td><td></td><td></td><td></td><td></td><td></td><td colspan="2"></td><td colspan="2"></td><td></td><td colspan="3"></td></tr>
</table>

③ 改变矿井通风方式、主要通风机工况以及井下通风系统时，对均压地点的均压状况必须及时进行调整，保证均压状态的稳定。

④ 经常检查均压区域内的巷道中风流流动状态，并有防止瓦斯积聚的安全措施。

（2）在通风管理方面，采用有利于防止煤炭自然发火的通风方式，实施均压通风、预防性灌水、注浆措施以及建立预测预报管理制度，尽可能减少或杜绝漏风，不给自然发火创造良好的供氧条件。

（3）胶体的组成成分主要有吸水膨胀作用的基料、微量复合剂和促凝剂，胶体的防灭火性能主要体现在渗透性和堵漏性。基料与水混合合成胶体后，具有一定的流动性，可以封堵煤块之间及其内部的空隙，有效隔绝氧气。凝胶是胶体的一种特殊存在形式，是介于固体与液体之间的一种特殊状态，其主要成分为水，含水量通常在80%以上，具有渗透性和封堵性好、促凝时间可控等特点。凝胶防灭火是将凝胶材料灌注至目标地点，液态凝胶材料成胶后可以封堵裂隙，把松散的煤体变成凝胶整体，并在表面形成凝胶保护层，通过固水、覆盖隔氧、降温等作用，实现防灭火目的。

采用凝胶防灭火时，编制的设计中应当明确规定凝胶的配方、促凝时间和压注量等参数。压注的凝胶必须充填满全部空间，其外表面应当喷浆封闭，并定期观测，发现老化、干裂时重新压注。

（4）注浆防灭火的作用：浆液充填煤岩裂隙及其孔隙的表面，增大氧气扩散的阻力，减小煤与氧的接触和反应面积；浆水浸润煤体，增加煤的外在水分，吸热冷却煤岩；加速采空区冒落煤岩的胶结，增加采空区的气密性。注浆防灭火的实质是，抑制煤在低温时的氧化速度，延长自然发火期。

采用注浆防灭火时，应遵守下列规定：

① 采（盘）区设计应当明确规定巷道布置方式、隔离煤柱尺寸、注浆系统、疏水系统、预筑防火墙的位置以及采掘顺序。

② 安排生产计划时，应当同时安排防火注浆计划，落实注浆地点、时间、进度、注浆浓度和注浆量。

③ 对采（盘）区始采线、终采线、上下煤柱线内的采空区，应当加强防火注浆。

④ 应当有注浆前疏水和注浆后防止溃浆、透水的措施。

（5）惰性气体注入采空区后具有降低氧气浓度的作用。液氮灭火还具有冷却降温作用。在20 ℃的环境温度下，液氮的汽化热为423 kJ/kg，直接用液氮注入火区时，液氮汽化，吸收热量，使火区气体、煤层和围岩的温度降低，火区冷却会加速火源熄灭；在封闭火区的过程中，氮气注入火区后，兼有抑爆作用。

采用氮气防灭火时，应当遵守下列规定：

① 氮气源稳定可靠。

② 注入的氮气浓度不小于97%。

③ 至少有1套专用的氮气输送管路系统及其附属安全设施。

④ 有能连续监测采空区气体成分变化的监测系统。

⑤ 有固定或者移动的温度观测站(点)和监测手段。

⑥ 有专人定期进行检测、分析和整理有关记录、发现问题及时报告处理等规章制度。

综上所述，积极采取均压、堵漏、注浆、注惰性气体等灭火措施，可以加速火区熄灭进程，尽早消除火灾事故。

【案例5-21】 2011年10月30日8时15分，某煤矿调度室接到井下安检员汇报：21021采煤工作面下安全出口向上6 m靠煤墙巷道顶部煤体有65 cm^2左右的明火(该巷道布置如图5-5所示)，且煤层较厚、老巷交错、煤体破碎、四处漏风，灭火困难。救护队共投入救护中队3个，作战小队56队次，参战指战员418人次，通过采取直接用水灭火、打钻注水、注罗克休泡沫、封闭火区等综合灭火技术，经过15 d火灾处理，最终将火灾扑灭。

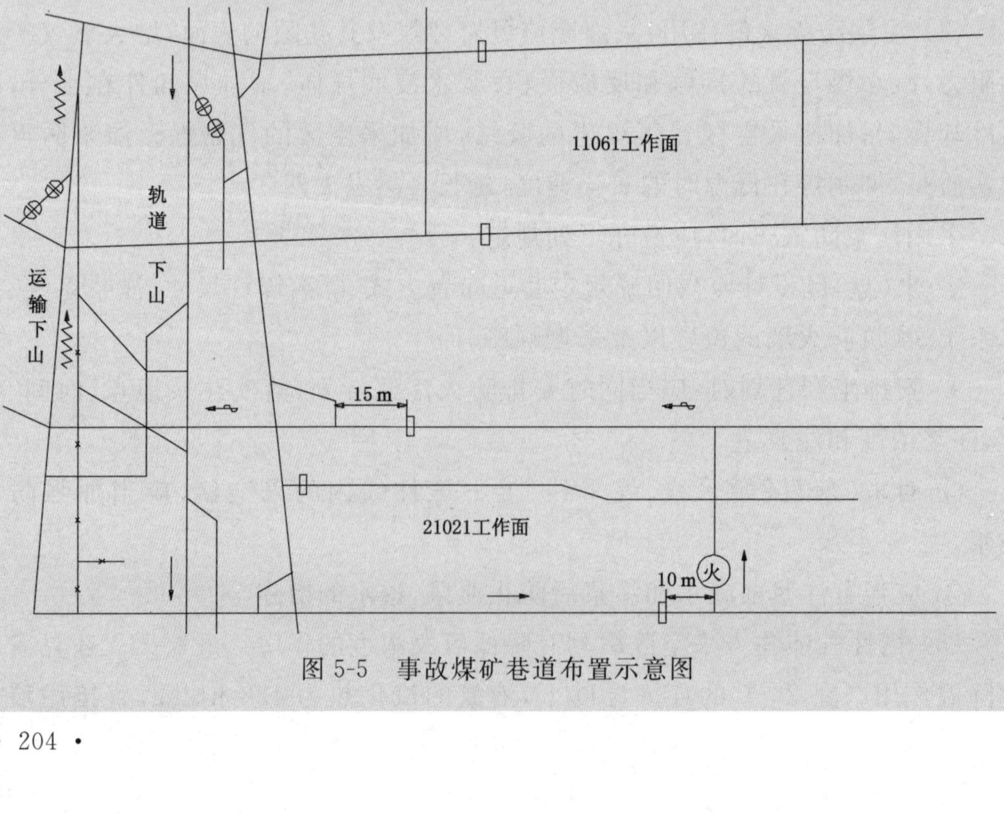

图5-5 事故煤矿巷道布置示意图

1. 事故处置过程。

矿调度室调度员向矿值班领导汇报，值班领导立即启动火灾事故处理应急预案，电话通知井下所有人员撤到新鲜风流中，同时，向集团公司调度室汇报通知救护队，并组织成立救灾抢险指挥部。

10月30日8时43分，救护队到达该矿，下井侦察后发现21021工作面下安全出口向上6 m靠煤墙侧支护工作面的Π型钢梁上部煤体燃烧共有3处明火，长5.5 m、宽1 m，呈蓝色火焰，测得甲烷浓度为0.04%，一氧化碳浓度为0.01%，二氧化碳浓度为0.1%，氧气浓度为20%，温度为40 ℃；沿工作面继续向上侦察至工作面上副巷口，没有发现其他着火点，巷道内有青烟，救护队立即向抢险指挥部汇报侦察结果。

抢险指挥部根据21021工作面着火点情况和回风流各种气体浓度，制定了21021工作面火灾事故处理应急灭火方案：① 用水扑灭煤体表面火；② 打钻注水消除煤体内部阴燃火；③ 如果火势扩大无法直接灭火，对火区进行封闭。依据火灾发展情况，救护队落实如下灭火技术方案：

(1) 用水直接灭火。

救护人员安装水管接通水源从火焰边缘逐步向火源中心喷水直接灭火，30日13时15分，着火地点区域内已看不到明火，经仔细观察，发现火点上部煤体内有一裂缝外宽里窄，深度能看到2 m多，裂缝内煤体仍在燃烧，救护人员把3 m长钢管连接水管插入裂缝内注水灭火。但自然发火地点煤层较厚，工作面停产时间较长，工作面单体液压支柱泄压，煤层下沉与顶板离层，在煤层顶部形成裂隙，小火顺着裂隙在煤体内部燃烧，并有向工作面上部发展的趋势。21时15分，救护人员检测到21021采煤工作面回风流中一氧化碳浓度为0.002 8%，着火点沿工作面向上40 m开采区侧局部一氧化碳浓度为0.055 4%，立即向指挥部汇报检查气体情况。

(2) 打钻注水、注罗克休灭火。

直接灭火无法将煤体缝隙内火灾扑灭，指挥部要求救护队继续注水并严密观察气体变化情况，同时安排矿方组织技术人员同救护队配合，在21021工作面着火点周围及煤层温度和一氧化碳浓度异常的地点布置钻孔，打钻孔下套管注水灭火。10月31日5时15分，救护队检测发现21021工作面回风流中一氧化碳浓度达到0.013%。17时，救护队检测发现21021工作面回风流中一氧化碳浓度上升到0.02%。

根据指挥部的安排，11月1日0点班开始向钻孔内注罗克休。截至11月2

日8点班,21021工作面累计打钻孔15个,其中注罗克休的钻孔8个,共计注入罗克休2 850 kg。随着各钻孔注水和注罗克休之后,21021工作面回风流中的一氧化碳浓度由最高时的0.02%逐渐消失,并呈稳定趋势。

11月3日,21021工作面回风流中的一氧化碳一直处于稳定状态,但工作面采空区侧局部地点一氧化碳浓度在0.006%~0.008%。11月3日8点班,指挥部决定向工作面采空区侧的空隙内充填物料,注入罗克休1 000 kg,以切断一氧化碳的涌出通道;经过连续检测,到11月5日4点班,21021工作面采空区侧局部地点的一氧化碳浓度始终稳定在0.004%以下。

11月6日0点班,救护队检测气体时发现21021工作面采空区侧局部地点一氧化碳浓度逐步升高,最高达到0.013%。8点班,经检测发现21021工作面回风流、上隅角一氧化碳最高浓度为0.007%,工作面采空区侧局部一氧化碳浓度上升到0.079%。

(3) 封闭火区窒息灭火。

11月6日8点班,工作面的气体变化情况说明煤体裂隙内火仍在燃烧,指挥部决定由救护队落实以下窒息灭火技术措施:

① 对21021工作面上、下副巷同时实施封闭。先建造5 m厚防爆墙,然后紧靠防爆墙建造板闭,板闭外喷涂快速密闭,板闭内外0.3 m处各建造一道0.5 m厚的砖闭,砖闭建成后,在砖闭和板闭之间注罗克休,并对21021上、下副巷砖闭周围煤体注入罗克休充填煤层裂隙。

② 在21021工作面高抽巷的原密闭外再建0.5 m厚的砖闭,并对砖闭周围煤体注入罗克休。11月10日3时,21021工作面上、下副巷与高抽巷密闭建成后,密闭墙位置如图5-5所示,21021工作面上副巷密闭内一氧化碳浓度由最高时的0.036%逐步降低并稳定在0.003%~0.005%;但经检测发现矿井总回风巷风流中一氧化碳浓度为0.032%,这说明井下其他区域有新的高温点存在或有与21021工作面采空区相连通的通道。为了彻底查明矿井总回风巷一氧化碳浓度升高的原因,11月10日15时,救护队沿矿井总回风巷对井下所有可能引起总回风巷内一氧化碳浓度升高的巷道进行逐巷排查,在11061工作面上副巷口向里80~130 m范围内发现巷道局部温度较高,一氧化碳浓度达0.17%~0.19%,巷道内有水珠。沿巷道向里行走,到达11061工作面中联巷以里的巷道,巷道内一氧化碳浓度为0.418%,温度为19 ℃。经分析认为,11061工作面上副巷内高浓度一氧化碳是由21021工作面封闭后火区产生的一氧化碳通过采空区、老巷、裂隙扩散到11061工作面上副巷所致,矿井总回风巷一氧化碳浓度

升高是由 11061 工作面上副巷密闭内一氧化碳涌出所致。

综合上述情况，指挥部制定以下灭火技术方案：① 对 11061 工作面上、下副巷有一氧化碳涌出区域实施封闭堵漏；② 对 21021 工作面上、下副巷与高抽巷密闭外 5 m 范围巷道表面喷浆堵漏；③ 在 21021 工作面上副巷建造均压室；④ 降低矿井主要通风机负压。

11 月 14 日，救护队在 11061 工作面上、下副巷各建 500 mm 厚的砖墙一道，密闭墙位置如图 5-5 所示，同时完成了 21021 工作面上、下副巷与高抽巷密闭外 5 m 范围巷道表面喷浆堵漏，又调整降低矿井负压，负压由 600 Pa 调整为400 Pa 左右，并在 21021 工作面上副巷建造均压室，降低 21021 工作面上、下副巷压差，采取一切措施减少火区漏风。

以上措施落实后，矿井总回风巷内一氧化碳浓度陆续降低并消失。随后，由救护队继续执行定期对各密闭地点和矿井总回风巷的气体检测任务。经过采取一系列封堵措施和均压技术，火区内温度与一氧化碳、氧气浓度逐渐下降，甲烷、二氧化碳浓度逐渐上升。截至 2012 年 5 月底，21021 火区内一氧化碳消失，氧气浓度下降到 5%以下，温度下降到 20 ℃以下，火区内气体及温度变化情况如图 5-6和图 5-7 所示，以上各种指标稳定了 150 d 以上，符合火区熄灭条件，说明火区火已经熄灭。

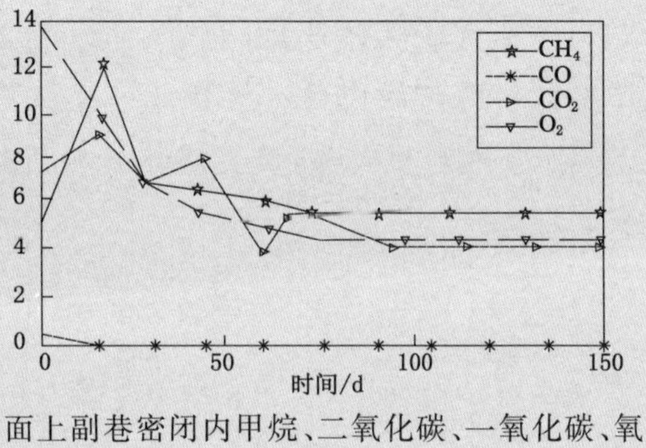

图 5-6　21021 工作面上副巷密闭内甲烷、二氧化碳、一氧化碳、氧气浓度变化曲线

2. 事故原因。

21021 采煤工作面停采时间长，没有及时封闭，工作面供风正常。工作面回采后顶板压力重新分布，停采期间工作面顶板压力逐渐加大，工作面支护顶板的单体液压支柱泄压或下陷，造成工作面支架上方煤体下沉，与工作面煤墙形成裂隙，风流顺着裂隙进入煤体内部，加之煤体又比较破碎，使裂缝内破碎煤体长时间处于微风供氧状态，破碎煤体因供风氧化、蓄热升温、加速氧化、再积热升温而引起自燃；矿井检测监控不到位，没有及时发现煤炭自燃征兆；21021工作面煤

层较厚、老巷交错、煤体破碎、四处漏风，使自燃火灾难以扑救。

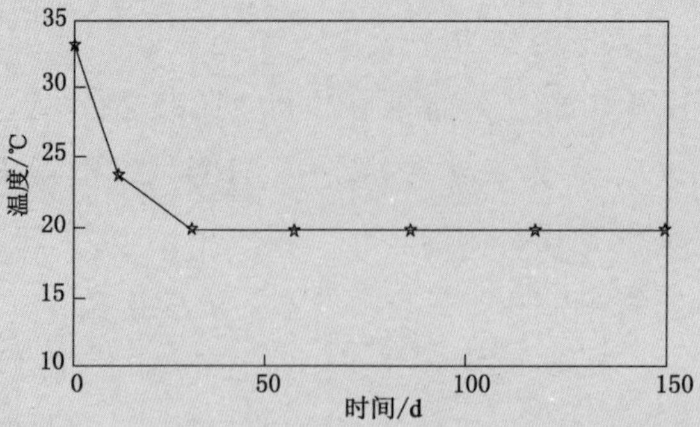

图 5-7 21021 工作面上副巷密闭内温度变化曲线

3. 事故经验及教训

(1) 指挥部制订方案正确，采取措施得力，安排工作仔细，为事故成功处理提供了可靠保证。

(2) 成功利用打钻注水、注罗克休围攻火点的方法在短时间内消灭明火，并将煤层由自燃状态抑制到阴燃状态，为今后处理此类事故积累了经验。

(3) 井下消防管路安装不到位，延误了直接灭火的时间，错过了扑灭火灾的有利时机。

(4) 矿井图纸资料不全，不能充分掌握井下采空区、老巷的具体位置，以至于没有及时采取措施而造成火灾气体蔓延。

(5) 这是一起煤炭自燃引起的内因火灾事故。矿井停产 6 个月，没有对工作面进行封闭，该工作面煤体比较破碎，破碎煤体长时间处于微风供氧状态，煤炭氧化引起自燃火灾。

第六章 井下火区管理

第一节 火区管理

第九十九条 煤矿必须绘制火区位置关系图，注明所有火区和曾经发火的地点。每一处火区都要按形成的先后顺序进行编号，并建立火区管理卡片。火区位置关系图和火区管理卡片必须永久保存。

【解读】 本条是对火区管理的规定。

凡发生过矿井火灾的煤矿，都必须绘制火区位置关系图，注明所有火区和曾经发火的地点，对井下作业人员经常提醒或警示。对所有火区都必须建立火区管理卡片。

(1) 火区管理卡片应包括以下内容：

① 火区基本情况登记表(表 6-1)；

② 火区注浆、砂、惰气记录表(表 5-3)；

③ 防火墙内气体成分、温度等观测记录表(表 5-4)；

④ 火区位置关系图。

(2) 火区管理卡片由矿通风部门负责填写，并装订成册，永久保存。

第一百条 火区位置关系图以通风系统图为基础绘制，标明所有火区的边界、防火密闭墙位置、历次发火点的位置、漏风路线及防灭火系统布置。图上注明火区编号、名称、发火时间。

【解读】 本条是对火区位置关系图绘制的有关要求。

火区位置关系图是火区管理卡片的附图，火区位置关系图以通风系统图为基础绘制，必要时可增加绘制剖面图。从图纸中我们能够对火区周边关联巷道、采掘工作面以及通风情况做到一目了然，为掌握火区外围风流方向、漏风路线以及采取相应注浆、均压等防灭火技术提供基础指导性资料。

表 6-1 火区基本情况登记表

火区名称：

<table>
<tr><td colspan="2">发火时间</td><td>年　月　日　时　分</td><td>发火地点及标高
（该表背面要附火区位置关系图）</td><td></td></tr>
<tr><td colspan="3">发火原因</td><td colspan="2"></td></tr>
<tr><td rowspan="9">发火当时情况</td><td colspan="2">火灾处理方法及经过</td><td colspan="2"></td></tr>
<tr><td colspan="2">火灾处理延续时间/h</td><td colspan="2"></td></tr>
<tr><td rowspan="2">火灾波及范围</td><td>封装巷道总长度/m</td><td colspan="2"></td></tr>
<tr><td>封闭工作面个数/个</td><td colspan="2"></td></tr>
<tr><td rowspan="2">密闭数量</td><td>临时密闭/个</td><td colspan="2"></td></tr>
<tr><td>永久密闭/个</td><td colspan="2"></td></tr>
<tr><td colspan="2">注入水量/m³</td><td colspan="2"></td></tr>
<tr><td colspan="2">注入河沙、泥浆量/m³</td><td colspan="2"></td></tr>
<tr><td colspan="2">注入惰性气体量/m³</td><td colspan="2"></td></tr>
<tr><td rowspan="5">火灾造成损失</td><td colspan="2">影响生产时间/h</td><td colspan="2"></td></tr>
<tr><td colspan="2">影响产量/万 t</td><td colspan="2"></td></tr>
<tr><td colspan="2">冻结煤量/万 t</td><td colspan="2"></td></tr>
<tr><td rowspan="2">设备损失</td><td>封闭/（台、件）</td><td colspan="2"></td></tr>
<tr><td>烧毁/（台、件）</td><td colspan="2"></td></tr>
<tr><td rowspan="2">煤层产状</td><td colspan="2">厚度/m</td><td colspan="2"></td></tr>
<tr><td colspan="2">倾角/(°)</td><td colspan="2"></td></tr>
</table>

表 6-1(续)

煤层自燃情况	煤层自燃危险等级	
	煤层自然发火期/月	
采煤方法		
采掘起止日期		

第一百零一条　火区管理卡片应当包括下列内容:

(一) 火区基本情况登记表。火区登记表中所附火区位置示意图中应当标明火源位置、防火墙类型、位置与编号、钻孔位置、火区外围风流方向以及均压技术设施等内容,并绘制必要的剖面图。

(二) 火灾事故报告表。

(三) 火区灌注灭火材料记录表。

(四) 防火墙观测记录表。

【解读】 本条是对火区管理卡片的有关要求。具体见第九十九条解读。

第一百零二条　井下火区应当采用永久密闭墙封闭,密闭墙的质量标准由煤矿企业统一制定,并遵守下列规定:

(一) 每个密闭墙附近必须设置栅栏、警示标志,禁止人员入内,并悬挂说明牌。

(二) 定期测定和分析密闭墙内的气体成分和空气温度。

(三) 定期检查密闭墙外的空气温度、瓦斯浓度,密闭墙内外空气压差以及密闭墙墙体。发现封闭不严、有其他缺陷或者火区有异常变化时,必须采取措施及时处理。

(四) 所有测定和检查结果,必须记入防火记录簿。

(五) 矿井做大幅度风量调整时,应当测定密闭墙内的气体成分和空气温度,分析其变化趋势。

(六) 井下所有永久性密闭墙都应当编号,并在火区位置关系图中注明。

【解读】 本条是对永久性密闭墙管理的规定。

永久性密闭墙是火区管理的重要构筑物,它的严密性在很大程度上决定着封闭火区的灭火效果,必须定期进行检查。其目的是掌握和维护密闭墙质量,发现问题及时处理，始终保持严密不漏风的完好状态；同时，通过密闭墙内的空气成分、温度和密闭墙内外压力差的检测，系统分析火区的变化，可为判断火区是否熄灭、是否完全具备启封的条件提供可靠依据。

采空区永久封闭管理规定(示例)

1. 采空区密闭的原则

(1) 密闭墙体应具有足够的承压强度、足够的气密性能和使用寿命。矿震危险区密闭必须具备抗冲击性能。

(2) 永久密闭应优先选择充填方式封闭。不具备充填条件的密闭，必须增设一道可压缩密闭(可采用膨胀型可塑性材料)。

(3) 大面积采空区封闭，可选择封闭长期不用巷道的方式，实现大范围封闭。

(4) 需泄水的密闭应在确保不漏风的前提下，保证其泄水能力。

2. 一般规定

(1) 密闭位置应选择在动压影响小、围岩稳定、巷道规整的巷段内。巷帮破裂的巷道封闭后，应对密闭周边巷道进行注浆加固处理，如注水泥或马丽散等。

(2) 永久密闭墙体必须与巷壁紧密结合，连成一体。

(3) 密闭前应设置栅栏、警标、检查箱和管理牌板，配齐观察孔、措施管、束管等辅助设施。

(4) 矿井应建立完善的观测制度，掌握采空区内的气体情况，采空区密闭内气体浓度每半月至少进行一次分析，并检查密闭墙的完好状态及漏风情况。

(5) 密闭实行建档管理，密闭台账内容包括：密闭材料及厚度、施工时间、封闭长度、封闭区基本状况等。

(6) 与采空区连通的泄水孔实行建档、挂牌管理，及时进行封堵。

(7) 所有密闭施工必须做到一工程一措施，需要注浆的地点必须制定完善的防溃浆措施，保障注浆安全。

3. 密闭标准

密闭标准见附件。

附件：见表 6-2。

表 6-2 采空区封闭标准

密闭类型	巷道类型	密闭结构	备注	示意图
不复用巷道密闭	上山斜巷	1. 挡浆闭：厚度不小于 500 mm，砖（或砌块、料石）、混凝土结构，并设置楔形防倒墙垛（见图）。 2. 挡浆闭内充填：压注粉煤灰固化材料或胶体泥浆等，充填段长度不小于 20 m（联络巷长度小于 20 m 的，要将联络巷充满）。 3. 外盲巷闭：建在巷道门口		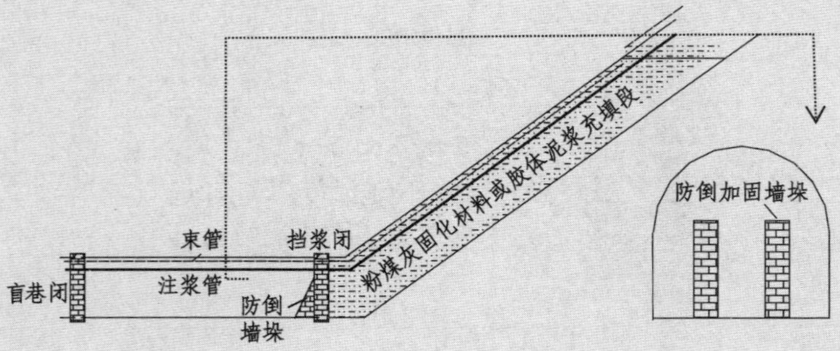
	下山斜巷	1. 内挡浆闭：厚度不小于 500 mm，砖（或砌块、料石）、混凝土结构，并设置楔形防倒墙垛。 2. 挡浆闭外充填：注粉煤灰固化材料或胶体泥浆充填，充填段长度不小于 20 m（联络巷长度小于 20 m 的，要将联络巷充满）。 3. 盲巷闭：建在巷道门口		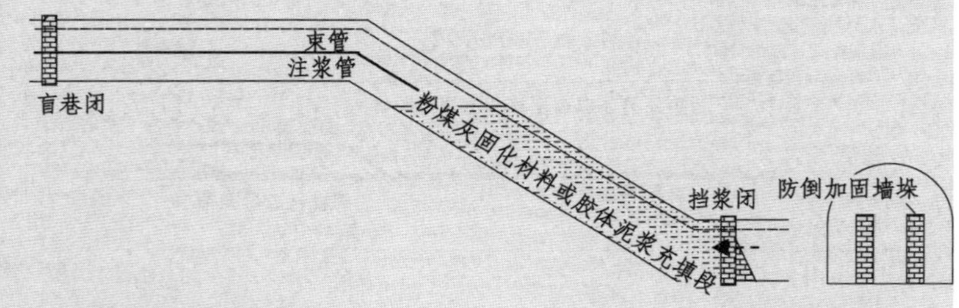

表 6-2(续)

密闭类型	巷道类型	密闭结构	备注	示意图
不复用巷道密闭	平巷	1. 内挡浆闭:砖(或砌块、料石)、混凝土结构,厚度不小于 500 mm。 2. 外挡浆闭:建在巷道门口以里不大于 5 m 处,砖(或砌块、料石)、混凝土结构,厚度不小于 500 mm,并设置楔形防倒墙垛(见图)。 3. 两闭之间充填:注粉煤灰固化材料或胶体泥浆充填,并压注膨胀接顶材料,如马丽散或瑞米 2 号、3 号等		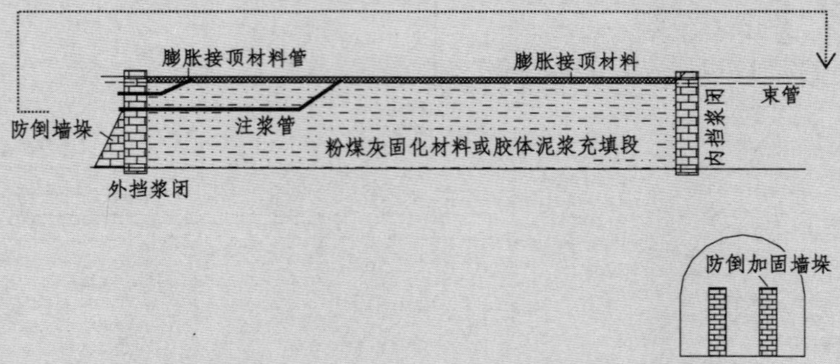
	溜煤眼	1. 溜煤眼下口压注混凝土充填,充填厚度不小于 2 m。 2. 溜煤眼内充填粉煤灰固化材料或瑞米 2 号、3 号等。用煤充填的,必须对松散煤体注入水泥进行固化	需泄水的,应设置导水管	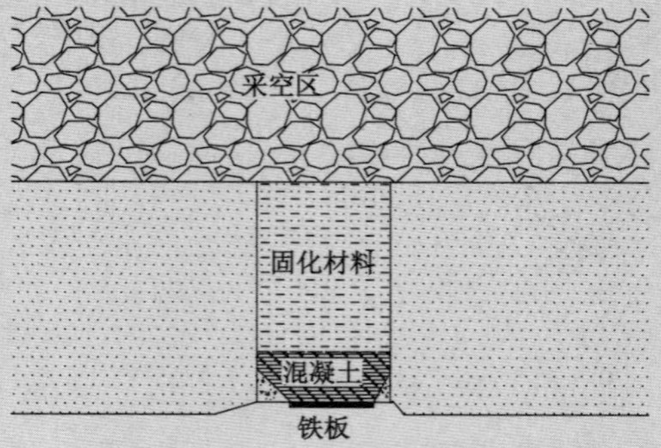

表 6-2(续)

密闭类型	巷道类型	密闭结构	备注	示意图
不复用巷道密闭	不具备充填条件的巷道	1. 内部柔性密闭:由板闭和金属网构建。 2. 钢筋混凝土密闭:采用打锚杆(或锚索)和喷浆的方式构建,厚度不小于 600 mm		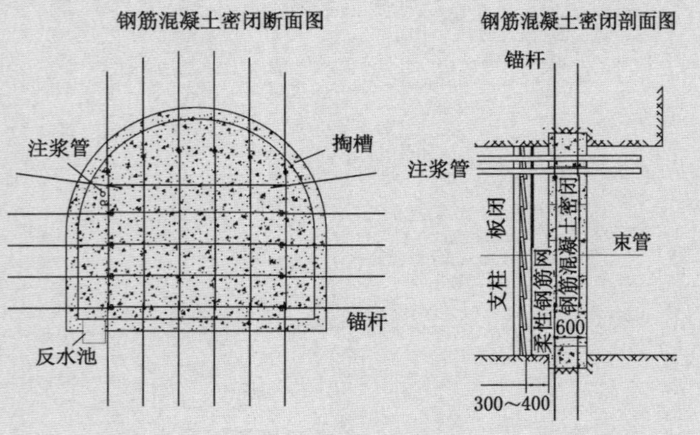
复用巷道密闭	外错或共用联络巷	1. 共用联络巷永久不用段,具备充填条件的,用粉煤灰固化材料或胶体泥浆充填。 2. 外错联络巷待掘巷道与采空区之间设置木垛或沙袋垛,或用发泡材料充填,并构建钢筋混凝土密闭。 3. 盲巷闭:巷道门口施工夹缝墙,各墙体厚度不小于 240 mm,夹缝宽度不小于 500 mm,夹缝中充填发泡材料	右图为平面图	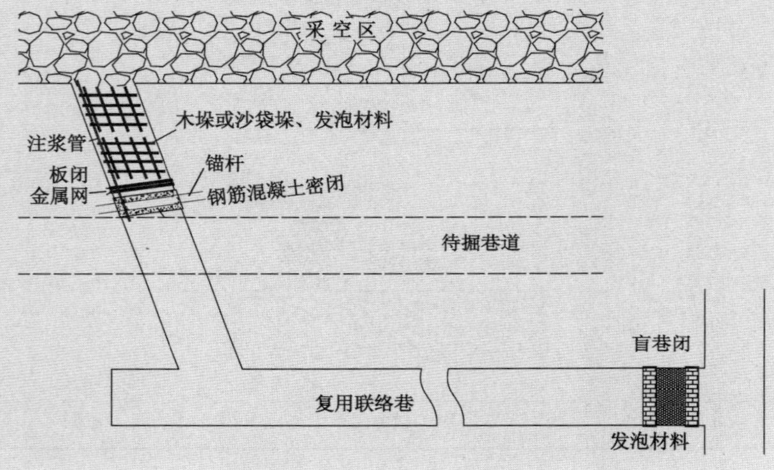

表 6-2(续)

密闭类型	巷道类型	密闭结构	备注	示意图
复用巷道密闭	泄水巷	1. 待掘巷道与采空区之间设置木垛,并充填一定厚度的发泡材料。有矿震或煤层自然发火危险的采空区还应增设钢筋混凝土密闭(参见上栏图)。 2. 盲巷闭:巷道门口施工夹缝墙,各墙体厚度不小于 240 mm,夹缝宽度不小于 500 mm,夹缝中充填发泡材料	右图为平面图	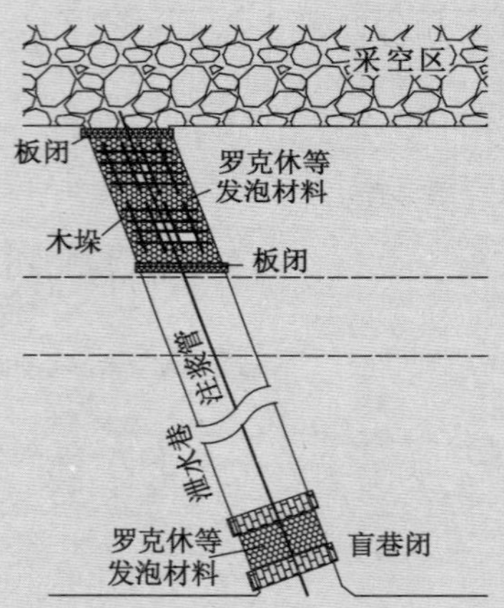
	溜煤眼	1. 上口必须进行封堵处理。 2. 下口注入水玻璃凝胶进行封堵,注胶厚度不小于 2 m		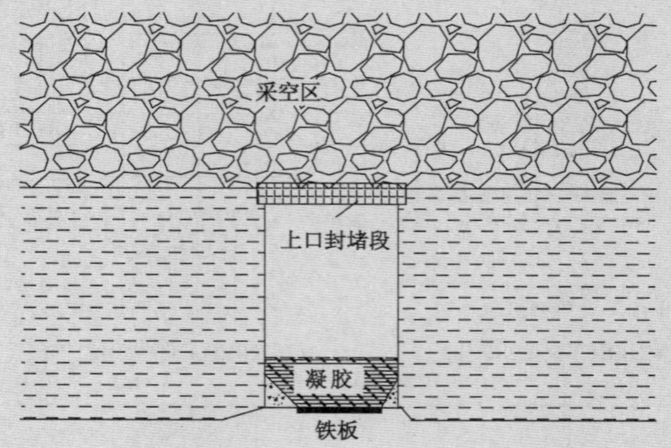

第一百零三条　不得在火区的同一煤层的周围进行采掘工作。

在同一煤层同一水平的火区两侧、煤层倾角小于35°的火区下部区段、火区下方邻近煤层进行采掘时，必须编制设计，并遵守下列规定：

（一）必须留有足够宽（厚）度的隔离火区煤（岩）柱，回采时及回采后能有效隔离火区，不影响火区的灭火工作。

（二）掘进巷道时，必须有防止误冒、误透火区的安全措施。

（三）煤层倾角在35°及以上的火区下部区段严禁进行采掘工作。

【解读】 本条是对火区同一煤层周围采掘工作的规定。

（1）如果在火区的同一煤层周围进行采掘工作，由于采动影响，可能会损坏密闭的严密性，还会使火区周围的煤岩层遭到震动破坏而产生裂隙，采掘工作面及相邻巷道就会向火区漏风供氧而不利于火区熄灭，甚至死灰复燃而再次燃烧；同时，火区内的有害气体还可能通过这些裂隙涌入采掘作业地点而致人中毒窒息。因此，规定不得在火区的同一煤层的周围进行采掘工作。

（2）巷道掘进防止误冒、误透火区。巷道掘进误冒、误透已封闭的火区，无疑会形成漏风通道，火区得到充分的供氧条件，会加剧火区的火势，严重威胁掘进工作面及周围作业人员的安全。为此，巷道掘进时，必须有防止误冒、误透火区的安全措施。

（3）煤层倾角35°及以上的火区下部严禁采掘工作。煤层倾角大于煤的安息角时，隔离煤柱的稳定性很差甚至很难留住，往往是下区段采煤工作面开采后，上部所留的煤柱随采煤工作面顶板的垮落一起向下塌落，造成下区段采空区与上区段的火区相连通，不利于火区熄灭。火区内尚未熄灭的火源还可能掉入下部采空区引燃采空区内的瓦斯。

【案例6-1】 某日，辽宁省某煤矿西一区由±0 m向+5 m掘进溜煤上山时，因爆破震动引起火区密闭垮塌造成高温火源与高温气流扩散，导致30 m巷道的支架着火和10人中毒死亡的事故。

【案例6-2】 2010年1月11日，吉林省蛟河市某煤矿技术改造区域主井筒−20.5 m标高临时水仓处导通原蛟河煤矿旧采区，一氧化碳溢出，造成7人死亡、6人轻伤，直接经济损失323.435 1万元。

第二节 火区启封

第一百零四条 封闭的火区，必须经取样化验证实火已熄灭后，方可注销或者启封。

火区同时具备下列条件时，方可认为火已熄灭：

（一）火区内的空气温度下降到 30 ℃以下，或者与火灾发生前该区的日常空气温度相同。

（二）火区内空气中的氧气浓度降到 5.0%以下。

（三）火区内空气中不含有乙烯、乙炔，一氧化碳浓度在封闭期间内逐渐下降，并稳定在 0.001%以下。

（四）火区的出水温度低于 25 ℃，或者与火灾发生前该区的日常出水温度相同。

（五）上述 4 项指标持续稳定 1 个月以上。

【解读】 本条是对火区熄灭条件的规定，也是火区启封的前提条件。

（1）该条款规定了火区熄灭的 5 项条件，只有经取样化验证实火已熄灭后，方可启封或注销，否则，将会因发火尚未彻底熄灭或启封过程中新鲜空气的进入“死灰复燃”而引发人员中毒或爆炸事故。

（2）因为矿井空气中的一氧化碳来源有两个方面：一是来源于煤炭自燃和瓦斯、煤尘的燃爆；二是成煤过程中伴生的吸附状态的一氧化碳，在开采活动中被解吸出来。即使在没有发火和没有发生瓦斯煤尘燃爆的矿井空气中，也能检测出微量的一氧化碳，因此规定一氧化碳浓度在封闭期间内逐渐下降，并稳定在 0.001%以下可认为火已熄灭。

（3）有乙炔（C_2H_2）存在表明火区内的煤温在 180～250 ℃以上，有乙烯（C_2H_4）存在表明煤温在 80～120 ℃以上。乙烯和乙炔的消失，标志着火区内煤炭及其周围介质的温度下降，积蓄的热量已经不能维持其燃烧而逐渐熄灭。

部分矿井已经装备了较高精度的多参数气象色谱仪，对乙烯、乙炔等烃类气体均能较准确测定与定量分析，而且在判断火区内火情的发展过程中得到应用。

【案例 6-3】 某日，辽宁省抚顺市某煤矿－480 m 水平 501 采区一煤门因掘进工作面发火，5 人中毒死亡后被迫封闭而形成火区。5 日、13 日两次启封将遇难者运出，14 日第 3 次启封，急于恢复生产，于 16 日再次启封，风筒接了 140 m 后因无风筒，7 名救护队员升井，运来风筒后又接了 110 m 接近火源点，后来突发瓦斯爆炸，造成 6 名救护队员全部死亡。

第一百零五条　火区经连续取样分析符合火区熄灭条件后，由矿长和总工程师组织有关部门鉴定火区已经熄灭，提出火区注销或者启封报告，报上级企业技术负责人批准，无上级企业的由煤矿组织专家进行论证。火区注销或者启封报告应当包括下列内容：

（一）火区基本情况。

（二）灭火总结，包括灭火过程、灭火费用和灭火效果等。

（三）火区启封或者注销依据与鉴定结果。

（四）与火区治理相关图纸。

【解读】 本条是对火区启封有关鉴定要求及火区启封或注销报告编制内容的要求。

火区注销报告（样例）如下：

关于××火区的注销报告

××集团公司：

××煤矿××火区于××××年××月××日在采空区发生煤炭自燃，××月××日控制住火灾，到××××年××月××日通过气样分析，火区内一氧化碳浓度由 0.38% 降至 0.001% 以下，火区温度始终在 22 ℃，并保持均衡，气体分析中无乙炔和乙烯这两种气体，这种情况已持续 2 个月，按照《煤矿安全规程》第 279 条规定火已熄灭可以注销，特向集团公司提出火区注销报告。

一、火区基本情况

1. 火区采场概况

××采空区与××采空区层间距为 3～10 m，2 个采空区已叠加，××采场于 2017 年 1 月开始回采，同年 9 月回采结束，同年 10 月封闭；××采场于 2018 年 3 月开始回采，同年 8 月回采结束，发生采空区煤炭自燃前，下顺槽已封闭（施工 2 道密闭）并已喷浆，上顺槽已施工 1 道密闭，在施工第二道密闭前，在两道密闭之间填充期间，于××××年××月××日发生煤炭自燃。

2. 火区情况

（1）采空区煤炭发生自燃时间

××××年××月××日××时在××地点周围涌出大量烟雾和一氧化碳气体，一氧化碳浓度高达2 000 ppm，确定采空区已发生煤炭自燃，于××××年××月××日控制住火情。

(2) 工作面概况

××采场布置在××区域内。××工作面煤层厚度2.5 m，工作面长230 m，走向长1 500 m，工作面采用综采一次采全高工艺开采。

(3) 煤炭自燃地点分析

根据某矿煤层厚度，在回采时，采用长臂后退式采全高的方法，落煤方式为滚筒采煤机，采空区不留浮煤，因此分析煤炭自燃地点在停采线附近或在下顺槽入风侧密闭内。

(4) 采空区气样分析，确定火区已经熄灭

根据连续××天的气样分析，从气样分析曲线图可以看出，火区按照《煤矿安全规程》第279条规定判断已经熄灭。

① 煤炭自燃期间气样分析曲线图(图6-1、图6-2)。

注：自燃期间只附了乙烯和一氧化碳的曲线图，其他气体曲线图，如氧气、乙炔等的也可一并附上。

图6-1 自燃期间一氧化碳浓度观测曲线

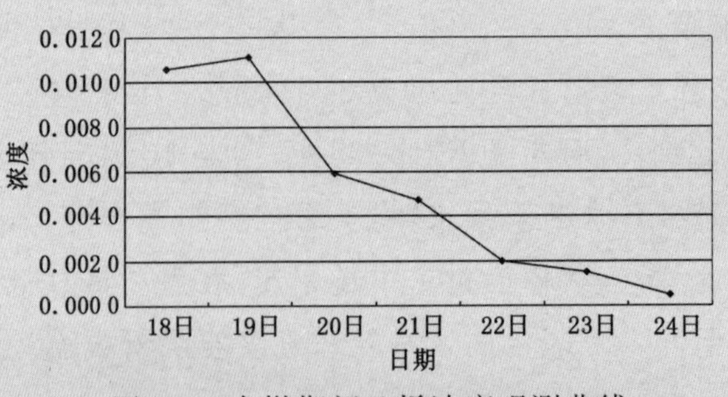

图6-2 自燃期间乙烯浓度观测曲线

② 火区熄灭依据气样分析曲线图(图6-3～图6-6)。

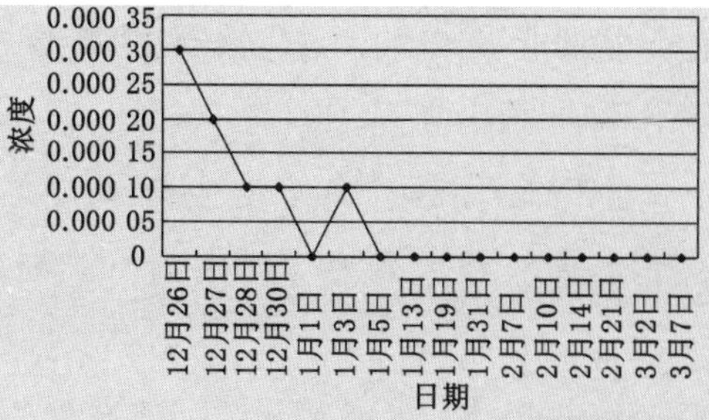

图 6-3　火区熄灭后乙烯浓度观测曲线

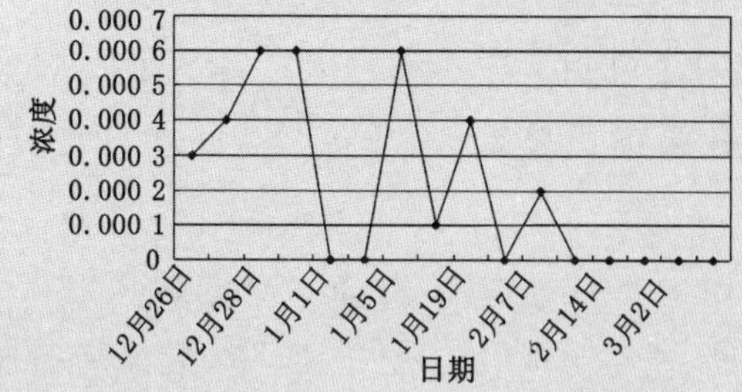

图 6-4　火区熄灭后一氧化碳浓度观测曲线

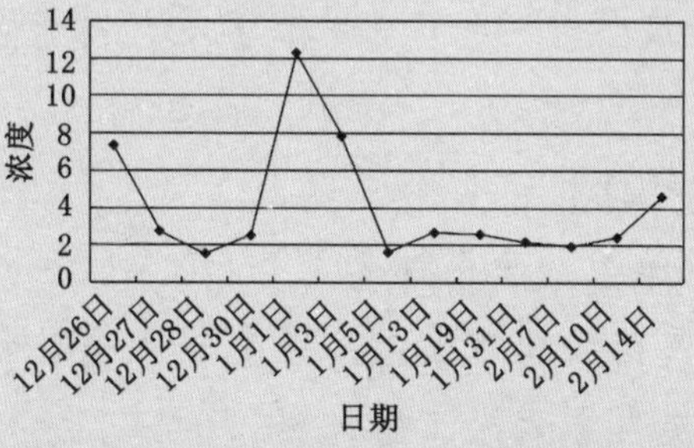

图 6-5　火区熄灭后氧气浓度观测曲线

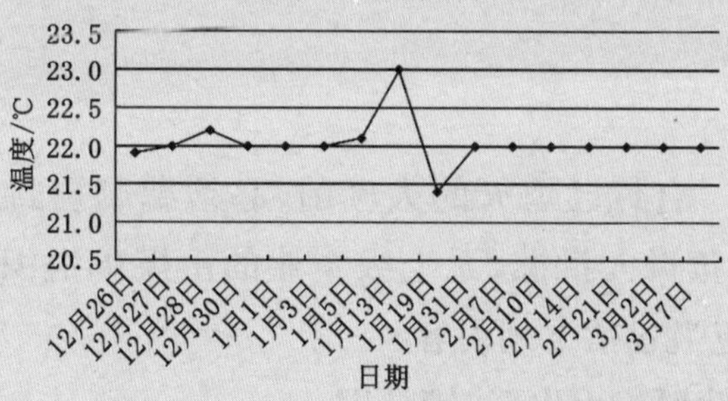

图 6-6　火区熄灭后温度观测曲线

二、火区注销依据与鉴定结果

1. 火区注销鉴定结果

(1) 火区内空气温度：通过检测和气样分析，××火区密闭内空气温度均在 26 ℃以下。

(2) 火区内空气中氧气浓度在 5%以下。

(3) 根据历次气样分析报告单中的参数,火区内不含有乙烯和乙炔等气体;一氧化碳气体浓度逐渐下降并稳定在0.001%以下。

(4) 火区密闭内出水温度低于25 ℃,与发生煤炭自燃前的出水温度相同。

(5) 上述4项指标持续稳定的时间为3个月零13天。

2. 火区注销依据

《煤矿安全规程》第279条规定:封闭的火区,只有经取样化验证实火已熄灭后,方可启封或注销。

火区同时具备下列条件时,方可认为火已熄灭:

(1) 火区内的空气温度下降到30 ℃以下,或者与火灾发生前该区的日常空气温度相同。

(2) 火区内空气中的氧气浓度降到5.0%以下。

(3) 火区内空气中不含有乙烯、乙炔,一氧化碳浓度在封闭期间内逐渐下降,并稳定在0.001%以下。

(4) 火区的出水温度低于25 ℃,或者与火灾发生前该区的日常出水温度相同。

(5) 上述4项指标持续稳定1个月以上。

根据火区注销鉴定结果和火区注销依据,符合火区熄灭的条件,确认火区已熄灭,可以注销。特向集团公司申请××采空区火区注销报告。

附:××采空区煤炭自燃灭火工作总结

说明:灭火工作总结报告主要包括灭火治理过程、灭火费用和灭火效果等及与火区治理相关的图纸。

第一百零六条　启封已熄灭的火区前,必须编制启封计划和制定安全措施,报上级企业技术负责人批准,无上级企业的由煤矿组织专家进行论证。启封计划和安全措施应当包括下列内容:

(一) 火区基本情况与灭火、注销情况。

(二) 火区侦查顺序与防火墙启封顺序。

(三) 启封时防止人员中毒、防止火区复燃和防止爆炸的通风安全措施。

(四) 与火区启封相关的图纸。

【解读】 本条是关于启封计划和安全措施的规定。

启封已注销的火区,必须编制启封计划和安全措施,报企业主管部门批准。

1. 启封计划。

(1) 启封前，首先要向每个参加启封的指战员贯彻启封措施，集团公司批复意见和救护队的安全行动计划，并且按照要求逐项检查墙内外的气体情况、启封的工具（风镐、水管等）是否到位、局部通风机和风筒是否到位、重新启封的材料（瓦石、黄沙、水泥等）准备情况、回风侧人员是否撤出，以及是否在回风侧设栅栏等警示标志。

(2) 启封前，做好人员的安排并且确保仪器装备完好。

(3) 先开启回风侧的密闭墙。用风镐拆墙时，要用水管不停地向墙面风镐拆墙点喷水，风筒对准墙面吹风，在拆到最里面的一层时，改用防爆工具进行拆除，形成一个规格为宽×高＝1.0 m×1.5 m 的通风断面。在拆除密闭墙的过程中，要时刻注意密闭墙情况，防止松动的料石掉下伤人；在拆墙点悬挂瓦斯和一氧化碳报警仪，并且有专人检查各种气体情况，每半小时汇报一次。

(4) 在探查时要做到以下几点：

① 在进入封闭区域探查前，要佩戴好氧气呼吸器（探查区域内有大量的二氧化碳）；带齐必要的测量工具和备用装备（多功能瓦斯检测仪、皮尺、记录本、温度计、备用氧气瓶、2 h 呼吸器等必备装备）。

② 确定探查路线，每隔 50 m 设一个测点，分别检查空气温度、水温、氧气、一氧化碳、二氧化碳、瓦斯的情况，并且做好记录。在工作面的上、下隅角处要增加测点，并详细测量和记录。

③ 如果一氧化碳浓度有增加趋势或者有烟雾增加的情况，必须立即撤出，重新封闭。

④ 在探查时，要注意观察巷道的顶板、支护及积水情况，并做详细记录。

⑤ 在通过积水的地点时，要注意防止滑倒；如果积水过深无法通过时，应撤出人员。

⑥ 在通过支护不好的地点时要小心，如果遇到冒落区，人员无法通过时，应撤出人员。

⑦ 在处理冒落区、积水等需要用局部通风机排除瓦斯时，救护队要负责排放已探查区域的瓦斯。在排放时，要按照要求逐段排放，不能“一风吹”。

⑧ 如果需要重新封闭，应以最快的速度将密闭墙建好。

⑨ 探查封闭区域后，将探查情况汇报指挥部。

(5) 在排瓦斯恢复通风时，要保证回风道交叉口处的瓦斯浓度小于 1.5%；如果采取全风压通风排瓦斯，要提前准备好控制风流的措施；如果采取局部通风机排放，应该采用逐段排放。

(6) 当工作面瓦斯浓度低于0.8%后，无异常现象，确认启封结束，由救护队观察3天，每班检查通风状况、水温、空气温度和空气成分，取样化验分析，确认火区完全熄灭，方可结束。

2. 启封火区必须制定安全措施。

启封火区是一项比较复杂而又危险的工作，一定要谨慎从事，处理不当则可能引起复燃，甚至发生瓦斯爆炸。因为有些火区范围较大，封闭区内的情况变化比较复杂，虽经多次检测分析表明火已熄灭，但有时受检测取样条件的限制，以及火区内气体运移规律变化的影响，所观测和分析的结果可能会有偏差或遗漏，在尚未完全具备启封条件下就进行了启封，必将导致启封失败甚至发生中毒窒息或瓦斯燃爆事故。因此，启封火区前必须制定安全措施和实施计划，并报主管领导批准。要做好一切应急准备工作，要有启封失败"死灰复燃"而必须重新再次封闭的思想与物质准备(重新封闭构筑防火墙的位置、方法、顺序、材料和安全避灾路线等)。

第一百零七条　启封火区时，应当采用锁风启封方法逐段恢复通风，当火区范围较小、确认火源已熄灭时，可采用通风启封方法。启封过程中必须测定回风流中一氧化碳、甲烷浓度和风流温度。发现有复燃现象必须立即停止启封，重新封闭。

启封火区和恢复火区初期通风等工作，必须由矿山救护队负责进行，火区回风风流所经过巷道中的人员必须全部撤出。

救护队员进入火区后应当仔细记录火区破坏情况和支护情况。

启封火区工作完毕后3天内，必须由救护队每班进行检查测定和取样分析气体成分，确认火区完全熄灭、通风情况正常后方可转入恢复生产工作。

【解读】　本条是对启封火区的规定。

(1) 启封火区应采用锁风启封(逐段恢复通风)方法。

一是为了启封时不因火区受矿井全风压通风的影响而发生复燃，尽管逐段恢复通风时也存在火区复燃的危险，但易于做到有效控制和重新封闭；二是有的火区范围较大，难以确认火区范围内的火源是否已经完全熄灭，或火区内可能积存大量可燃性气体，采用锁风启封火区法较通风启封火区法更安全一些。

锁风法启封火区就是沿着原封闭区内的巷道，由外向里向火源逐段移动密闭的位置，逐渐缩小火区范围而最后在封闭状况下进入火区，实现火区全部启封的方法。锁风时，先在防火墙外砌筑一道带小门的锁风墙，它与防火墙之间的距离应保证能储放构筑一道锁风墙的材料和工具，且不小于5～6 m。锁风墙筑好后方可打开原防火墙，救护队员进入火区构筑新的锁风墙时，必须保持锁风墙与原防火墙中至少有一道风门关闭。新的锁风墙砌好后要进行质量检查，合格后才允许拆除原锁风墙和原防火墙。

(2) 启封火区必须由救护队负责进行。

这是因为启封火区是一项比较危险的工作，火区内积存有大量有害气体；启封火区和火区恢复通风的初期，将排出火区内的有害气体；火区还容易受通风影响发生变化而再次出现一氧化碳或火区复燃现象，一般人员无法也不准进入启封火区的作业场所。矿山救护队是经过专门训练和专门从事矿山救灾的专业队伍，具有抢险救灾的专业技能，并配备有专门的技术装备，可以在一般人员无法进入的场所进行作业。启封火区工作完毕后的3 d内，每班必须由矿山救护队检查通风工作，并测定水温、空气温度和空气成分。

××工作面火区启封及瓦斯排放安全技术措施(参考性示例)

根据煤矿生产计划安排，计划对××工作面进行锁风处理，排放××工作面及两顺槽内气体，为保证密闭锁风、瓦斯排放安全，特编制本措施。

一、概况

1. ××工作面概况

2. 锁风巷道及密闭墙概况

待锁风巷道为××工作面及两顺槽，锁风巷道总长度为256.5 m，其中××轨道顺槽锁风30 m、××工作面225 m、××运输顺槽1.5 m。两顺槽采用局部通风机通风方式，并形成双风机双电源，运输顺槽迎头风量为263 m^3/min，轨道顺槽迎头风量为258 m^3/min。

本次巷道锁风需拆除密闭墙2道，密闭墙概况见表6-3。

表6-3　密闭墙概况

地点	墙体结构	巷道形状	支护	断面积/m^2	构筑时间
××运输顺槽	砖闭＋100 mm厚喷浆	矩形	锚网	13.3	2017年7月23—29日
××轨道顺槽	砖闭＋200 mm厚高分子喷涂堵漏材料＋100 mm喷浆	矩形	锚网	9.8	2017年7月23日

根据地质实测剖面图分析待锁风段巷道内基本无积水。

3. ××工作面密闭墙内气体情况

××工作面片区内共有密闭墙4道，分别为××运输顺槽密闭、××运输顺槽密闭、××轨道顺槽密闭及××轨道顺槽密闭。××工作面封闭期间，通过压力调节，对以上4处密闭墙处的内外压差进行调整，经过压力调整后，××轨道顺槽、××运输顺槽隅角气体浓度变化见曲线1～4(曲线略)。待锁风密闭墙最新监测数据如下(2017年10月2日取样分析结果)：

××运输顺槽密闭墙：

墙内气体成分为：××

墙外气体成分为：××

压力：墙内＝墙外

××轨道顺槽密闭墙：

墙内气体成分为：CH_4，0.02%；O_2，3.67%；CO_2，16.9%；CO，0

墙外气体成分为：CH_4，0%；CO_2，0.06%

压力：墙内＝墙外

根据××轨道顺槽、××运输顺槽密闭墙内外压差分析及轨道顺槽、运输顺槽隅角气体浓度的连续监测，××工作面采空区内空气中 O_2 浓度小于5%，CO浓度为0，密闭内空气温度为26 ℃，且此种监测数据已连续监测1个月以上。

二、锁风密闭及排放瓦斯时间

××××年××月××日7:00—9:57。

三、锁风方法

使用全风压通风方法锁风××运输顺槽与××轨道顺槽密闭墙，并排放两密闭墙之间有害气体，利用木板控制××运输顺槽密闭墙开口面积调整进入锁风区域内风量，调整排放瓦斯量。

四、瓦斯排放量、排放时间

待锁风××运输顺槽1.5 m，巷道断面积13.3 m^2；××工作面225 m，巷道断面积12 m^2；××轨道顺槽30 m，巷道断面积9.8 m^2。根据近期数据监测统计分析，待锁风区域内 CH_4 最大浓度取0.87%，CO_2最大浓度取11.69%。

1. 按排放瓦斯量计算(按 CH_4浓度不高于1.5%计算)

(1) 瓦斯排放量估算。

$$W_{CH_4} = SLC = (13.3\times1.5+12\times225+9.8\times30)\times0.87\% = 26.22(m^3)$$

式中　W_{CH_4}——瓦斯排放量，m^3；

S——巷道断面积，m^2；

L——锁风巷道长度，m；

C——CH_4最大浓度，取0.87%。

(2) 排放时间估算。

$$t=W/(1.5\%Q)=26.22/(1.5\%\times500)=3.5(\text{min})$$

式中　t——排放时间，min；

Q——控制全风压风流混合处每分钟供风量，取500 m^3/min。

(3) 风量验算。

$$Q_{供}\times0.87\%\leqslant500\times1.5\%$$

解得

$$Q_{供}\leqslant862.07\ (m^3/\text{min})$$

因此供风量500 m^3/min符合要求。

2. 按排放CO_2量计算(按CO_2浓度不高于1.5%计算)

(1) CO_2排放量估算。

$$W_{CO_2}=SLC=(13.3\times1.5+12\times225+9.8\times30)\times11.69\%=352.33(m^3)$$

式中　W_{CO_2}——CO_2排放量，m^3；

S——巷道断面积，m^2；

L——锁风巷道长度，m；

C——CO_2最大浓度，取11.69%。

(2) 排放时间估算。

$$t=W/(1.5\%Q)=352.33/(1.5\%\times500)=47.0(\text{min})$$

(3) 风量验算。

$$Q_{供}\times11.69\%\leqslant500\times1.5\%$$

解得

$$Q_{供}\leqslant64.16\ m^3/\text{min}$$

即供风量需小于64 m^3/min。

3. 按置换巷道内气体计算

(1) 巷道内气体体积估算。

$$W=SL=13.3\times1.5+12\times225+9.8\times30=3\ 013.95(m^3)$$

式中　W——巷道内气体体积，m^3；

S——巷道断面积，m^2；

L——封闭巷道长度，m。

(2) 置换时间估算。

$$t=W/Q=3\ 013.95/64=47.1(\text{min})$$

式中 t——排放时间，min；

Q——控制每分钟供风量，取 64 m^3/min。

综上计算，按排放 CH_4 量计算需 3.5 min；按排放 CO_2 量计算需 47.0 min；按置换巷道内气体计算需 47.1 min。取其中最长的时间 47.1 min 作为预计排放时间，并考虑 1.2 倍的系数。

$$t_{排}=tK=47.1\times1.2=56.5(\text{min})$$

式中 $t_{排}$——所需排放时间，min；

t——最长计算时间，min；

K——调整系数。

综上所述，可得出排放××工作面及两顺槽内气体所需时间约为 57 min，密闭墙开洞的时间预计在 90 min 左右，锁风密闭排放瓦斯时间预计共需 147 min左右。锁风过程中若出现其他情况，锁风时间另行计算。

五、瓦斯排放影响区域及影响单位

1. 瓦斯流经路线

2. 瓦斯排放期间停电及撤人区域

六、锁风密闭及排放瓦斯前准备工作

1. 成立锁风密闭排放瓦斯技术协调管理小组

总 指 挥：×××

副总指挥：×××

成　　员：×××　×××　×××

2. 锁风密闭排放瓦斯人员组织

地面总指挥：×××，负责此项锁风密闭排放瓦斯工作。

现场总指挥：×××，负责锁风密闭排放瓦斯现场指挥。

3. 准备工作

详细明确各单位职责，以及提前应该做的准备工作。

七、锁风密闭、排放瓦斯及通风系统调整

1. 密闭锁风及瓦斯排放工作由救护大队直属二中队执行，救护队员提前 1.5 h到矿，由通防工区人员带领到达现场。

2. 启闭前 60 min 由设岗组长、副组长负责带领设岗人员分别沿瓦斯排放路线设岗,设岗后任何人员不允许进入警戒区,设岗组长根据设岗范围安排专人沿排放瓦斯路线巡查一遍,确保撤除排放瓦斯路线内所有人员,设岗完成后负责到锁风现场向现场总指挥汇报。

3. 锁风前 30 min 机电环保科跟班人员严格按提前制订的停电计划组织各单位对停电地点进行停电,停电完毕后立即向地面总指挥汇报停电情况。

4. 其他有关内容,如悬挂仪器地点、有害气体控制、通风系统调整等的要求及安全技术措施。

八、密闭墙拆除施工

锁风时,由救护队负责拆除××密闭墙。锁风排放瓦斯完毕后,由通防工区安排人员负责锁风密闭的物料回收。

1. 施工工具:钳子、大锤、钎子、手镐、军工铲等。

2. 密闭拆除工序及安全要求:

(1) 施工前,安全班长安排人将墙体润湿。

(2) 施工前,对施工地点前后 5 m 范围内进行敲帮问顶,当巷道支护完好无危险时,清理现场杂物。

(3) 施工时,施工人员需要站在脚手架上进行施工,脚手架设在墙体一侧,脚手架的高度为 1.5 m。施工过程中,派一人负责监护。

(4) 距离墙体 0.5 m 和 1.5 m 处,分别立起 3 根钢管,并把立柱打在实底上,作为脚手架的立柱,两相邻柱之间距离为 1.5 m,立柱的高度不得小于 3 m。

(5) 在距离地面高为 1.0 m 的水平面上,用扣件将水平布置的 5 根钢管与立起的 6 根钢管固定牢靠,至此脚手架的骨架已形成。

(6) 用麻绳将厚度为 30 mm 的木板牢固地捆扎在脚手架骨架上,木板横向铺设至两帮,纵向铺设要紧贴墙体。

九、安全技术措施

1. 所有参与锁风密闭排放瓦斯人员必须认真学习本措施,明确职责,并签字备查。

2. 所有参与锁风人员,必须经过安全不放心人排查并经确认允许上岗。

3. 在瓦斯浓度大于 3% 的区域,救护队用便携式光学甲烷检测仪检查瓦斯时,必须在新鲜风流中读数。

4. 瓦斯排放过程中,若出现巷道存在大量积水、淤泥或巷道顶板垮落无法形成全风压风流时,立即将密闭墙恢复。

5. 锁风前，矿总工程师组织召开锁风密闭排放瓦斯平衡会，明确锁风时间、劳动组织、站岗安排、各单位职责等情况。

6. 锁风过程中，××轨道顺槽需安排专职瓦斯检查工，随时检查××轨道顺槽回风流中气体浓度，发现异常时，应立即汇报锁风现场总指挥、通防调度。

7. 排放瓦斯期间，任何人不得进入风筒出口有效风流范围（距风筒出风口10 m以内，且甲烷、二氧化碳浓度低于1%，氧气浓度大于18%）外的区域。

8. 排放瓦斯结束后，通防工区负责做好排放瓦斯记录，总结经验及教训。

第一百零八条　火区启封后应当进行启封总结，编写启封总结报告。启封总结报告应当包括下列内容：

（一）启封经过。

（二）火区火源位置及发火原因分析。

（三）火区破坏情况及火灾后果分析。

（四）经验与教训。

【解读】 本条是关于火区启封后编写启封总结报告有关内容的要求。

火区启封报告的编写是十分必要的，通过对火区启封期间的工作加以总结，分析和研究火区火源位置及发火原因中存在的问题，得出经验教训，可提高大家对启封密闭工作的重视，找出火区的发展规律，从而对下一阶段工作起到指导作用。

第七章　露天煤矿防灭火

第一百零九条　必须制定地面和采场内的防灭火措施。所有建筑物、煤堆、排土场、仓库、油库、爆炸物品库、木料厂等处的防火措施和制度必须符合国家有关法律、法规和标准的规定。

【解读】 本条是对露天煤矿制定防灭火措施、执行国家消防法规的规定。

露天煤矿的特点是：工业广场面积大；设备设施多，生产作业分散；采场、储煤场、爆炸物品库等火源多、分布面广；用火的工种和人员多，防火面积广。上述特点说明露天煤矿防火任务繁重，必须认真贯彻落实国家有关消防的法律法规，严格执行“预防为主，防消结合”的消防方针，切实落实“谁主管，谁负责”和“谁在岗，谁负责”的防火责任制。

消防工作是露天煤矿的大事，必须加强领导。矿应成立安全防火委员会，主任由分管安全的副矿长担任，副主任由安全监察处处长、总工程师、保卫处处长担任，成员由矿机关各有关科室的科长担任。矿防火安全委员会在党委和行政领导下，主管全矿防火工作。

矿机关各科室的安全防火工作由各科长负责，建立本科室的安全防火责任制度，使每项防火工作都有人管、有人抓、有人负责。

安全生产标准化管理体系煤矿组织机构标准化基本要求和评分方法的考核要点见表7-1。

表7-1　安全生产标准化管理体系煤矿组织机构标准化基本要求和评分方法的考核要点

项目	项目内容	基本要求	标准分值	评分方法	检查内容	查阅资料
职责部门	专业管理	4.设有负责矿井通防管理的部门，明确矿井通风、防尘、防治瓦斯、防灭火、防突、爆破（露天煤矿采空区、火区、边坡）管理及现场监督检查执行情况等工作职责	10	查现场和资料。1项职责未明确扣2分，部门职责不履行1项扣1分	1. 查防灭火措施和制度；2. 查现场，是否存在隐患	1. 露天煤矿防灭火措施和相关规章制度；2. 现场隐患排查记录

地面安全防火工作制度(参考性示例)

(1) 加强对安全防火工作的领导,建立严格的防火会议制度。矿防火安全委员会每半年召开一次防火安全会议,车间防火安全委员会每季度召开一次防火安全会议,各队防火领导小组每月召开一次防火安全会议,各班组每周召开一次防火安全会议,总结防火安全工作,分析防火安全形势,布置新的防火安全工作任务。

(2) 建立安全防火责任制。从企业的安全第一责任者到每个岗位工人都制定安全防火责任制,明确每个人在安全防火工作中所承担的任务,使每项安全防火工作都有人布置、有人检查、有人管理。

(3) 采取多种形式,广泛深入地向全体职(员)工进行防火安全工作重要意义、技术知识和有关规章制度的宣传教育,使职(员)工不断提高防火安全警惕性,增强做好防火安全工作的责任感。

(4) 矿每年对用火、用电、电焊等特殊工种进行两次安全教育和安全技术考核。对义务消防队员每半年训练一次。对新入矿的工人,必须进行矿、车间、队三级防火安全教育,进行防火安全常识教育,考核不合格者不准上岗。

(5) 对各类用火要严格执行工业用火管理规定。重点部位动用明火作业,必须履行用火审批制度,夏季、冬季用火,必须经过检查发给用火合格证,方可用火。非经矿机电部门批准,严禁使用电炉和其他电器,违反者要严肃追查和处理。

(6) 矿重点防火部位,要认真执行上级颁发的规程,制定出切实可行的防火安全措施,确保重点部位的防火安全。对油库、爆炸物品库、仓库和煤堆等重点部位要从严管理,发现问题一查到底。

(7) 全体职(员)工应严格遵守防火、防爆的有关规定,禁止进行各种易发生火灾或威胁安全生产的危险作业。

(8) 入冬前组织好对消防通道、地下消火栓及消防水源的检查,必须保持畅通和良好,任何部门和个人不准擅自占用和盖压。

(9) 凡在矿范围内新建、改建、扩建的工业和民用建筑,必须符合《建筑设计防火规范》及有关防火规定,严格履行审批手续,经矿防火安全委员会或上级消防监督部门批准,方可施工和投入使用。

(10) 扑救火灾需要时,矿防火安全委员会有权调动本矿车辆、水电、医院等部门的力量,有权封闭连接火场的道路和一切建筑物。

采掘场内安全防火工作制度(参考性示例)

(1) 加强对生产现场安全防火工作的领导,建立严格的安全防火会议制度。从矿到各班组都要按地面安全防火工作制度中规定的会议期限召开安全防火会议。坚持安全防火工作的“五同时”,即在安排生产作业计划的同时安排安全防火计划,在布置安全生产作业任务的同时布置安全防火任务,在检查生产作业工作的同时检查安全防火工作,在总结生产作业经验的同时总结安全防火经验,在评比生产作业典型的同时评比安全防火典型。

(2) 建立安全防火责任制。每个岗位、每台设备、每个工种的生产作业人员都要制定安全防火责任制,都要明确自己在安全防火工作中的责任和任务。使每一项安全防火工作都有人管理、有人检查、有人负责。

(3) 采用各种形式,向现场生产作业人员进行安全防火知识、安全防火技能、安全防火法规的宣传教育,增强广大职(员)工做好安全防火工作的责任感,提高防火的自觉性。

(4) 严格生产现场安全防火管理,任何人都不准在采煤工作面、半煤岩工作面和油母页岩工作面(以下简称“三面”)上生火和传播火源。电气化铁路列车的尾车和移动吊车等不准在“三面”上掏炉灰,“三面”上的站房掏炉灰必须用水浇灭,确认没有明火,并存放一段时间后再外倒炉灰。

(5) 加强对特殊工种用火管理。特殊工种需在“三面”上用火作业时,必须提出报告,制定特殊措施,经批准后才可作业。

(6) 加强对义务消防队员的培训,每半年进行一次训练,并参加灭火器灭火演习,提高他们的灭火技能。对新入矿的工人必须进行矿、车间、队三级防火教育,并要考试和考核,不及格的不准上岗。

(7) 严格防止新的火源出现。在采场生产作业中认真防止新的火源出现是防火的重要工作。一是“三面”采掘带在采完前的最后一次爆破中应采用减震爆破,防止将暂时不采的煤体、半煤岩体和油母页岩体震开裂缝导致自然发火。二是对已经采完的“三面”,要将浮煤装净,防止时间长了自然发火。

(8) 制定重点部位的防火措施如下:

① 防火重点部位是指容易发生火灾的部位、发生火灾影响全局的部位、人员集中的部位和物资设备集中的部位等。

② 重点部位要有领导负责的安全防火责任制,所有干部要熟悉工艺流程,懂得防火技术知识,一旦发生火灾时能及时果断处理。

③ 重点部位要有生产岗位人员安全防火责任制，要有与生产班次相结合的义务消防队。每个队员能宣传、能检查、能及时发现和整改火险隐患，能有效地扑救初期火灾。

④ 对重点部位要制订灭火战斗计划，要定地点、定人员、定防灭火措施。对重点部位防火岗位要选择责任心强、业务技术熟练、身体健康的人来担任。

⑤ 对重点部位要配齐、配好灭火器材和工具，要有人保管，要使所有岗位人员都会用，要放在明显方便的位置、道路畅通的地方。

⑥ 对重点部位的职(员)工要普及消防知识，使他们达到"三懂三会"。"三懂"是：懂得本生产岗位火灾危险性，懂得预防火灾的措施，懂得扑救火灾的方法。"三会"是：会报警，会使用消防器材，会扑救初起火灾。

⑦ 准备好灭火的水和沙子，要使岗位人员知道放水阀门在何处，如何放，防止一旦发生火灾找不到阀门，影响救火。

(9) 露天煤矿生产系统所用的设备多，分布面广，而且大多数设备都用高压电。做好生产设备安全防火工作是整个矿安全防火工作的重要组成部分，必须抓好、抓细、抓实。必须给每台设备配齐、配好灭火器材和工具，注意保管和维修，附近不准堆放杂物，通道上不准堆放物品。灭火器材和工具要有人负责，要班班检查和交接。每周由防火负责人主持召开一次安全防火会议，检查灭火器有无渗漏、损坏，该换时可随时到队里更换，使之始终保持完好。

第一百一十条 露天煤矿应当对开采煤层自燃倾向性进行鉴定。开采容易自燃和自燃煤层或者开采范围内存在火区时，必须制定防灭火措施。

【解读】 本条是对露天煤矿所开采煤层的自然倾向性的鉴定及容易自燃、自燃煤层或者开采范围内存在火区必须采取防灭火措施的规定。

煤层自燃倾向性，是用来区分和衡量不同煤层发火危险程度的一个重要指标，也是对矿井煤炭自然发火采取不同的针对性措施进行有效管理的主要依据。煤的自燃倾向性分为三种，分别为不易自燃、自燃和容易自燃。

露天煤矿采场所采煤层大部分自燃属性为容易自燃和自燃，在采场范围内，裸露煤层容易发生自燃现象。因此，开采容易自燃和自燃煤层或者开采范围内存在火区时，必须制定防灭火措施。其目的就是对自然发火做到早期预测预报，将发火隐患消灭在萌芽之中，防患于未然。防治煤层自然发火是露天煤矿的一项重要工作。

防止煤炭自然发火措施，主要包括以下两个方面：一是在开采技术上，选择有利于防止煤炭自然发火的合理的开采方式和开采程序，加强平盘的维护与管理，加快采面进度，避免工作面煤层长时间暴露，减少煤炭堆积等；二是在防灭火方法上，采用有利于防止煤炭自然发火的经济、高效的灭火方式，例如水消法、注浆法、挖除火源法、注入复合胶体法、覆盖法等。

本条款安全生产标准化评分标准参照煤矿通风标准化防灭火基本要求和评分方法的考核要点执行，见表 7-2。

表 7-2 煤矿通风标准化防灭火基本要求和评分方法的考核要点

项目	项目内容	基本要求	标准分值	评分方法	检查内容	查阅资料
防灭火	防治措施	1. 按《煤矿安全规程》规定进行煤层的自燃倾向性鉴定，制定矿井防灭火措施，建立防灭火系统，并严格执行	10	查现场和资料。未鉴定不得分，其他不符合要求 1 处扣 5 分	1. 是否对开采煤层进行了自燃倾向性鉴定； 2. 是否制定了矿井防灭火措施； 3. 在煤层发生自燃时，防灭火系统是否切实有效	1. 煤层自燃倾向性鉴定； 2. 防灭火措施
		2. 开采自燃、容易自燃煤层的采掘工作面作业规程有防止自然发火的技术措施，并严格执行	10	查现场和资料。不符合要求 1 处扣 2 分	1. 作业规程是否明确制定了防灭火技术措施； 2. 现场是否落实	1. 工作面作业规程

第一百一十一条 露天煤矿建设及生产过程中，应当评估所属范围内的井工煤矿采空区的危险性。对存在自然发火危险的采空区必须进行探查并制定安全措施，探明预留煤（岩）柱厚度、气体、温度、塌陷等情况，根据探查结果采取措施进行处理。

【解读】 本条是关于露天煤矿建设及生产过程中需制定对井工煤矿采空区情况探查安全措施及探明后处理措施的规定。

1. 露天矿井田内井工煤矿采空区的危险性初步评估。

露天矿建设时，应尽可能收集到开采范围内井工煤矿的采掘平面图，充分考虑图纸精确度不够等问题。根据已收集的井工煤矿资料，可将井工煤矿开采范围及疑似采空区范围外扩 50 m，定义为井工煤矿采空警戒区，遇越界开采区域，需在越界区域外扩 50 m。

在实际生产过程中，根据现有的井工矿区采掘面布置图以及采空区分布资料，结合采空区顶板岩层强度，在确保安全生产的情况下，将小窑采空警戒区分为极危险平盘和危险平盘。

2. 对井工煤矿采空区探查。

借鉴国内某大型露天矿对井工煤矿采空区探查及处理经验，总结探查步骤如下：

(1) 物探。

对采空区进行物理勘探，以高密度直流电法、瞬变电磁法和三维地震法为主。露天矿生产技术部提供地质钻勘探资料，配合勘测单位，对其参数进行校正，并验证其探测准确性，初步探明采空区的范围、空间位置和高度。

(2) 钻孔验证。

针对物探探明的采空区或空洞范围，利用钻探进行验证。

钻孔打出空洞后，生产技术部尽快用三维激光扫描仪进行扫描，确定采空区范围。

当钻孔打出空洞后，且孔温较高，不能使用三维激光扫描仪扫描时，穿爆队在此孔的四周继续辐射穿孔，直到找到采空区边界，并通知矿生产技术部现场测量采空区资料。

(3) 资料收集、整理及发放。

① 矿生产技术部主要负责收集井工煤矿采空区(空洞)资料、三维物探和扫描结果、地质钻孔资料、勘探钻孔资料。

各生产单位发现意外空洞后，要立即反馈到生产技术部门，以便及时扫描或测量上图。

② 矿生产技术部在每日收回勘探钻孔资料上图并简要分析后，探明预留煤(岩)柱厚度、气体、温度、塌陷等情况，形成《采空区勘探情况日报》。月底对地质钻孔资料、勘探钻孔资料、已发现采空区资料问题，以及问题钻孔、采空区处理情况等进行汇总分析，并制定下月采空区勘探计划，形成《露天矿采空区勘探月计划》。以上资料需及时发送至相关领导和部门。

3. 井工煤矿采空区的危险性准确评估及相应处理措施。

(1) 采空区分类。

按照空洞体顶板坍塌自行堵塞理论，若上覆岩体的厚度大于理论计算自塌充填平衡高度值，则认为在现工作面生产和作业的设备处于安全的状态，仅需根据生产需要，采取必要措施，在适当时候，对采空区（空洞）进行爆破处理，以消灭后续的安全隐患。当采空区埋藏深度较大，现阶段对采空区（空洞）爆破处理较为困难时，对采空区（空洞）区域的上覆岩体完成一个或者多个开采台阶后，采用相同的评价方法进行安全性评价，以确定最佳的治理时间。

自充填需要的最小安全厚度 H_0 按下式计算：

$$H_0 = \frac{h}{k_s - 1}$$

式中　h——采空区最大高度，m；

k_s——松散系数，取 1.2。

设 H 为采空区上覆岩体平均厚度，m；$H_{下}$ 为下个平盘推进至采空区上方时，采空区上覆岩体平均厚度，m。依据自充填理论，将采空区分为以下三类。

Ⅰ类：$H \leqslant H_0$，即在本平盘完全塌陷后可能形成沉降，不满足设备作业安全需求，在本平盘尽快组织实施爆破崩落。

Ⅱ类：$H > H_0$，$H_{下} \leqslant H_0$，即在本平盘完全塌陷后理论上不会形成沉降，满足设备作业安全需求，但是当下个平盘推进至该区域完全塌陷后可能形成沉降，不满足设备作业安全需求，则在本平盘炮区推进至此时和炮区一起爆破崩落。

Ⅲ类：$H > H_0$，$H_{下} > H_0$，即在本平盘完全塌陷后理论上不会形成沉降，满足设备作业安全需求，下个平盘推进至该区域完全塌陷后理论上也不会形成沉降，满足设备作业安全需求，且在下个平盘再次探测仍能满足自充填理论，则在下个平盘炮区推进至此时和炮区一起爆破崩落。

Ⅱ类和Ⅲ类暂时不需处理，但设备在上方作业时要做好跟踪探测。

（2）灭火降温。

如采空区有着火、高温现象，穿爆队负责联系灭火队伍，将高温孔采用灌水、灌浆或灌注二相、三相泡沫灭火降温。

（3）爆破崩落。

穿爆队针对需要爆破崩落的采空区，制定专项穿爆设计后进行爆破崩落。

（4）崩落效果评价。

爆破崩落后评价小组根据现场情况判断崩落效果。评价结果如无法确认已完成崩落，应立即向矿领导及相关部门反映，以便进一步制定二次处理措施。

（5）生产组织。

生产部门在已完全塌落采空区上方组织作业，同时做好跟踪勘探。

4．安全保障技术措施。

（1）不明采空区的判断及应采取的措施。

在疑似采空区上部范围作业时，对现场应加强观察，若发现有异常现象，首先应停止作业，并将现场情况立即报告调度室，同时人员立即撤到安全范围以内，根据现场情况设置警示、挡墙，严禁无关工作人员及车辆进入。

（2）危险区域作业过程中的安全保障措施。

① 采空区作业的各单位要对小窑采空警戒区内生产作业情况经常进行巡视，发现异常及时进行处理，安监部负责制定突发事故的抢险救援预案。

② 安监部检查督促生产部门加强作业人员的培训及班前会工作布置情况，确保作业人员对面临的现实危险有足够的认识，能够严格按作业规程进行生产，对异常情况有思想准备。

③ 安监员对危险区域、崩落采空区要进行巡视检查，及时观察现场动态，发现问题及时上报。

④ 设备管理部负责采购测温仪、组合气体监测仪、自救器等工具仪器并及时配发给生产部门。现场作业中及时检查仪器设备使用情况，检查灭火器配备情况，确保设施设备完好。

⑤ 根据现场情况，生产部门及时设置警示牌，教育引导采空区作业人员听从管理人员的指挥，时刻注意整个道路的状况，出现问题及时处理。

⑥ 调度室联系矿山救护大队在露天矿设置有毒有害气体监测小分队，定期下至矿坑火区平盘进行有毒有害气体监测。

（3）监测监控设备配置。

① 在小窑采空警戒区内作业的电铲、钻机均需配备组合气体监测仪 1 套、自救器 2 台。该设备作为交接班检查的内容并做好记录，始终保持其良好的使用状态。

② 电铲工长、钻机工长、排土工长工具车各配备便携式气体检查仪 1 台、自救器 1 台。电铲工长、钻机工长、排土工长不定期对警戒区域进行检查并做好记录。

③ 设备在高温区作业时，卡车工长配备红外线温度测试仪，不定期地对装车作业面及附近道路进行测温。

【案例 7-1】 2013 年 3 月 17 日，某露天矿工人鲍某某与徒弟林某某像往常一样开着 930E4 型巨型卡车去拉岩石。15 时 20 分许，当师徒二人开车行走到运输主干道上时，因道路塌陷，二人连人带车掉进了塌陷口直径约 30 m、深度约 30 m 的小煤窑开采后留下的采空区内，车与人被深埋其中。

事故发生后，该矿立即上报集团公司，并迅速组织抢险救援。3 月 19 日上午 11 时许，从坑里找到 2 人，已死亡。

事故原因：

(1) 对井工煤矿的采空区探查不明。

(2) 运输干道及疑似采空区区域未布置探查孔。

防范措施：

(1) 过采空区应当坚持"有疑必探、先探后采"的原则，采取钻机跟踪探测的措施。

(2) 生产技术部负责收集并掌握开采范围内井工煤矿开采资料、三维物探资料、地质钻孔资料，并上图分析，及时向矿领导及相关部门发放。

(3) 生产技术部要根据相关资料在运输干道或其他疑似采空区域布置探测孔。

第一百一十二条　遇存在塌陷或者自燃危险的采空区时，必须停止作业，影响范围内所有人员及作业设备撤至安全地点，及时汇报，立即采取有效措施处理。待危险解除后，方可恢复作业。

【解读】 本条是对露天开采遇塌陷或者自燃危险的采空区时，确保人员及作业设备安全所采取措施的规定。

在疑似采空区上部范围作业时，应加强现场观察，若发现有冒气、冒烟现象及塌陷现象，首先应停止作业，并及时汇报现场情况，同时根据现场情况设置警示、挡墙、栅栏，严禁无关工作人员及车辆进入。同时要根据资料并结合现场实际情况，用醒目标志圈出采空区（空洞）、已崩落空区的位置，为挖掘工作提供安全保障。在疑似采空区区域进行补充勘探。

在采空区生产作业前，应实施穿孔探测等技术手段，获取采空区、火区详细信息，过采空区工作应当坚持"有疑必探、先探后采"的原则。

第一百一十三条 开采容易自燃和自燃煤层的露天煤矿，应当采取防止采场边坡煤台阶、工作面、排土场自然发火的措施。

露天煤矿排土作业时，应当对高温剥离物料进行降温处理。

【解读】 本条是对开采容易自燃和自燃煤层的露天煤矿防止采场内煤炭发生自然发火的措施。

1. 露天煤矿制定采场边坡煤台阶、工作面、排土场防止煤炭自然发火措施的意义。

采场边坡煤台阶、工作面、排土场等自然发火属于内因火灾。内因火灾是指煤炭接触空气后，因煤自身氧化产生热量，热量积聚使煤炭自然发火而产生的火灾。内因火灾发生有一个或长或短的过程且有预兆，易于早期发现，但火源隐蔽。内因火灾可以持续燃烧，冻结大量煤炭资源。火区上覆煤层出现塌陷危险，设备无法进入作业，严重影响煤层及上覆岩层的正常剥离和生产。与此同时，采空区的塌陷、煤层自燃产生的高温和大量有毒有害气体对在该区域作业的设备及人员形成较大的安全隐患，容易造成人员中毒和设备陷落采空区内，给煤矿造成巨大损失。开采过程中产生的有毒有害气体、烟气还会对露天矿工作环境和生态环境造成巨大影响。

2. 采场边坡煤台阶、工作面、排土场等自然发火原因分析。

(1) 采场边坡煤台阶、工作面自然发火原因。

① 非工作帮及端帮台阶裸露煤层，在开采过程中长期暴露，易发生自燃。

② 工作面煤层或煤台阶坡脚处，如果有松散煤堆积，时间稍长，也将引起自燃，特别是在夏季潮湿闷热的天气里，这种现象更易发生。

(2) 排土场自然发火原因。

① 排往排土场的煤岩混合物容易被忽视，易造成长期暴露、松散堆积而引起煤自燃。

② 内排土时采掘场端帮及采掘场底部剩余煤层或残煤长期暴露引起煤自燃。

3. 针对露天采场内因火灾防治必须要有针对性措施。

(1) 露天煤矿边坡煤台阶的防灭火措施。

对长期不实施推进、不能及时回填的非工作帮及端帮的含煤台阶应用黏土剥离物覆盖并碾压封闭，掩埋厚度为 5～6 m。

(2) 露天煤矿工作面的防灭火措施。

① 工作面煤层暴露时间稍长也易自燃，特别是春秋季节气候干燥，应采取

及时清理松散煤层的措施：如发生自燃及时用水车取水灭火，对已自燃的煤，应及时利用挖掘机等设备进行清理，洒水车协助灭火并将其清理运出火区。

② 由于露天矿煤易自燃，煤层揭露以后，水分散失风化破碎，增大和氧气的接触面积，氧化发热，由于热量不能有效散失，逐步积累，温度升高，达到煤的燃点后自然发火，因此开采过程中煤层不宜暴露时间过长，设计通过调整平盘作业参数、生产剥采比的均衡、进度计划的安排、合理安排采煤工作面，控制煤层暴露时间使其小于煤层自然发火期。尽量避免有 3～6 个月不采台阶，避免煤层的长期暴露。

③ 在保证均衡生产的情况下，不进行超前爆破。一般情况下，爆破煤量一般不大于 5 d 的采煤量。

④ 爆破的各煤层台阶的煤顶要保证在同一水平，穿孔也要保证在同一水平，爆破后必须把爆量全部采装干净，不准在煤顶留浮煤。

⑤ 在形成使用 2 个月以上的煤斜坡道时，应采取按坡比的降深穿孔的爆破方法，严禁一次爆到底，在爆堆上形成煤斜坡道，防止斜坡道煤高温自燃。

⑥ 工作帮在暂不爆破段，不宜留压碴煤堆。

（3）排土场防灭火措施。

① 加强选采，减少煤混入剥离物，同时含煤剥离物要分散排放，避免集中排弃。

② 排往内外排土场的杂煤或煤矸石，也易发生自燃，对此应及时用排弃的剥离物进行掩埋。

③ 对发火区及时用洒水车等设备灭火或掩埋。

（4）露天煤矿排土作业时，高温剥离物禁止直接排入排土场，应先注水降温处理，温度正常后方可排入。

第一百一十四条　采场及排土场发生自燃火灾后，可采取挖除火源、覆土、水消、注（喷）浆等措施进行处理。

【解读】 本条是对采场及排土场发生自燃火灾后采取处理措施的规定。

根据发火位置、发火规模和自燃程度不同可采取多种措施处理：

（1）挖除火源。这是最直接也相当有效的方法，对采空区火区煤层着火自燃处，用挖掘机配合卡车、推土机、洒水车挖出着火点排弃至排土场，降温处理后再用推土机推至排土场台阶下用土、岩覆盖。

（2）覆土。针对采场及排土场出现自然发火，可以采用黄土覆盖的方式进行封闭隔氧处理，为保证处理效果，要求对黄土覆盖区域进行分层碾压。该方法一般为临时性应急措施，可迅速使地表发火征兆消失，但极易复燃，还应配合采取降温措施，彻底消除高温隐患。

(3) 水消。这是普遍采用的消火方式。在所有火区附近，凡是有条件的都要接通消火水管，在水管上再接上软水龙带，在水龙带上按上消火枪头，用人工喷水进行消火。在消火中应采取安全措施，防止人员受伤。

(4) 注(喷)浆消火。依据浆液材料不同一般可分为黄泥浆、粉煤灰浆和水泥浆等，浆液中的水分可以直接降温灭火，其中的固体成分，如黄泥、粉煤灰等可以封堵裂隙和包裹煤体，起到防复燃的作用。注浆站应设置在上部，往坑下注浆点下灰时，坑下注浆点同意下浆后，上部注浆站方可注浆。注浆消火人员必须熟知本注浆消火系统及注浆用水量。注浆消火应白班作业。注浆工上岗前要穿戴好劳动保护用品，检查作业现场和工具，消除安全隐患。

(5) 注两相泡沫消火。两相阻化泡沫防灭火材料是一种体积大、密度小、表面被液体围成的气泡群，它由气体和水(含发泡剂和强阻化剂成分)两相防灭火介质组成。含有强阻化剂的静压水通过注入气源发泡后就形成了两相阻化泡沫，其体积大幅增加，可向高处堆积；液态水物质构成两相阻化泡沫面膜的一部分，可较长时间处于稳定状态，即使泡沫破碎了，具有一定黏度的水以及强阻化剂成分仍然可较均匀地覆盖在浮煤上，可持久有效地阻碍煤对氧的吸附，防止煤的氧化；由于泡沫的比重比较小，且流动性好，堆积性强，可以在采空区内三维流动。另外，两相阻化泡沫发泡倍数较高，单位体积的泡沫材料成本低，可为大面积的自燃隐患或火区的防治节约大量资金。因此，可根据实际需求建立两相阻化泡沫防灭火系统，提高注水和阻化剂防灭火的效率。

(6) 注入复合胶体消火。即把胶体各组分混合成胶前呈液态压注进入松散高温煤岩体内部，在一定时间内发生胶凝作用，失去流动性。胶体可以停留在松散煤岩体内高温处，包裹煤岩体，吸热降温，堵塞漏风通道，降低煤岩表面分子的活性，提高反应活化能，阻碍气体自然对流，隔绝煤与氧气的接触，从而达到灭火的目的。

第一百一十五条 采场最终边坡煤台阶必须采取防止煤自然发火的措施。

【解读】 本条是对露天开采采场最终煤台阶防止煤炭自然发火的规定。

煤长时间暴露在空气中，经风吹、雨淋、日晒，其松散内部的热量逐渐聚集，温度也随之升高，当松散煤层内部温度达到其燃点温度时，松散煤层就会在氧气的帮助下起火燃烧。煤的自燃不但造成煤炭资源的极大浪费，对大气环境也造成了污染。由于煤台阶范围大，防灭火费用高，最终台阶永久固定，不再推进，需要采用经济适用的永久性防灭火技术措施。

1．最终煤台阶必须采取防止煤自然发火措施的必要性。

露天采区最终煤台阶的自然发火将给露天采区带来极大影响。

（1）实施陡帮横采内排方案过程中，对高陡边坡的自然发火处理困难，发生大面积自然发火后，现场作业安全和持续生产难以保证。

（2）在自然发火过程中，大面积片帮情况的发生将给露天矿生产带来安全隐患。

（3）煤台阶的自然发火将导致煤台阶岩体强度的降低，影响露天矿整体边坡稳定。

2．防灭火方法选择的原则。

露天矿最终煤台阶防灭火方法的选择，必须要考虑以下限制因素：

（1）露天矿煤台阶的防灭火问题重点在“防”，因此，要求对到界煤台阶的防火与煤台阶的到界同时进行。

（2）由于被内排覆盖后的煤台阶一旦自燃，其上部覆盖物将给灭火工作带来困难，因此，要求对煤台阶采用的防灭火方法必须具有较长的时效性。

露天矿所产煤炭大部分属易自燃的长焰煤，一般常规土岩覆盖方法难以实现煤与氧气的彻底隔绝，煤层仍旧存在自燃的可能。

（3）到界煤岩台阶的防火工程与露天矿采剥工程同时进行时，防灭火工程不能影响露天矿的边坡稳定和正常生产。

3．煤自燃防灭火方法的确定。

传统的覆盖方式对最终煤岩台阶进行封闭防灭火已经无法满足露天矿最终煤岩台阶防火工程的需要，为了实现对最终煤台阶的防灭火，并同时让防灭火工程能起到防渗水、防漏气的作用，可选择施工工艺简单、经济适用的挂网锚喷方法来实现对最终煤岩台阶的覆盖封闭和防灭火，该方法有利于最终煤岩台阶防灭火工程的实施。对最终煤台阶选择用挂网锚喷的方式进行防灭火，主要是通过在煤台阶坡面喷射混凝土来实现煤与氧气的隔绝，达到防止煤自燃的目的，为了提高锚喷层的强度，在锚喷层间加入金属网，并用树脂锚杆来对金属网进行固定。

挂网锚喷防灭火设计原理：挂网锚喷防灭火具有隔绝空气、阻止煤层氧化的效果，进而达到防灭火的目的，同时工艺简单、经济适用，适用于最终煤台阶的防灭火。采用挂网锚喷防灭火技术，其作用主要有以下几点：

（1）混凝土本身起到隔离氧化作用。

（2）混凝土本身具有吸湿性，内部含有大量水分，当煤层内部氧化放热时，水分蒸发可吸收热量，大大延长煤层自然发火期。

（3）挂网锚喷起到稳固防止煤片帮作用。

（4）隔水作用。

使用挂网锚喷的方式，不仅可以实现对最终煤台阶的防灭火，还可以提高煤台阶的整体强度，有利于高陡边坡的整体稳定。

第一百一十六条　在高温区、自然发火区进行爆破作业时，必须遵守下列规定：

（一）测试孔内温度。有明火的炮孔或者孔内温度在 80 ℃以上的高温炮孔应当采取灭火、降温措施。

（二）高温孔经降温处理合格后方可装药起爆。

（三）高温孔应当采用热感度低的炸药，或者将炸药、雷管作隔热包装。

【解读】 本条是对露天开采爆破作业安全的规定。

为了对装药钻孔温度情况进行快速、准确区分，确保装药安全，借鉴国内某大型露天矿的规定，将钻孔划分为常温孔、中温孔和高温孔，对不同类型的钻孔进行相应处理后装药爆破。

1. 测量孔温。

利用测温仪测量炮孔内不同深度的孔温，孔温无变化且温度不超过 50 ℃的视为合格孔——常温孔，如温度差异变化较大，则需标明高温位置深度。

2. 划分标准。

常温孔 50 ℃以下，中温孔 50～80 ℃，高温孔 80 ℃以上。

装药药柱在高温位置或距离高温位置不足 1.5 m 则视为高温孔，按高温孔装药要求进行装药。

3. 对穿孔区域进行验收。

除正常的验收孔网参数外，增加对孔温的验收。若孔温处于正常情况（常温孔），按照正常的爆破程序执行。对于可疑的采空区，应遵守以下规定：

（1）爆破组长首先观察已经穿孔炮区的情况，确定采空区的具体方位，制定相应施工方法。

（2）发现采空区顶板厚度不足 6 m 时，严禁炸药车进入，采取人员运输炸药的方法进行施工。

(3) 所有爆破人员有责任对采空区区域内的安全进行监控,必要时设专人进行全方位监控,确保施工安全。

(4) 采空区装药完毕后,把所有的入口全部封上,防止其他设备进入。在施工炮区周围插上红旗以示危险,不准其他设备进入。

(5) 高温钻孔严禁使用普通空气间隔器堵孔。

(6) 炸药车进入采空区区域中的炮区装药时,先停放在炮区外 20 m 处,待炮区工长指挥确认方可进入作业区。

(7) 警戒距离执行下列规定:

人员不得小于 300 m,并根据穿孔验收情况及装药情况进行调整。

设备不得小于 100 m,驾驶室必须背向炮区。

所有避炮设备中不得有人员。

4. 对于孔温在 50～80 ℃(中温孔)时应采取的措施。

除执行常温孔规定外,应保证:实现快装快爆,必须当天装药当天爆破,严禁装药孔过夜,防止下部着火区导致孔内温度升高,引起爆炸事故或爆破失败。

5. 对于孔温在 80 ℃以上(高温孔)时应采取的措施。

(1) 原则。

小范围施工,高温孔严禁直接装药爆破,温度降至常温后快速作业与爆破。

(2) 施工过程。

前一天对第二天计划爆破孔进行温度验收,其工艺过程如下:现场记录温度→汇总分析温度并确定爆破方案、确定需要准备的材料→第二天在炮区施工前进行二次温度验收→现场调整爆破方案→根据情况设置警戒→炮区施工→起爆→爆破后检查→信息反馈。

(3) 处理高温孔。

采取向高温孔内灌注水或二相、三相泡沫的方法进行降温。降温要求:注水降温后短时间内温度急剧升高的炮孔,应勤于观测并采取其他措施。在注水达不到要求时,采用注二相、三相泡沫的方法解决。

(4) 爆破警戒。

按照施工过程,提前警戒到位,人员、设备撤至警戒区外再进行装药,警戒距离执行常温孔标准。

警戒按照爆破需要时间来确定，涉及大型设备避炮的单位必须及时给予配合。

（5）施工组织。

① 做好高温炮孔的组织工作：火区爆破作业现场爆破工作的组织统一由穿爆队经理或爆破副经理负责，明确每位爆破作业人员的任务，统一行动，做到分工明确，协调统一。

② 准备好火区作业的必需材料和工具，孔内起爆材料建议使用导爆索。

③ 准备好充足的填充物。孔口岩粉足够时可用岩粉直接充填，如岩粉不足，必须事先准备好足够的松散黄土。

④ 装药前警戒必须到位，无关人员及设备撤离到警戒区域以外。

⑤ 装药。经降温处理后的高温炮孔装药顺序是：先往孔里装炸药，再下起爆弹，装完药以后，装药人员不许再靠近已经装完药的高温炮孔。

⑥ 充填。孔口留线长于 2 m 以上，以便地表连线时人员远离孔口正上方，充填时，人员不允许正对炮孔。

⑦ 网络连接。全炮区的地表网络连接完毕以前，起爆引线应拉到指定位置，起爆引线与炮区网络断开，由专人负责起爆引线与炮区网络连接。

⑧ 起爆人员到达起爆点后，按爆破指令起爆。

⑨ 爆破后检查。起爆后，待爆破区炮烟散尽以后方可进行检查。

⑩ 信息反馈。爆破完检查完毕以后，应向爆破负责人报告爆破区内的异常情况，由爆破负责人报告调度通知相关单位。

（6）装药注意事项。

① 装高温孔时一般采用正向起爆，如发生卡堵则放弃该孔，孔内不允许放起爆弹和非电导爆管，并注水处理。

② 局部小范围、个别不集中高温孔采取弃爆方式。

③ 集中区高温孔，只要温度控制在 80 ℃以下，实施快速装药、充填、联网后立即爆破。

④ 经灌水等处理后的高温炮孔如温度仍然在 80 ℃以上时禁止装药。

⑤ 减少爆破孔数，加快施工进度，实现快装快爆。

⑥ 如发生炸药冒烟现象应立即向孔内灌水。如发生卡堵现象应采取灌水处理。高温孔附近应保证有充足的备用水源。

⑦ 若条件允许，建议该区域集中穿孔、集中测量孔温及集中注二相、三相泡沫，尽量实现大炮区爆破。

6. 爆破后检查注意事项。

（1）看：看是否有塌陷位置。

（2）听：听是否有异常响动，如是否有继续塌陷的异常响动。

（3）防：到达爆破区后，应站在上风方向，防止有毒气体对人员造成伤害。

（4）停：下车后，不要急于进入爆破区，应停在爆破区外，同时要保证检查人员不多于两人，并配备有自救器。

（5）凡有塌陷位置，人员不准靠近，以防再次塌陷造成人身伤亡。一旦听到异常响动，所有人员和设备都不准进入，观察发出异常响动位置的情况并报告爆破指挥负责人。

7. 爆破人员注意事项。

（1）爆破指挥负责人：要密切关注采空区作业现场情况，发现问题及时研究并制定相应安全措施，做到一工程一措施。对于采空区作业要抓好现场作业规范化、标准化管理，严禁出现盲目施工、违规指挥、抓进度丢安全的情况。同时加强平时的安全和技术培训，使员工熟知各种突发情况的应对防范措施。

（2）爆破工长：应首先观察已经穿孔炮区的情况，根据技术资料及现场探孔等情况确定采空区的具体方位，制定相应施工方法。发现空巷处顶板厚度不足6 m时，严禁炸药车进入，采取人员运输炸药的方法进行施工。

（3）装药工及装药助手：在装药过程中应站在上风头，如发现冒烟冒气现象时，要远离炮孔并及时汇报，待采取有效防范和安全措施后再进行施工作业，以防中毒。

（4）充填人员：高温孔严禁使用普通空气间隔器堵孔，人员不允许正对炮孔作业。

（5）炸药车司机：集中精神、高度警惕，严格按照指挥人员要求操作车辆，同时仔细观察周围环境，发现周围有冒烟炮孔时立即自行安全撤出，待处理后方可进入。

（6）爆破后检查人员：凡发现塌陷位置，人员不准靠近，以防再次塌陷造成人员伤亡。一旦听到异常响动，所有人员和设备都不准进入，观察发出异常响动位置的情况并报告爆破指挥负责人。

8. 其他注意事项。

（1）爆破组在装药时，对采空区内存在温度异常的炮孔要重新进行温度测定，在确定符合装药条件后方可施工。

（2）爆破组在穿至有空巷的钻孔炮区作业，发现冒烟冒气现象时，要远离炮孔,待采取有效防范和安全措施后再进行施工作业,以防中毒。

(3) 尽量减少操作人员,安排有经验的人员操作和施工。

(4) 炮区准备完毕后,向爆破负责人上报起爆准备完成并迅速组织起爆。

(5) 爆破用火工品在不同温度下的性能情况见表 7-3。

表 7-3 火工品在不同温度下的性能表

火工品	建议最高温度/℃	高温下的性能变化		
		温度临界值/℃	炸药的物理效应	结果
起爆弹	70	70	开始软化	损失敏感度
		80	熔化	损失起爆弹的完整性
		>100	熔化并分解	PENT 分解并存在爆轰可能性
		120	PENT 分解	拒爆或存在轰爆可能性
非电管	80	80	管材软化	拒爆
导爆索	80	80	塑料软化	拒爆
		120	PENT 分解	快速分解
铵油炸药	70	75	闪点	潜在的易燃性
		170	硝铵熔化	
		220	硝铵分解并自我维持	密闭状态产生爆炸的可能性
铵油乳化炸药	70	70	闪点	潜在的易燃性
		100	水蒸发	氧化剂溶液沸腾

注:温度高于 150 ℃时无适用产品。

9. 露天煤矿爆破标准化管理体系爆破安全管理基本要求和评分方法的考核要点,见表 7-4。

表 7-4 露天煤矿爆破标准化管理体系爆破安全管理基本要求和评分方法的考核要点

项目	项目内容	基本要求	标准分值	评分方法	检查内容	查阅资料
爆破安全管理	特殊条件作业	在采空区和火区爆破时,按爆破设计施工并制定安全措施,有爆破效果分析总结	2	查现场和资料。无设计或安全措施不得分;分析总结不到位1处扣1分	1. 查现场是否按照爆破设计施工; 2. 是否执行安全措施; 3. 爆破效果总结分析是否到位	1. 火区爆破设计资料; 2. 火区爆破安全措施; 3. 爆破效果分析总结

第一百一十七条　露天煤矿内的采掘、运输、排土等主要设备，必须配备灭火器材，并定期检查和更换。

露天煤矿带式输送机在转载点和机头处应当设置消防设施。

【解读】　本条是对露天煤矿设备应配备灭火器材并定期检查和更换的规定。

一般来说，露天煤矿设备火灾事故的发生都有个过程，发火初期的火势并不大，若采取直接灭火措施可以有效防止火势蔓延、发展。因此，最先发现着火的任何人都不应惊慌失措，应尽快弄清火情，并根据火灾性质采取一切可能的办法，力争在火灾初起之时就将它扑灭。《煤矿安全规程》规定了作业设备应配备一定数量、规格的灭火器材，同时也要求工人必须熟悉灭火器材的使用方法，并熟悉本职工作区域内灭火器材的存放地点。

另外，由于受到周围环境和条件等因素的影响，灭火器材可能会出现问题，并且灭火器材具有一定的使用年限，到期应该及时更换。因此，应定期对作业设备配备的灭火器材进行检查，以便及时发现和解决问题。

露天煤矿机电标准化管理体系连续工艺管理基本要求和评分方法的考核要点，见表 7-5。

表 7-5　露天煤矿机电标准化管理体系连续工艺管理基本要求和评分方法的考核要点

项目	项目内容	基本要求	标准分值	评分方法	检查内容	查阅资料
连续工艺	轮斗挖掘机	第 14 项消防器材齐全有效	1	查现场。不符合要求 1 处扣 0.2 分	1. 查现场是否配备消防器材；2. 消防器材是否齐全且能正常使用；3. 检查制度是否按规定执行	消防器材检查台账
	排土机	第 13 项消防设施齐全有效	1	查现场。不符合要求 1 处扣 0.2 分		
	带式输送机	第 12 项消防设施齐全有效	1	查现场。不符合要求 1 处扣 0.2 分		
	破碎站	第 10 项消防设施齐全有效	1	查现场。不符合要求 1 处扣 0.2 分		

【案例 7-2】　2007 年 2 月 8 日 15 时 3 分，某矿生产运输部 06 号小松车司机迟某某，在 1410 电铲作业重车行至西一排土场准备调头卸货时，见前方电 41 号大车司机张某某举手向本车示意，迟某某走出驾驶室，发现右侧走台灭火器处有

火苗蹿出，火势很猛并迅速蔓延至右侧平台，迟某某立刻关闭发动机从车上跳下，让张某某用对讲机通知工长和调度室，并与其一道取下该车灭火器开始灭火。接到调度通知的人员携带设备相继赶到西一排土场参加灭火，参加集团“三会”的矿领导和股份公司领导，得到火情通报后也先后赶赴火场组织扑救。但由于火势太大很难一时扑灭，直到 40 min 后某市消防队赶到才最终将火扑灭。

事故原因：

(1) 液压油管突然爆裂，液压油喷射到涡轮增压器或排烟座上，引起火灾。

(2) 设备在西排土场，风力较大，灭火器未能及时供应。

(3) 坑口消防分队撤销，消防车未能及时到达现场。

(4) 该矿水车冬季封停、清洗机冬季未使用，设备油垢较大。

防范措施：

(1) 做好防火工作的日常检查，确保灭火器材齐全有效。

(2) 所用运行设备必须保证在驾驶室内能熄火。

(3) 加强设备卫生管理，有油垢时及时清洗。

(4) 司机对各部液压管路勤检查，发现渗漏及时处理更换。

(5) 制定设备发生火情后的汇报程序及应急预案。

(6) 坑口配备消防车，确保第一时间到达现场扑救。

第一百一十八条　露天煤矿焊割作业时，应当遵守下列规定：

(一) 在重点防火、防爆区焊割作业时，应当办理用火审批单，并制定防火、防爆措施。

(二) 在矿用卡车上焊割作业时，应当防止火花溅落到下方作业区或者油箱，并采取防护措施。

(三) 焊割作业场所应当确保通风良好，无易燃、易爆物品。焊割盛放过易燃、易爆物品或者情况不明物品的容器时，应当制定安全措施。

(四) 使用气焊割动火作业时，氧气瓶与乙炔气瓶间距不小于 5 m，气瓶与动火作业地点均不小于 10 m。

【解读】 本条是对露天煤矿焊割作业的规定。

在焊割作业中，人们常用的是电焊、气焊和气割，这些均属明火作业，具有高温、高压、易燃、易爆的危险，而作业现场电焊熔融的金属火花会到处飞溅，极易引燃可燃物，造成火灾事故。从全国发生的一些重特大火灾事故原因分析来看，不少重大火灾的罪魁祸首是违章焊割作业。这些火灾事故都造成了重大人员伤亡和财产损失，带来了不良的影响。为了杜绝事故发生，保护职工人身安全，应该严格按照规定进行作业。

(1) 地面在禁火区、防爆区内(主要包括矸石山、煤堆、仓库、木料场、油脂库等地点)使用电焊、气焊(割)、电钻、砂轮等，可产生火焰、火花及炽热表面的临时性作业，均为动火作业，必须申请办理“动火审批单”。

(2) 必须明确负责人、有效期、动火区域及安全防火措施。审批单应按照动火等级进行审批，动火时要将审批单悬挂在动火点附近备查。

(3) 作业人员必须认真学习防火、防爆措施和动火审批单内容，动火人动火前要详细核对其各项内容是否落实和审批手续是否完备，若发现不具备动火条件时，有权拒绝动火，并向安监科报告。动火要随身携带“动火审批单”，严禁无证作业及审批手续不完备作业。每次动火前均应主动向现场当班负责人呈验“动火审批单”，并经其签字认可后方可进行动火作业。

(4) 动火监护人负责动火现场的安全防火检查和监护工作。监护人需在“动火审批单”上签字。监护人在作业中不准离开现场，当发现异常情况时应立即通知停止作业，并向上级汇报。

(5) 当班负责人负责生产与动火作业的衔接工作，动火作业中，如有紧急或异常情况时，应立即通知停止动火作业。

(6)“动火审批单”不准转让、涂改，不准异地使用或扩大使用范围。一份“动火审批单”只准在一个动火点使用，动火前由动火人员在“动火审批单”上签字。如果在同一动火点多人同时动火作业，可使用一份“动火审批单”，但参加动火作业的所有动火人应分别在“动火审批单”上签字。

(7) 在矿用卡车上焊割作业时，应当防止火花溅落到下方作业区或者油箱，应加堵盲板进行彻底隔离。

(8) 对受压容器、密封容器、各种油桶、管道及沾有可燃液体的工件，焊接时必须事先除掉有毒、有害、易燃、易爆物质，解除容器及管道内压力，消除容器密封状态(敞开口、旋开盖)后再进行工作。

(9) 焊接与切割前，首先对结构件内外部进行检查，并清理结构件内外部检修区域的油脂；如结构件壁内切割区域油脂确实清理不干净，切割时，采用气刨方式切割。

(10) 禁止在已刷好油漆或喷过塑料的容器内焊接。

第八章 附 则

第一百一十九条 本细则自 2022 年 1 月 1 日起施行。

【解读】 本细则于 2021 年 10 月 12 日由国家矿山安全监察局以矿安〔2021〕156 号文印发，自 2022 年 1 月 1 日起施行，自印发到施行有两个半月左右的宽延时间，有利于煤炭企业和煤矿做好实施前的宣贯和准备工作。煤炭企业和煤矿应当密切联系工作实际，组织相应的学习培训工作，开展对标工作，认真对照《煤矿防灭火细则》的新规定、新要求，补短板、强弱项，完善相关机构、制度、装备，落实各项防灭火技术管理措施，强化应急处置，推进《煤矿防灭火细则》各项规定的落地落实，有效防范遏制煤矿重特大火灾事故。

《煤矿防灭火细则》实施后各级煤矿安全监管部门、煤矿安全监察机构要严格按照本细则的要求进行煤矿防灭火工作的监管、监察和行政执法，煤矿安全监管监察人员要带头认真学习和落实《煤矿防灭火细则》，监督煤炭企业切实落实《煤矿防灭火细则》各项条款，充分发挥《煤矿防灭火细则》在煤矿安全生产中的重要作用。

附录　防灭火专项设计内容

矿井防灭火专项设计应当包含以下内容，可根据矿井实际情况予以增减。延伸新水平、开采新采（盘）区、采煤方法或通风系统等发生重大变化时，及时修订矿井防灭火专项设计。矿井防灭火专项设计由矿总工程师负责审批。

（一）矿井概况（重点说明地质构造、煤层赋存、煤质、瓦斯、煤尘、煤的自燃倾向性、自然发火期、地温、开拓开采情况、矿井通风、历史发火情况、火区、矿井周边煤矿等）。

（二）矿井火灾危险性分析（包括内因火灾危险性分析和外因火灾危险性分析）。

（三）煤层自然发火预测预报指标体系（包括煤层自燃倾向性、煤层自然发火期、煤层自然发火标志气体及临界值、煤层自然发火预兆预警值的确定）。

（四）矿井火灾监测系统（包括束管火灾监测系统、人工采样监测系统、安全监控系统和其他监测系统）。

（五）矿井防灭火系统及设施（包括自然发火综合防治系统、消防洒水系统、井上、下消防材料库和防火构筑物）。

（六）内因火灾防治技术方案（包括工作面“进回风巷道”防灭火技术方案、工作面安装期间防灭火技术方案、工作面回采期间防灭火技术方案、工作面回撤期间防灭火技术方案、工作面推进缓慢期间防灭火技术方案和已封闭采空区自然发火防治方案）。

（七）外因火灾防治技术方案（包括机电设备火灾防治方案、电缆火灾防治方案、带式输送机火灾防治方案、油脂及其他可燃物品火灾防治方案、电气焊及火工品火灾防治方案、井下爆破引发火灾防治方案、无轨胶轮车火灾防治方案和其他外因火灾防治方案）。

（八）火区治理（包括火区治理技术方案、井下封闭火区日常管理和火区启封）。

（九）矿井防灭火管理制度（包括组织机构和规章制度）。

（十）火灾应急救援预案。

【解读】《煤矿安全规程》第 260 条规定："开采容易自燃和自燃煤层的矿井，必须编制矿井防灭火专项设计，采取综合预防煤层自然发火的措施。"

编制矿井防灭火专项设计必须根据矿井各煤层地质情况、开拓开采方式及矿井通风状况，评价和分析各煤层自燃风险及各煤层自然发火的一般规律后，确定各煤层自燃火灾防治的重点，优选出各煤层自燃标志性气体，结合目前国内外矿井火灾防治的技术现状，建立健全符合矿井实际的各煤层自燃早期预测预报系统、煤层自燃综合防治系统及外因火灾防治综合技术措施，及时准确地发现火灾隐患，切实指导现场防灭火工作的具体实施，同时健全和完善矿井防灭火的应急救援预案及安全管理工作制度，确保矿井的安全生产。

防灭火专项设计内容(参考性示例)

第一章 矿井概况

第一节 井田概况

一、地理位置、井田位置

二、自然条件

（一）地形地貌

（二）气象与地震特征

（三）地面水系

第二节 矿井地质构造及水文地质

一、地质构造及特征

（一）区域地质构造

（二）井田地质构造

二、水文地质

第三节 矿井煤层赋存及煤质

一、含煤性

二、可采煤层介绍

（一）主要可采煤层

（二）次要可采煤层

三、煤质

（一）煤类

（二）煤的物理性质

（三）煤的工业分析

1. 水分

2. 灰分

3. 挥发分

（四）煤的用途

第四节　矿井通风、瓦斯、煤尘、煤层自燃倾向性及发火期

一、矿井通风系统

二、瓦斯

三、煤尘

四、煤的自燃倾向性及最短自然发火期

五、矿井地温

第五节　矿井开拓开采

一、井筒设置及功能

（一）副井

（二）主井

（三）风井

二、采区及煤层开采顺序

（一）采区划分

（二）开采顺序

三、采煤工作面开采方法

第六节　矿井历史发火情况及周边煤矿

一、矿井历史发火情况

二、周边煤矿情况

第二章　矿井煤层自然发火危险性分析

第一节　煤层自然发火机理

一、煤的自燃条件

二、煤自燃的不同阶段

第二节　煤层自然发火的影响因素

一、煤质

（一）煤的品级

（二）煤的水分含量

（三）矿物质

二、地质因素

三、通风因素

四、煤的粒度

五、煤的空隙率

六、漏风强度

七、煤的蓄热环境

第三节 综采面煤层自燃特点分析

一、综采面煤层自然发火的特点

二、综采面煤层自燃特点及规律

（一）综采面切眼、停采线采空区自燃火灾较多

（二）回采期间存在采空区二道自燃火灾威胁

（三）采空区"三带"动态移动

（四）采空区自燃高温区域范围大且隐蔽

（五）采空区自燃火灾灭火难度大

第四节 矿井自燃危险性评价

一、煤的自燃早期识别

（一）人的直接感觉

1. 嗅觉

2. 视觉

3. 感(触)觉

（二）测定矿内空气和围岩温度

（三）气体分析方法

1. 气体成分分析与指标

2. 连续自动监测系统

（四）其他测定方法

二、矿井自燃风险评价

（一）煤层自然发火危险性

（二）煤的自燃分析预测

1. 煤的炭化程度

2. 煤岩成分

3. 硫、磷含量分析

4. 煤的水分

5. 煤的破碎程度

6. 煤的瓦斯含量、孔隙率及导热能力等

7. 煤层厚度、倾角、埋藏深度

8. 地质构造

9. 围岩性质

10. 开拓方式及采煤方法

11. 工作面推进速度

第三章　矿井煤层自然发火预测预报及监控系统

第一节　煤层自然发火预测预报指标体系

一、概述

二、煤层自然发火早期预测预报指标气体选择的原则

（一）灵敏性

（二）规律性

（三）可测性

三、综采工作面煤炭自燃早期预测预报指标体系

（一）一氧化碳(CO)

（二）乙烯(C_2H_4)

（三）人的感官可以察觉的自燃征兆

（四）有下列情况之一者，定为自然发火隐患

（五）有下列情况之一者，定为自然发火

四、防火观测站地点设置及要求

序号	防火观测站	检查内容	检查周期	备注
1		CO、CO_2、CH_4、温度	每班2次	
2		CO、CO_2、CH_4、温度	每班2次	
3		CO、CO_2、CH_4、温度	每周1次	
4		CO、CO_2、CH_4、温度	每周1次	
5		CO、CO_2、CH_4、温度	每班2次	
6		CO、CO_2、CH_4、温度	每周1次	
7		CO、CO_2、CH_4、温度	每周1次	
8		CO、CO_2、CH_4、温度	每旬1次	

续表

序号	防火观测站	检查内容	检查周期	备注
9		CO、CO_2、CH_4、温度	每旬1次	
10		CO、CO_2、CH_4、温度	每旬1次	

五、建议

第二节 煤层自然发火监控系统

一、KJ90NB型煤矿安全监测监控系统

（一）中心站设置

（二）中心站供配电要求

（三）通信

（四）安全防护

（五）分站及传输电缆

（六）甲烷传感器的设置

（七）一氧化碳传感器的设置

（八）温度传感器的设置

（九）风速传感器的设置

（十）烟雾传感器的设置

（十一）分站、传感器的备用

二、JSG-7型(16路)矿用束管监测系统

（一）系统选择

（二）监测点布置

（三）系统组成

（四）系统工作原理

三、红外成像探测技术

（一）工作原理

（二）红外热成像仪的特点

（三）施工工艺

四、红外测温仪

（一）工作原理

（二）施工工艺

（三）红外测温仪特点

五、人工检测

第四章　矿井防治煤层自然发火系统

第一节　防治煤层自燃安全技术措施

一、采区设计措施

二、开拓开采措施

三、通风方面措施

四、监测方面措施

第二节　矿井灌黄沙浆防灭火系统

一、注浆系统

二、注浆方法

三、注浆参数计算

四、浆液制备

五、注浆管道布置

六、主注浆管道及加压泵计算

七、注浆前疏水和注浆后防止溃浆、透水措施

第三节　矿井压注氮气防灭火系统

一、注氮工艺系统

二、注氮流量计算

三、制氮设备

四、采煤工作面注氮管路布置

五、注氮方法

六、安全管理

第四节　矿井压注凝胶防灭火系统

一、概述

二、材料及配比

三、设备

四、压注凝胶系统及工艺

五、使用范围及注意事项

第五节　其他防灭火技术及材料介绍

随着防灭火技术的不断发展，防灭火装备不断更新，在此介绍几种有效的防灭火方法，以便在今后的工作中遇到不同火灾隐患可用不同防灭火方法处理。

一、均压防灭火技术

二、轻型充填材料

三、煤矿防灭火剂

四、赛福特(罗克休)、固邦特(玛丽散)

五、地面固定式二氧化碳防灭火技术

六、井下移动式二氧化碳防灭火系统

七、阻化剂防灭火技术

第五章 采掘工作面重点区域防火措施

第一节 巷道掘进期间防火措施

一、实体煤掘进防灭火措施

二、沿空掘进防灭火措施

第二节 工作面开采前、回采期间及停采撤除期间的防灭火措施

一、工作面开切眼防灭火措施

二、工作面开采前的防灭火技术措施

三、综采工作面开采初期(前 200 m)防灭火技术措施

四、工作面回采期间防灭火技术措施

五、采煤工作面末采期间(距停采线 100 m)防灭火技术措施

六、工作面停采撤除期间防灭火技术措施

七、工作面设备回撤完后防灭火技术措施

第六章 矿井外因火灾防治及井下消防洒水系统

第一节 井下外因火灾预防综述

一、概述

二、井下易燃物

三、能引起外因火灾的热源

四、易发生外因火灾的场所及原因

第二节 外因火灾防治

一、预防矿井火灾的一般规定

二、矿井机电设备硐室防灭火措施及装备

三、矿井带式输送机防灭火措施及装备

四、矿井电气设备防灭火措施及装备

五、矿井电缆使用防灭火要求

六、矿井电气设备的各种保护

七、矿井电气设备的检查、维护、修理和调整

第三节　井下消防洒水系统

一、水源选择及水质要求

二、水量及水压

三、系统选择及管路布置

四、管路选型计算

第七章　矿井防火构筑物及井下火区管理

第一节　防火构筑物及井上、下消防材料库

一、采煤工作面防火门墙

二、采煤工作面及采区永久密闭

三、临时防火密闭

四、井下机电设备硐室防火构筑物

五、井上、下消防材料库

第二节　井下火区管理

一、火区密闭墙管理

二、火区熄灭认定标准

三、启封熄灭火区安全管理制度

四、井下火区周围采掘活动管理制度

第八章　矿井地面及井下防灭火管理规定

一、地面及井下发生火灾行动原则

二、地面及井下外因火灾预防与处理

三、井下内因火灾预防与处理

四、完善地面和井下火灾防治管理制度

第九章　矿井火灾应急救援预案

第一节　矿井火灾危害性分析

一、矿井井下火灾危害性分析

二、矿井地面火灾危害性分析

第二节　矿井井下火灾专项应急救援预案

一、井下火灾事故风险分析

二、应急指挥机构及职责

三、处置程序

四、应急响应

五、处置措施

第三节 矿井地面火灾事故专项应急救援预案

一、地面火灾事故风险分析

二、应急指挥机构及职责

三、处置程序

四、应急响应

五、处置措施

附件一 井下消防材料库库存物品一览表

附件二 井上消防材料库库存物品一览表

参考资料：

1.××矿井初步设计

2. ××矿井设计安全专篇

3.××矿井灾害预防与处理计划

4. ××矿井应急救援预案

5. ××煤层自燃倾向性鉴定

6. ××煤层自燃指标性气体及最短自然发火期鉴定

7. ××煤尘爆炸性鉴定

8. ××矿井通风系统图及采掘工程平面图

9. ××矿井通风阻力测定

10. ××通风月报及通风季报

11. ××矿井安全监控系统、束管检测系统、注浆系统、注惰性气体系统等防灭火系统资料

12. ××矿井通风能力核定

13. 瓦斯等级鉴定报告

14.《煤矿安全规程》

15.《煤矿防灭火细则》

16.《煤炭工业矿井设计规范》(GB 50215—2015)

17.《煤炭矿井设计防火规范》(GB 51078—2015)

自 测 题

（总分 100 分）

一、判断题(每题 1 分)

1. 煤炭自燃火灾属于内因火灾，但其他易燃物质自身氧化蓄热发生燃烧而引起的火灾不是内因火灾。（　　）

2. 开采容易自燃煤层的新建矿井应当采用分区式通风或者对角式通风。初期采用中央并列式通风的不得布置超过 2 个采区生产。（　　）

3. 开采容易自燃和自燃的单一厚煤层或者煤层群的矿井，集中运输大巷和总回风巷应当布置在岩层内或者不易自燃的煤层内。（　　）

4. 开采容易自燃煤层的采(盘)区，必须设置至少 1 条专用回风巷。（　　）

5. 开采容易自燃和自燃煤层时，采煤工作面必须采用前进式开采，并根据采取防火措施后的煤层自然发火期确定采(盘)区开采期限。（　　）

6. 留在主石门上方的煤柱，在采掘结束后可以回收，但必须采取防止自然发火措施。（　　）

7. 留在采区运输石门上方的煤柱，在采区结束后可以回收，但必须采取防止自然发火措施。（　　）

8. 可能沟通火区的采煤工作面严禁开采。（　　）

9. 采用全部充填采煤法时，可以采用可燃物作充填材料，但必须制定安全措施。（　　）

10. 容易自燃煤层严禁采用水力采煤法。（　　）

11. 新建井筒的永久井架和井口房、以井口为中心的联合建筑，必须采用不燃性或难燃性材料建筑。（　　）

12. 井下消防管路系统应当敷设到采掘工作面，带式输送机巷道中应当每隔 100 m 设置支管和阀门。（　　）

13. 井下机电设备硐室出口必须装设向外开的防火铁门，防火铁门外 5 m 内的巷道，应当砌碹或者采用其他不燃性材料支护。(　　)

14. 煤矿在井下煤岩体加固、充填密闭、喷涂堵漏风等施工中，应当优先选用无机材料。(　　)

15. 密闭按服务期限可分为临时密闭和永久密闭。(　　)

16. 永久密闭必须采用不燃性或难燃性建筑材料。(　　)

17. 电气设备着火时，应当首先切断其电源再灭火。(　　)

18. 用水灭火时，水流应当对着火源中心喷射以加快灭火速度，必须有充足的风量和畅通的回风巷，防止水煤气爆炸。(　　)

19. 处理爆炸物品库火灾时，应当首先将炸药运出，然后将其他爆炸物品运出。(　　)

20. 检查或者加固密闭墙等工作，应当在火区封闭完成 12 h 后实施。(　　)

21. 启封火区和恢复火区初期通风等工作，必须由矿山救护队负责进行。(　　)

22. 开采容易自燃和自燃煤层的露天煤矿，应当采取防止采场边坡煤台阶、工作面、排土场自然发火的措施。(　　)

23.《煤矿防灭火细则》自 2022 年 3 月 1 日起施行。(　　)

24. 露天煤矿在重点防火、防爆区焊割作业时，可以不办理用火审批单。(　　)

25. 煤巷施工永久密闭必须掏槽，岩巷施工永久密闭可不掏槽，但必须将松动岩体刨除见硬岩体。(　　)

二、单选题(每题 1.5 分)

1. 煤矿企业、煤矿的(　　)是本单位防灭火工作的第一责任人。

A. 矿长　　B. 总工程师　　C. 主要负责人

2. 煤矿企业、煤矿的(　　)是防灭火工作的技术负责人。

A. 矿长　　B. 总工程师　　C. 主要负责人

3. 开采容易自燃和自燃煤层的矿井应当配备满足需要的(　　)。

A. 防灭火专业技术人员　B. 分管防灭火工作的副总工程师

C. 总工程师

4. 煤矿必须编制火灾事故应急预案，每年至少组织(　　)次应急预案演练。

A. 1　　B. 2　　C. 3

5. 新建矿井或者改扩建矿井应当将平均厚度为(　　)m 以上煤层的自燃倾向性鉴定结果报省级煤炭行业管理部门、煤矿安全监管部门和矿山安全监察机构。

A. 1.0　　B. 0.5　　C. 0.3

6. 采煤工作面回采结束后,必须在(　　)天内进行永久性封闭。

A. 30　　B. 45　　C. 60

7. 木料场、矸石山等堆放场距离进风井口不得小于(　　)m。

A. 50　　B. 60　　C. 80

8. 木料场距离矸石山不得小于(　　)m。

A. 50　　B. 60　　C. 80

9. 地面的消防水池必须经常保持不少于(　　)m^3 的水量。

A. 100　　B. 200　　C. 300

10. 井口房和通风机房附近(　　)m 内,不得有烟火或者用火炉取暖。

A. 10　　B. 20　　C. 30

11. 爆炸物品库出口两侧的巷道,必须采用砌碹或者用不燃性材料支护,支护长度不得小于(　　)m。

A. 5　　B. 10　　C. 15

12. 电焊、气焊和喷灯焊接等工作地点的风流中,甲烷浓度不得超过(　　),且在检查证明作业地点附近 20 m 范围内巷道顶部和支护背板后无瓦斯积存时,方可进行作业。

A. 1%　　B. 0.5%　　C. 2%

13. 一氧化碳传感器和温度传感器应当垂直悬挂,距顶板(顶梁)不得大于(　　)mm,距巷壁不得小于 200 mm,并安装维护方便,不影响行人和行车。

A. 200　　B. 250　　C. 300

14. 注入的惰性气体浓度不小于(　　)。

A. 95%　　B. 97%　　C. 99%

15. 火区封闭后,应当采取措施减少漏风,并向封闭区内连续注入惰性气体,保持封闭区域氧气浓度不大于(　　)。

A. 5.0%　　B. 10.0%　　C. 20.0%

16. 处理矿井外因火灾时,当甲烷浓度达到(　　)以上并继续增加时,全部人员立即撤离至安全地点。

A. 0.5%　　B. 1.0%　　C. 2.0%

17. 当火源点不明确、火区范围大、难以接近火源时，或者用直接灭火方法无效、灭火人员存在危险时，采用(　　)方法灭火。

A. 隔绝　　B. 注水　　C. 注浆

18. 在高温区、自然发火区进行爆破作业时，有明火的炮孔或者孔内温度在(　　)℃以上的高温炮孔应当采取灭火、降温措施。

A. 50　　B. 60　　C. 80

19. 露天煤矿使用气焊割动火作业时，氧气瓶与乙炔气瓶间距不小于5 m，气瓶与动火作业地点均不小于(　　)m。

A. 5　　B. 10　　C. 15

20. 生产矿井延深新水平时，必须对揭露的平均厚度为(　　)m以上煤层的自燃倾向性进行鉴定。

A. 1.0　　B. 0.3　　C. 0.5

三、多选题(每题3分，多选、错选不得分，少选1个选项扣1分)

1. 为了加强煤矿防灭火工作，有效防控煤矿火灾事故，保障煤矿安全生产及从业人员生命安全和健康，根据(　　)等法律、法规、规章和规范性文件的规定，制定《煤矿防灭火细则》。

A.《安全生产法》　　B.《矿山安全法》

C.《国务院关于预防煤矿生产安全事故的特别规定》

D.《消防法》　　E.《煤矿安全规程》

2. 煤矿防灭火工作必须坚持(　　)的原则，制定井上、下防灭火措施。

A. 预防为主　　B. 早期预警

C. 因地制宜　　D. 综合治理

3. 煤的自燃倾向性分为(　　)3类。

A. 容易自燃　　B. 不自燃

C. 自燃　　D. 不易自燃

4. 以下属于内因火灾的有(　　)。

A. 放明炮引起的火灾　　B. 煤氧化蓄热引起的火灾

C. 电火花引起的火灾　　D. 井下易燃物氧化蓄热引起的火灾

5. 采煤工作面采空区自然发火“三带”可划分为(　　)。

A. 氧化带　　B. 散热带

C. 自燃带　　D. 窒息带

6. 以下属于外因火灾的有(　　)。

A. 爆破引起的火灾　　B. 明火引起的火灾

C. 电流短路引起的火灾　D. 煤自燃引起的火灾

7. 抽采容易自燃和自燃煤层的采空区瓦斯时，抽采管路应当安设(　　)传感器，进行实时监测监控。

A. 一氧化碳　　B. 二氧化碳

C. 甲烷　　D. 温度

8. 注浆材料和添加剂不得具有(　　)等。

A. 可燃性　　B. 助燃性

C. 毒性　　D. 辐射性

9. 永久密闭应当留设(　　)。

A. 放水孔　　B. 观测孔

C. 注水孔　　D. 措施孔

10. 地面矸石山自燃火灾处置，可采用(　　)方法进行灭火降温。

A. 整体搬迁　　B. 局部剥挖

C. 蓄水渗灌　　D. 覆盖

11. 处理矿井火灾应当了解下列(　　)情况。

A. 发火时间、火源位置、燃烧物、火势大小、波及范围、遇险人员分布情况

B. 灾区有毒有害气体情况、通风系统状态、风流方向及变化可能性、煤尘爆炸性

C. 巷道围岩、支护情况

D. 灾区供电状况

E. 灾区供水管路、消防器材种类及数量

12. 火区管理卡片应当包括(　　)内容。

A. 火区基本情况登记表　　B. 火灾事故报告表

C. 火区灌注灭火材料记录表　D. 防火墙观测记录表

13. 火区同时具备下列(　　)条件时，方可认为火已熄灭。

A. 火区内的空气温度下降到 30 ℃以下，或者与火灾发生前该区的日常空气温度相同

B. 火区内空气中的氧气浓度降到 5.0％以下

C. 火区内空气中不含有乙烯、乙炔，一氧化碳浓度在封闭期间内逐渐下降，并稳定在 0.001％以下

D. 火区的出水温度低于 25 ℃，或者与火灾发生前该区的日常出水温度

相同

E. 上述 4 项指标持续稳定 1 个月以上

14. 启封总结报告应当包括(　　)内容。

A. 启封经过

B. 火区火源位置及发火原因分析

C. 火区破坏情况及火灾后果分析

D. 经验与教训

15. 采场及排土场发生自燃火灾后,可采取(　　)措施进行处理。

A. 挖除火源　　B. 覆土

C. 水消　　D. 注(喷)浆

自测题答案与解析请扫码关注“中国矿业大学出版社煤炭知识服务”公众号,回复“防灭火”获取。公众号中还有更多本书数字化配套内容供下载使用。

第二部分

初起火灾的应急处置与避灾逃生

一、 初起火灾的应急处置

1. 井下发现初起火灾时,现场应急处置的基本要求是什么?

答:火灾的变化十分迅速而复杂,对待井下的微小火灾绝不能麻痹大意,不能有任何的犹豫,应该及时地采取应急措施,将初起火灾坚决、果断地扑灭。初起火灾应急处置的基本要求有:

① 在井下不论是谁发现烟气或明火等火灾灾情时,都应立即向现场领导汇报,并迅速通知在附近工作的人员。

② 现场人员要准确地分析判明火灾的原因、地点及灾害程度、蔓延方向等,并把这些情况及时向矿井调度室报告。

③ 发现初起火灾时,现场人员切不可惊慌失措、盲目行动,应及时组织起来利用就近的水、沙子、黄土、灭火器等工具和器材灭火,控制火势发展、蔓延,若是电气火灾要先断电再灭火。同时,要设法迅速通知或协助撤出受火灾影响区域内的人员。

2. 现场应急扑灭初起火灾的要求和方法是什么?

答:(1) 基本要求是:

① 井下发生火灾前,一般都能闻到烟煳味,如果发现这种情况必须高度重视,要迅速根据现场风流方向查明原因。

② 火灾初始发生时,火势一般并不大,只要掌握正确的灭火方法,就能把火灾扑灭在初起阶段,避免酿成更大的火灾。

③ 及时发出火警和向矿调度室报告火情非常重要。

④ 任何人发现初起火灾都不能惊慌失措,更不能不负责任地只顾自己撤离(这种情况是要被追究责任,甚至是刑事责任的)。

(2) 灭火方法是:

① 及时找到火源和判断火灾性质,选择合适的灭火器材(灭火器、沙袋等)进行灭火。

② 若没有专门的灭火器材,可以就地取材,比如耙片、黄沙、碎矸石、废旧皮

带、风筒布，甚至是棉衣等物品覆盖灭火。

③ 如果发火附近有水沟可以用水沟里的水灭火，但电气火灾不能用水直接灭火。

④ 灭火前应迅速戴上和打开自救器。

⑤ 在有人被困的情况下，要先救人。

3. 井下发现火灾，现场应该怎样报告火警？

答：拨打矿调度室电话，要沉着冷静，把发现的火情用尽量简练的语言表达清楚。报警时要注意以下事项：

① 记清矿井调度室电话。

② 电话接通以后，要准确报出起火的地点（水平、巷道、硐室、巷道通尺）、什么东西着火、火势大小、有没有人员被困、有没有发生爆炸以及着火的范围等。在说不清具体位置时，要说出大致位置、周围明显巷道或硐室标志。

③ 将自己的部门、姓名、职务或岗位告诉调度员，以便联系。注意听清调度员提出的问题，以便正确回答。

④ 打完电话后，视火情发展情况，必要时迅速按照火灾避灾路线撤离受火灾影响的区域，并佩戴好自救器进行自救。

⑤ 如果火情发生了新的变化，要立即报告矿调度室，以便采取新的灭火措施。

4. 地面发生火灾时，现场应该怎样报告火警？

答：拨打火警电话“119”时，一定要沉着冷静，关键是要把情况用尽量简练的语言表达清楚。报警时要注意以下事项：

① 要记清火警电话——“119”。

② 电话接通以后，要准备报出失火的地址（路名、弄堂名、门牌号）、什么东西着火、火势大小、有没有人被困、有没有发生爆炸或毒气泄漏以及着火的范围等。在说不清具体地址时，要说出地理位置、周围明显建筑物或道路标志。

③ 将自己的姓名、联系电话告诉对方，以便联系。注意听清接警中心提出的问题，以便正确回答。

④ 打完电话后，立即派人到交叉路口等候消防车，引导消防车迅速赶到火灾现场。

⑤ 如果火情发生了新的变化，要立即告知公安消防队，以便他们及时调整力量部署。

5. 现场急救装置手提式干粉灭火器怎样操作使用?

答:使用现场急救装置手提式干粉灭火器的操作方法如下:

① 手提灭火器手把,在距离起火点 3～5 m 处,将灭火器放下。如果在室外使用时,应注意站在上风方向。

② 使用前先将灭火器上下颠倒几次,使筒内干粉松动。

③ 拔下保险销,一只手握住喷嘴,使其对准火焰根部,另一只手用力按下压把,干粉便会从喷嘴喷射出来。

④ 左右喷射,不能上下喷射,灭火过程中应保持灭火器直立状态,不能横卧或颠倒使用。

6. 现场急救装置手提式干粉灭火器使用注意事项有哪些?

答:使用现场急救装置手提式干粉灭火器时,应注意以下事项:

① 手提式干粉灭火器必须竖立使用。

② 保险销拔掉后,喷管口禁止对着人,以防止伤害人员。

③ 灭火时,操作者必须处于上风侧操作。

④ 注意控制距灭火点的有效距离和灭火器使用时间。

7. 现场急救装置泡沫灭火器怎样操作使用?

答:使用现场急救装置泡沫灭火器的操作方法如下:

① 当距离着火点 10 m 左右,即可将筒体颠倒过来,一只手紧握提环,另一只手扶住筒体的底圈,将射流对准燃烧物。

② 在扑救可燃液体火灾时,如已呈流淌状燃烧,则将泡沫由近而远喷射,使泡沫完全覆盖在燃烧液面上。

③ 如在容器内燃烧,应将泡沫射向容器的内壁,使泡沫沿着内壁流淌,逐步覆盖着火区。

④ 切忌直接对准液面喷射,以免由于射流的冲击,反而将燃烧的液体冲散或冲出容器,扩大燃烧范围。

⑤ 在扑救固体物质火灾时,应将射流对准燃烧最猛烈处。

⑥ 灭火时随着有效喷射距离的缩短,使用者应逐渐向燃烧区靠近,并始终将泡沫喷在燃烧物上,直到扑灭火灾。

⑦ 使用泡沫灭火器时,灭火器应始终保持倒置状态,否则会中断喷射。

8. 现场急救装置二氧化碳灭火器怎样操作使用?

答:使用现场急救装置二氧化碳灭火器的操作方法如下:

① 拔出保险栓。

② 压下压把(或旋动阀门)。

③ 将喷口对准火焰根部灭火。

9. 现场急救装置二氧化碳灭火器使用注意事项有哪些?

答:使用现场急救装置二氧化碳灭火器时,首先要注意戴手套,以免皮肤接触喷筒和喷射胶管,防止冻伤;其次,使用二氧化碳灭火器扑救电气火灾时,如果电压超过 600 V,应先断电后灭火。

10. 现场急救装置地面消防栓怎样操作使用?

答:使用现场急救装置地面消防栓的操作方法如下:

① 打开消防栓门,按下内部火警按钮,取下消防水带。

② 展开消防水带。

③ 水带一头接到消防栓接口上。

④ 另一头接在消防水枪上。

⑤ 打开消防栓上的水阀开关。

⑥ 对准火源根部进行灭火。

二、 火灾的避灾逃生

1. 矿井火灾应急避灾逃生的原则是什么?

答:当火灾发生后,如果火势很猛,已不能进行直接灭火,或现场不具备直接灭火条件时,现场人员应立即迅速撤离火区,并要做到以下几点:

① 立即佩戴自救器。

② 迅速找到和确认火灾避灾路线(避灾路线标志)。

③ 人在火源进风侧时,迎着新鲜风流撤离。

④ 人在火源排风侧时,如果距离火源较近,且穿越火源没有生命危险,应迅速穿过火区进入进风侧。

⑤ 撤退时,应在靠近巷道有连通出口的一侧进行。

⑥ 尽可能利用通信联络系统与矿调度取得联系。

2. 矿井井下火灾应急避灾逃生方法与技巧一:火灾发生时,我们在什么情况下可以采取逆烟流避灾逃生的方法?

答:矿井井下发生火灾时,如果附近有脱离灾区的通道出口,并且又有把握脱险时,或者只有逆烟撤离才有求生希望时,可以采取逆烟流撤离避灾的方法。

3. 矿井井下火灾应急避灾逃生方法与技巧二:矿井火灾发生时,我们怎样在高温烟雾的巷道中避灾逃生?

答:① 在高温烟雾的巷道中避灾逃生时不要直立奔跑,如果烟雾不太严重,则应尽量躬身弯腰,低头迅速行进;而在烟雾大、视线不清或温度高时,则应尽量贴着巷道底板,沿着巷道一侧,摸着轨道或管道、棚腿等急速爬出。

② 利用湿衣物降温和遮挡头面部撤离。可以利用水沟中的水、顶板和巷壁里的淋水或者巷道低洼处的积水等,浸湿毛巾、工作服,或者向身上洒水,进行人体降温;同时,还可利用随身携带物件,或者用巷道中的风帘布、风筒等遮挡人的头面部进行避灾逃生。

4. 矿井井下火灾应急避灾逃生方法与技巧三:矿井发生火灾时,我们如果无法撤离应该怎么做?

答:① 正确选择避灾地点。当矿井发生火灾后,如果顺着风流方向或逆着风流方向撤退都无法避免火焰和烟雾带来的严重危害,或者撤退时遇到冒顶、积水和其他原因巷道阻塞,人员无法通过时,都应迅速选择合适的地点进行避灾。

② 妥善避灾、等待救援。

同时要注意以下几点:

① 在避灾待救时,要互相帮助、互相关心、稳定情绪、坚定信心。

② 注意少动静卧,以减少避灾地点的氧气消耗和体力消耗,避免深呼吸和急促呼吸。

③ 在避灾地点有仍在送风的局部通风机或压风机管道,或者附近有压风自救系统时,要迅速打开这些设施,放出新鲜空气。

5. 矿井井下火灾应急避灾逃生方法与技巧四:如何选择合适的火灾避灾地点?

答:避灾地点选择主要有三种:

① 矿井预先设立的避灾硐室。

② 如果附近没有避灾硐室,应在烟雾袭来之前,选择合适地点,利用现场条件和材料快速构筑临时避灾硐室。

③ 利用烟雾扩散不到的独头巷道,用工作服、风帘布等防止烟气侵入。

6. 矿井井下火灾应急避灾逃生方法与技巧五:在矿井火灾中如果发现有爆炸危险应该怎么做?

答:矿井火灾可以成为瓦斯、煤尘、水煤气等爆炸的引爆火源。因此,在矿井发生火灾时,现场作业人员除了应该注意火灾事故的应急自救互救和撤离逃生事项外,还应高度警惕防止因引发爆炸事故而造成伤害。具体要做好以下两方面:

① 在灭火时随时观察煤尘飞扬的情况,检测瓦斯浓度的大小,观测水煤气形成的条件,防止发生爆炸事故。

② 在安全撤退和妥善避灾时,当发现巷道中的风流出现短暂的停顿或颤动(与火风压可能引起的风流逆转征兆有些相似)等爆炸征兆时,如有可能,要立即避开爆炸的正面巷道或进入躲避硐室内,或者立即背向爆源俯卧在巷道的一侧向外爬行。倘若巷道有水沟,应立即滚入水沟,屏住呼吸将头面部浸入

水中。

7. 矿井井下火灾应急避灾逃生方法与技巧六：在矿井火灾中，应该怎样局部控制灾区风流来减轻灾情？

答：矿井发生火灾后，如果灾情许可，可利用附近的通风设施，实现局部反风、风流短路或增减风量，达到减轻火灾危害的目的。如利用防火风门、调节风门、风帘和局部通风机等，对火区的风流方向和风量大小进行调整控制，以便控制火势、接近火源，防止高温烟火流经的巷道引发次生火灾，确保现场遇险人员的人身安全和更好地进行灭火。打开火区进风侧的旁路风门或者构建火区进、回风侧的临时风门，都将使进入火区的风量减小，达到减弱火势的目的。但是，在减小风量控制火势的同时，也会使火区瓦斯含量增加，有引爆瓦斯的可能，因此，应全面均衡地加以考虑。同时，还要随时注意观察风流变化，谨防火风压造成的风流逆转，若遇大量烟气或风流逆转，必须立即撤离。

第三部分

煤矿防灭火相关标准和规范

一、 煤炭矿井设计防火规范
(GB 51078—2015)

主编部门:中国煤炭建设协会。

批准部门:中华人民共和国住房和城乡建设部。

施行日期:2015 年 9 月 1 日。

其中,第 3.1.1、3.1.3、3.1.4[(1)、(2)]、3.2.1(2)、3.2.4(2)、3.3.3(3)、4.1.2(1)、4.3.1[(1)、(2)]、5.2.1 条(款)为强制性条文(黑体字),必须严格执行。

1 总 则

1.0.1 为规范煤炭矿井防火设计,防止和减少火灾危害,确保煤矿生产安全,制定本规范。

1.0.2 本规范适用于新建、改建和扩建煤矿咨询和设计阶段的井下防火设计。

1.0.3 煤炭矿井防火设计应坚持预防为主、综合治理的原则,做到安全适用、技术先进、经济合理。

1.0.4 煤炭矿井防火设计除应符合本规范外,尚应符合国家现行有关标准的规定。

2 术语和符号

2.1 术 语

2.1.1 煤的自燃倾向性 coal spontaneous combustion tendency

煤在常温下氧化能力的内在属性。

2.1.2　自然发火期　spontaneous combustion period

在一定条件下，煤从接触空气到自燃所经过的时间。

2.1.3　外因火灾　external fire

由明火、爆破、电流短路、摩擦等外部火源引起的火灾。

2.1.4　内因火灾　spontaneous fire

由煤炭或其他易燃物质自身氧化蓄热发生燃烧而引起的火灾。

2.1.5　阻化剂　retarder

阻止煤炭氧化自燃的化学药剂。

2.1.6　灌浆　grouting

用输浆设备将泥浆送到防火或灭火地点的作业。

2.1.7　土(灰)水比　ratio of clay to water

防灭火浆液中固体材料自然堆积体积与水体积之比。

2.1.8　防火门　fire-proof door

防止井下火灾蔓延和控制风流的安全设施。

2.1.9　自然发火三带　three zones of coal

采煤工作面由切顶线向采空区方向形成的散热带(冷却带)、氧化带和窒息带。

2.1.10　临界氧浓度　critical oxygen concentration

采空区空气中使煤炭不能发生自燃的最高氧气浓度。

2.1.11　惰化防火指标　inertion index for prevention

煤的防火临界氧气浓度。

2.1.12　惰化灭火指标　inertion index for extingishment

彻底扑灭火源并不再复燃的临界氧气浓度。

2.1.13　开放式注氮　open type of nitrogen injection

在需要注氮的区域未封闭时注氮。

2.1.14　封闭式注氮　seal type of nitrogen injection

为控制火情或防止瓦斯爆炸，将发生火灾或积聚瓦斯的区域先封闭后再注氮。

2.1.15　三相泡沫　three-phase foam

在浆液中添加一定比例的发泡剂并引入气源，使浆液发泡，进而形成集气、液、固三相于一体的泡沫防灭火材料。

2.1.16 发泡剂 foaming agent

具有较高的表面活性、能有效降低液体的表面张力而发泡的物质。

2.1.17 发泡器 foam maker

将引入气源和含发泡剂的浆液充分混合而发泡的装置。

2.2 符 号

2.2.1 灌浆：

D——管道内径；

D_1——管路临界直径；

g——重力加速度；

G——工作面日产量；

h——灌浆材料覆盖厚度；

H——工作面回采高度；

H_1——输浆管道排出点管中心与输浆泵吸入口管中心的高差；

H_0——输浆管道末端剩余水头；

H_P——输浆泵清水扬程；

H_T——输浆管道总水头损失；

i——输浆管路沿程水力坡降；

K_f——输浆泵磨损扬程折减系数；

K_j——颗粒推移运动比例与自由沉降速度和流速之间的关系系数；

K_m——输浆泵扬程降系数；

K_ζ——输浆管道局部阻力系数；

L——工作面长度；

L_j——分段管路长度；

m——输浆管路段数；

M——浆液制成率；

n——同时灌浆工作面数；

N——灌浆添加剂防灭火效率因子；

Q——管路通过流量；

Q_k——矿井灌浆量；

Q_w——回采工作面的灌浆量；

t——灌注时间；

u_s——颗粒与管道的摩擦阻力系数；

W——工作面灌浆宽度；

α——固体颗粒的抑紊减阻系数；

δ——土水比倒数；

ρ_c——煤的密度；

λ——水的摩阻系数；

$\bar{\omega}$——颗粒平均自由沉降速度；

Δ——注浆管道当量粗糙度；

ρ_m——浆液密度；

ρ_s——灌浆材料真密度；

ρ——水密度；

v——浆液流速。

2.2.2　注氮：

C_1——采空区氧化带内的原始氧浓度；

C_2——采空区防火惰化指标；

C_N——注入氮气中的氮气纯度；

D_0——基准直径；

D_i——实际输氮管路直径；

L_i——相同直径管路的长度；

P_1——输氮管路供氮绝对压力；

P_2——输氮管路末端绝对压力；

Q_0——采空区氧化带内的漏风量；

Q_{max}——管路最大输氮量；

Q_N——注氮流量；

λ_0——基准管路的阻力损失系数；

λ_i——实际输氮管路的阻力损失系数。

2.2.3　喷施阻化剂：

Q_y——吨煤用液量；

S——工作面日进度；

V——喷施量；

η——工作面丢煤率。

2.2.4　灌注三相泡沫：

n_d——灌注点数；

n_j——发泡剂添加比例；

Q_f——添加发泡剂量；

Q_h——三相泡沫的小时灌注量；

Q_j——日灌注三相泡沫的浆液量；

Q_s——日灌注三相泡沫的用气量；

n_s——发泡剂的发泡倍数。

3 外因火灾防治

3.1 一般规定

3.1.1 煤矿必须建立井下消防洒水系统，并应装设反风设施。

3.1.2 防火门设置应符合下列规定：

(1) 进风井口应装设防火铁门，防火铁门应严密并易于关闭，打开时不得妨碍提升、运输和人员通行；不设防火铁门时，应采取防止烟火进入矿井的安全措施。

(2) 暖风道和压入式通风的风硐应至少装设2道防火门。

(3) 井下机电设备硐室应设置向外开启的防火铁门。

(4) 井下主排水泵房与主变电所硐室之间应设置防火栅栏铁门。

3.1.3 新建矿井的永久井架和井口房、以井口为中心的联合建筑，必须采用不燃性材料建筑。

3.1.4 井巷支护材料选择应符合下列规定：

(1) 进风井筒、回风井筒、主要生产水平的井底车场、井下主要硐室和采区变电所、井筒与各水平的连接处、主要绞车道与主要运输巷及回风巷的连接处，以及主要巷道内带式输送机机头前后两端各20 m范围内，必须采用不燃性材料支护。

(2) 暖风道和压入式通风的风硐必须采用不燃性材料砌筑。

(3) 井下机电设备硐室出口防火铁门外5 m内的巷道，应砌碹或采用其他不燃性材料支护。

3.2 电气火灾预防措施

3.2.1 井下电气系统防火措施应符合下列规定：

(1) 矿井高压电网应采取限制单向接地电容电流不超过 10 A 的措施。

(2) 配电变压器低压侧严禁采用中性点直接接地系统，地面中性点直接接地的变压器或发电机严禁直接向井下供电。

(3) 配电系统应装设过流、短路保护装置；应用配电系统的最大三相短路电流对开关设备的分断能力和动、热稳定性，以及电缆的热稳定性进行校验。

(4) 电压在 36 V 以上和可能带有危险电压的电气设备的金属外壳、构架，以及铠装电缆的钢带或钢丝、铅皮或屏蔽护套等应设有保护接地。电气设备的保护接地装置和局部接地装置应与主接地极连成接地网。

(5) 采区电气设备使用 3 300 V 供电时，应制定专门的安全措施。

3.2.2　井下电气设备保护方式应符合下列规定：

(1) 主变电所的高压馈电线应装设有选择性的单相接地保护装置；供移动变电站的高压馈电线应装设有选择性的动作于跳闸的单相接地保护装置。

(2) 由采区变电所、移动变电站或配电点引出的馈电线，应装设短路、过负荷和漏电保护装置。

(3) 低压馈电线应装设检漏保护装置或有选择性的漏电保护装置。

3.2.3　井下电缆选择应符合现行行业标准《煤矿用电缆》MT 818.1～MT 818.13和《煤矿用阻燃电缆 第 3 单：煤矿用阻燃通信电缆》MT 818.14 的有关规定，并应符合下列规定：

(1) 在立井井筒、钻孔套管或倾角为 45°及以上巷道中敷设的高压电缆，应采用聚氯乙烯、交联聚乙烯绝缘粗钢丝铠装护套电力电缆。

(2) 在倾角 45°以下井巷中敷设的高压电缆，应采用聚氯乙烯、交联聚乙烯绝缘钢带或细钢丝铠装护套电力电缆。

(3) 移动变电站的电源电缆应采用高柔性和高强度的矿用监视型屏蔽橡套电缆。

3.2.4　井下电缆敷设应符合下列规定：

(1) 在总回风巷和专用回风巷中不应敷设电缆。

(2) 在有瓦斯抽采管路的巷道内，电缆与瓦斯抽采管路必须分挂在巷道两侧。

3.2.5　井口防雷电装置应符合下列规定：

(1) 经由地面架空线路引入井下的供电线路和电机车架线，应在入井处装设防雷电装置。

(2) 由地面直接入井的轨道及露天架空引入(出)的管路，应在井口附近将金属体进行不少于2处的良好集中接地。

(3) 通信线路应在入井处装设熔断器和防雷电装置。

3.3 其他火灾预防措施

3.3.1 井下带式输送机安全要求除应符合现行国家标准《煤矿用带式输送机 安全规范》GB 22340的有关规定外,尚应符合下列规定:

(1) 应使用阻燃输送带。

(2) 非金属材料零(部)件安全性能,应符合现行行业标准《煤矿井下用聚合物制品阻燃抗静电性通用试验方法和判定规则》MT 113的有关规定。

(3) 矿用安全型和限矩型偶合器不应使用可燃性传动介质。调速型液力偶合器使用油介质时,应采用良好的外循环系统和完善的超温保护措施。

(4) 带式输送机头部宜设置清扫装置,并应配置温度、烟雾监测和自动洒水装置。

3.3.2 井下瓦斯抽采管路选择及安装应符合下列规定:

(1) 抽采管路管材宜选择金属管材,选用非金属管材时其抗静电、阻燃等性能应符合现行行业标准《煤矿用非金属瓦斯输送管材安全技术要求》AQ 1071的有关规定。

(2) 抽采管路应具有良好的气密性、足够的机械强度,并应采取防漏、防砸、防腐蚀、防带电等措施。

(3) 通往井下的金属管路应采取防雷电和隔离措施。

(4) 开采容易自燃、自燃煤层的矿井抽采采空区低浓度瓦斯时,应在靠近吸入口的管路上安设自动喷粉抑爆装置,其性能应符合现行行业标准《瓦斯管道输送自动喷粉抑爆装置通用技术条件》AQ 1079的有关规定。

3.3.3 井下瓦斯抽采泵站应符合下列规定:

(1) 泵站位置应选择在稳定、坚硬的岩层中,不应受采动影响,泵站硐室应采用不燃性材料支护。

(2) 泵站与主要巷道及硐室的安全距离,应符合现行国家标准《煤矿瓦斯抽采工程设计规范》GB 50471的有关规定。

(3) 泵站硐室必须独立通风。

(4) 泵站内除应设置消防管路系统外,还应配备消防器材,出口应装设向外开启的防火铁门,铁门上应装设便于关闭的通风孔。

3.3.4 井下油品储存和使用应符合下列规定:

(1) 井下无轨胶轮车运输不能直达井口时,井下可设加油硐室;无轨胶轮车能直达井口时,应在地面加油。

(2) 除加油硐室外,井下其他地点不得存放柴油,硐室储油量不得超过井下所有车辆 8 h 的用油量。储油量增加时,应制定专门的安全措施,并应按规定程序批准,最多不得超过井下所有车辆 1 d 的用油量。

(3) 车辆应在加油硐室内加油,加油时应关闭发动机,并应使用专用防爆加油装置。

3.3.5　井下加油硐室设计应符合下列规定:

(1) 独立通风。

(2) 采用不燃性材料支护。

(3) 装设向外开启的防火铁门,铁门上应装设便于关闭的通风孔。

(4) 设置火灾监测报警装置,并应配备扑灭燃油火灾的灭火器材。

(5) 除防爆照明系统、防爆加油装置外,不应存放其他电气设备。

3.3.6　井下空气压缩机设置除应符合现行国家标准《煤炭工业矿井设计规范》GB 50215 的有关规定外,尚应符合下列规定:

(1) 应选择排气温度较低的空气压缩机。

(2) 移动式空气压缩机应布置在进风巷道中,固定式空气压缩机硐室应有独立的回风系统,巷道(硐室)应采用不燃性材料支护,安装地点应有完备的消防设施。

(3) 空气压缩机至后冷却器间的管道应能方便拆卸及清除积炭。

(4) 压缩空气管道系统应避免死区、盲管和急剧转角。在管道的最低部位、上山等处均应设置油水分离器。管道连接的密封和衬垫材料应采用阻燃材料。

4　内因火灾防治

4.1　一般规定

4.1.1　矿井防火设计应以国家授权单位提交的煤层自燃倾向性等级鉴定报告为依据。

4.1.2　矿井防火设计应采取预防煤层自然发火的综合治理措施,并应符合下列规定:

(1) 开采容易自燃煤层的矿井或采用放顶煤开采自燃煤层的矿井，必须建立以灌浆为主的两种及以上综合防灭火系统，并必须建立火灾监测系统。

(2) 未采用放顶煤开采自燃煤层的矿井，应建立灌浆、注氮或喷施阻化剂等防灭火系统，并应建立火灾监测系统。

(3) 开采不易自燃煤层的矿井，可建立喷施阻化剂或注氮等防灭火系统。

(4) 开采容易自燃和自燃煤层的矿井应设置自然发火观测站或观测点。

4.1.3 开采容易自燃和自燃煤层的矿井，开拓巷道及采区上、下山(盘区大巷)，应布置在岩层或不易自燃的煤层中。布置在容易自燃和自燃煤层中时，应采用砌碹、锚(网)喷等不燃性材料支护封闭煤层。

4.1.4 开采容易自燃和自燃煤层的矿井，采煤工作面应采用后退式回采，采区和回采工作面尺寸应根据煤层自燃倾向性、自然发火期、回采工作面推进度，以及煤层防灭火措施等确定。

4.1.5 采用顶板陷落法开采自燃厚煤层、容易自燃煤层时，不宜留设护顶煤。

4.1.6 开采容易自燃和自燃煤层的矿井宜降低通风阻力，矿井通风负压不宜超过 2 940 Pa。

4.2 灌 浆

4.2.1 灌浆系统选择应符合下列规定：

(1) 灌浆地点集中、取运灌浆材料距离较远时，宜采用地面集中灌浆系统。

(2) 灌浆地点分散、灌浆材料丰富可就地取材时，宜采用地面分区灌浆系统。

(3) 灌浆量较小，且从地面输送浆液困难时，可选择井下移动灌浆系统。

4.2.2 地面灌浆站位置应符合下列规定：

(1) 便于浆液输送及制浆材料运输。

(2) 宜与矿井场地联合布置。

(3) 应选择在地质条件稳定和安全的地带。

4.2.3 地面灌浆站设置应符合下列规定：

(1) 满足制浆工艺及设备布置的要求。

(2) 储料场应能存储不小于 3 d 的灌浆材料。

(3) 储浆池容积应满足灌浆要求，并应有不小于 10 min 的灌浆量。

4.2.4 井下灌浆材料选择应符合下列规定：

(1) 灌浆材料可选择黄土、粉煤灰等惰性材料。

(2) 灌浆材料和添加剂不得具有可燃性、助燃性、毒性、辐射性等。

(3) 灌浆材料性能指标应符合现行行业标准《煤矿注浆防灭火技术规范》MT/T 702 的有关规定。

4.2.5　浆液制备工艺宜采用机械搅拌制浆。

4.2.6　开采容易自燃煤层、自燃煤层时，宜随采随灌；灌浆受回采限制时，可采用采后灌浆。

4.2.7　矿井灌浆量可按下列公式计算：

$$Q_{\mathrm{k}} = \sum_{i=1}^{n} Q_{\mathrm{w}i} \tag{4.2.7-1}$$

$$Q_{\mathrm{w}} = \frac{GWh(\delta + 1)M}{\rho_{\mathrm{r}} HLNt} \tag{4.2.7-2}$$

式中　Q_{k}——矿井灌浆量(m^3/h)；

n——同时灌浆工作面数；

Q_{w}——回采工作面灌浆量(m^3/h)；

G——工作面日产量(t/d)；

W——工作面灌浆宽度(m)；

h——灌浆材料覆盖厚度，可取 0.05～0.25(m)；

δ——土水比倒数，可取 3～5；

M——浆液制成率，应取 0.9；

ρ_{c}——煤的密度(t/m^3)；

H——工作面回采高度，综放工作面取割煤高度加放顶煤高度乘以顶煤回收率(m)；

L——工作面长度(m)；

N——灌浆添加剂防灭火效率因子；

t——灌注时间(h/d)。

4.2.8　输浆管道管径内径选择不应大于临界直径，临界直径可按下式计算：

$$D_1 = \left(\frac{0.915\,8 \times Q}{3\,600 \times \pi}\right)^{24/53} \left(\frac{\alpha\lambda}{g^{11/8}}\right)^{8/53} \left[\frac{(\rho_{\mathrm{m}} - \rho)\rho_{\mathrm{m}}}{(\rho_{\mathrm{m}} - \rho)(\rho_{\mathrm{s}} - \rho_{\mathrm{m}})\Delta^3 \bar{\omega}}\right]^{2/53} \tag{4.2.8}$$

式中　D_1——管路临界直径(内径)(m)；

Q——管路通过流量(m^3/h)；

α——同体颗粒的抑紊减阻系数，可取 0.9；

λ——水的摩阻系数；

g——重力加速度(m/s^2)；

ρ_s——灌浆材料真密度(t/m^3)；

ρ——水密度(t/m^3)；

ρ_m——浆液密度(t/m^3)；

Δ——注浆管道当量粗糙度，钢管取 0.000 046(m)；

$\bar{\omega}$——颗粒平均自由沉降速度，可取 0.001～0.01(m/s)。

4.2.9 输浆管路总水头损失可按下列公式计算：

$$H_T = (1 + K_\zeta) \times \sum_{j=1}^{m}(L_j \times i_j) \tag{4.2.9-1}$$

$$i = \left[\frac{\alpha\lambda v^2 \rho_m}{2gD\rho} + K_j u_s \left(\frac{\rho_m - \rho}{\rho_s - \rho}\right)\left(\frac{\rho_s - \rho_m}{\rho}\right)\frac{\bar{\omega}}{v}\right] \times 10^{-2} \tag{4.2.9-2}$$

式中 H_T——输浆管道总水头损失(MPa)；

K_ζ——输浆管道局部阻力系数，可取 0.1～0.15；

m——输浆管路段数；

L_j——分段管路长度(m)；

i——输浆管路沿程水力坡降(MPa/m)；

v——浆液流速(m/s)；

D——管道内径(m)；

K_j——颗粒推移运动比例与自由沉降速度和流速之间的关系系数，可取 11；

u_s——颗粒与管道的摩擦阻力系数，可取 0.3～0.8。

4.2.10 当浆池位置与注浆点高差形成的静压大于注浆管道总水头损失与注浆管道末端剩余水头之和时，可采用重力输浆方式；当浆池位置与注浆点高差形成的静压小于注浆管道总水头损失与注浆管道末端剩余水头之和时，应采用加压输浆方式。

4.2.11 输浆泵选择应符合下列规定：

(1) 清水扬程可按下式计算：

$$H_P = \frac{H_T\rho_m + H_0\rho_m - H_1\rho_m \times 10^{-2}}{\rho K_m K_f} \tag{4.2.11}$$

式中 H_P——输浆泵清水扬程(MPa)；

H_1——输浆管道排出点管中心与输浆泵吸入口管中心的高差(m)；

H_0——输浆管道末端剩余水头(MPa)；

K_m——输浆泵扬程降系数，可取0.85～0.95；

K_f——输浆泵磨损扬程折减系数，可取0.85～0.95。

(2) 输浆泵流量和扬程应与注浆系统相适应。

(3) 加压输浆系统应设置备用输浆泵，其工作能力不应小于最大一台输浆工作泵。

4.2.12　管道选择、敷设及附属设施应符合下列规定：

(1) 输浆管道宜采用钢管；承受压力大于1.6 MPa的管段宜采用无缝钢管；室外埋地输浆管道管材应具有耐腐蚀和承受相应地面荷载的能力。

(2) 输浆管道阀门及管件的公称压力应大于管段承受的最大压力。

(3) 输浆管道敷设应符合下列规定：

① 管道敷设不宜出现两边高、中间低的凹型管段；

② 巷道内输浆管应沿巷壁敷设固定牢固，并不得妨碍人员和运输设备通行。

(4) 输浆管道应采取防腐措施；井筒中的输浆管道防腐应按现行行业标准《煤矿井筒装备防腐蚀技术规范》MT/T 5017的有关规定执行。

(5) 浆液流入输浆管道前应设置过滤筛网，筛网孔径宜为15～20 mm。

4.2.13　疏水系统应符合下列规定：

(1) 在灌浆区下部的密闭墙底部应设置排水孔或溢水孔。

(2) 灌浆区下部采掘前，应对灌浆区打钻孔或采取其他泄水措施。

4.3　注　　氮

4.3.1　采空区注氮应符合下列规定：

(1) 注入的氮气浓度不应小于97%。

(2) 注氮后采空区惰化指标应符合下列规定：

① 惰化氧浓度不应大于煤自燃临界氧浓度，且含氧量不得大于7%；

② 惰化灭火氧浓度不应大于3%；

③ 惰化抑制瓦斯爆炸氧浓度应小于12%。

(3) 应设置连续监测采空区气体成分变化的监测系统。

(4) 应设置固定或移动温度观测站(点)并采取监测措施。

4.3.2　制氮方法可采用变压吸附制氮、膜分离制氮和深冷空分制氮。

4.3.3　制氮系统可选用地面固定式和井下移动式，其选用原则应符合下列规定：

(1) 井下生产集中、氮气需求量较大时，宜集中布置地面固定式制氮站；同时生产的采区(盘区)相距较远、氮气需求量较大时，宜分区布置地面固定式制氮站。

(2) 氮气需求量小，地面输送距离长时，可选择井下移动式制氮站。

4.3.4 注氮方式的选择应符合下列规定：

(1) 宜采用开放式注氮，当工作面受火灾隐患影响严重时，可采用封闭式注氮。

(2) 在工作面开采初期、停采撤架期间或受地质构造、机电设备等影响造成工作面推进缓慢时，宜采用连续性注氮；工作面正常回采期间，可采用间断性注氮。

4.3.5 注氮方法应根据采空区或火灾隐患区、注氮方式等因素确定，可采用埋管注氮、拖管注氮、钻孔注氮、插管注氮和密闭注氮等。

4.3.6 氮气释放口的位置应依据氮气的扩散半径、工作面参数及采空区自然发火三带分布规律确定，注氮管释放口应保持在采空区的氧化带内。

4.3.7 回采工作面注氮量应按下式计算：

$$Q_N = 60Q_0 \frac{C_1 - C_2}{C_N + C_2 - 1} \tag{4.3.7}$$

式中 Q_N——注氮流量(m^3/h)；

Q_0——采空区氧化带内的漏风量，可取 5～20 m^3/min；

C_1——采空区氧化带内的原始氧浓度，可取 10%～15%；

C_2——采空区防火惰化指标，可取 7%；

C_N——注入氮气中的氮气纯度，97%。

4.3.8 制氮设备选择宜按总注氮量乘以 1.2～1.5 的富余系数确定。

4.3.9 开采容易自燃煤层的矿井，制氮设备备用数量和能力应按不低于正常运行设备的 50%确定。

4.3.10 输氮管路选择和敷设应符合下列规定：

(1) 从地面供氮时，输氮管路应选用无缝钢管。从井下供氮时，在满足输氮压力的条件下，可选用耐压橡胶软管，但进入采空区或火区的管路应采用无缝钢管。

(2) 输氮管路铺设应减少拐弯，并应保持平、直、稳，接头不应漏气。每节钢管的支点不应少于 2 点，每节软管吊挂不应少于 4 点。低洼处可设置放水阀；输氮管路的分岔处应设置三通和截止阀及压力表；输氮管路表面应做防锈处理。

(3) 输氮管路管径可按下式验算：

$$P_1 = \left[0.0056\left(\frac{Q_{max}}{1000}\right)^2 \sum\left(\frac{D_D}{D_i}\right)^5\left(\frac{\lambda_i}{\lambda_0}\right)L_i + P_2^2\right]^{1/2} \qquad (4.3.10)$$

式中　P_1——输氮管路供氮绝对压力(MPa)；

P_2——输氮管路末端绝对压力，不小于 0.2(MPa)；

Q_{max}——管路最大输氮量(m^3/h)；

D_0——基准直径，取 150(mm)；

D_i——实际输氮管路直径(mm)；

L_i——相同直径管路的长度(km)；

λ_0——基准管路的阻力损失系数，取 0.026；

λ_i——实际输氮管路的阻力损失系数。

4.4　喷施阻化剂

4.4.1　阻化剂选择应符合下列规定：

(1) 阻化率应高。

(2) 材料来源应充足，贮运应方便，价格应经济合理。

(3) 对人体应无害，对环境污染、设备腐蚀应小。

4.4.2　高硫煤宜采用水玻璃、消石灰做阻化剂，其他煤种宜采用盐类阻化剂。

4.4.3　盐类阻化剂溶液浓度宜控制在 15%～20%，最低不应小于 10%。在阻化剂中宜添加缓蚀剂，腐蚀率不应大于 3 mg/(d·20 cm^2)。

4.4.4　阻化剂喷施量应按下式计算：

$$V = Q_y \cdot \eta \cdot \rho_i \cdot L \cdot H \cdot S \qquad (4.4.4)$$

式中　V——喷施量(m^3/d)；

Q_y——吨煤用液量，可取 0.04～0.06 m^3；

η——工作面丢煤率(%)；

S——工作面日进度(m)。

4.4.5　采用阻化汽雾防火工艺系统时，雾化器入口压力宜为 3～4 MPa。高压泵的压力应根据雾化器数量、管路长度、管路直径等参数确定。

4.4.6　喷施设备能力应根据喷施量及雾化器入口压力综合确定。

4.5 灌注三相泡沫

4.5.1 灌注三相泡沫系统设计应符合下列规定：

(1) 浆液制备和输送系统应符合本规范第 4.2 节的相关规定。

(2) 浆液输送管路的入口应设置孔径不大于 8 mm 的过滤网。

(3) 气源进入发泡器入口的压力应大于该点至灌注点间的泡沫流动阻力，并不应低于 0.2 MPa。

(4) 发泡器的安装位置距灌注点的水平距离不宜超过 200 m，向上垂高不得大于 20 m。

(5) 三相泡沫输送管路以及采空区预埋管路的直径不应小于 108 mm，采空区预埋管路应采取防堵塞措施。

4.5.2 三相泡沫材料组分选择应符合下列规定：

(1) 制备三相泡沫的灌浆材料应符合本规范第 4.2.4 条的规定，浆液的土(灰)水比倒数宜为 4～6。

(2) 气源应采用氮气或空气。

(3) 发泡剂不得具有可燃性、助燃性、毒性、辐射性、刺激性等。

4.5.3 三相泡沫的灌注应符合下列规定：

(1) 倾斜条带采煤工作面宜在运输巷、工作面回风巷同时进行灌注。

(2) 走向长壁采煤工作面可在标高较高的顺槽单独进行灌注。

(3) 防治巷道高冒火区、封闭火区可采用施工钻孔进行灌注。

4.5.4 日灌注三相泡沫的浆液量可取日灌浆量的 1/5～1/3。

4.5.5 日灌注三相泡沫的用气量可按下式计算：

$$Q_s = Q_j \times n_s \tag{4.5.5}$$

式中 Q_s——日灌注三相泡沫的用气量(m^3/d)；

Q_j——日灌注三相泡沫的浆液量(m^3/d)；

n_s——发泡剂的发泡倍数，可取 30。

4.5.6 每日制浆所需的发泡剂量可按下式计算：

$$Q_f = Q_j \times n_s \tag{4.5.6}$$

式中 Q_f——添加发泡剂量(m^3/d)；

n_j——发泡剂添加比例，可取 0.5%。

4.5.7 三相泡沫日灌注时间应按下式计算：

$$t=(1+\frac{1}{n_s})\frac{Q_s}{n_d Q_h} \tag{4.5.7}$$

式中　n_d——灌注点数；

Q_h——三相泡沫的小时灌注量，可取 300(m^3/h)。

5　井下火灾检测及监控

5.1　观测点设置及仪器配备

5.1.1　发火观测点设置应符合下列规定：

(1) 开采容易自燃及自燃煤层的矿井，在回采工作面进、回风巷、采区回风巷等地点，应设置发火观测点。

(2) 开采容易自燃煤层的矿井还应在煤层掘进工作面、采区回风巷等地点设置发火观测点。

(3) 发火观测点应选择在围岩及风流稳定、前后 5 m 范围内断面无变化、支护完好的巷道内。

5.1.2　发火观测点观测内容可包括一氧化碳、二氧化碳、甲烷、氧等气体成分和气温、水温等。

5.1.3　矿井应配备一氧化碳、温度、煤自燃性测定仪等仪器仪表，其种类和数量应符合现行国家标准《矿井通风安全装备标准》GB/T 50518 的有关规定。

5.2　监测监控

5.2.1　开采容易自燃、自燃煤层时，采煤工作面回风巷必须设置一氧化碳传感器。

5.2.2　开采容易自燃、自燃煤层的采区回风巷、一翼回风巷、总回风巷，应设置一氧化碳传感器，并宜配备温度传感器。

5.2.3　自然发火观测点、封闭火区防火墙栅栏外，宜设置一氧化碳传感器、温度传感器和声光报警器。

5.2.4　带式输送机滚筒下风侧 10～15 m 处应设置烟雾传感器和声光报警器，并宜配备一氧化碳传感器。发生火灾时，应能实现报警、急停、自动喷水。

5.2.5　开采容易自燃、自燃煤层及地温高的矿井采煤工作面应设置温度传感器。

5.2.6 抽放容易自燃和自燃煤层的采空区瓦斯时，在工作面回风巷宜设置一氧化碳传感器和温度传感器。

5.2.7 电缆密集场所和主要带式输送机，宜设置具有实时温度监测功能的线型光纤感温火灾探测系统。

5.3 束管监测系统

5.3.1 开采容易自燃及自燃煤层的矿井，应设置自然发火束管监测系统。

5.3.2 束管监测系统的监测点应设置在采煤工作面上隅角、回风侧采空区内部、密闭区，以及其他可能自然发火的巷道中。

5.3.3 束管监测系统应主要检测甲烷、一氧化碳、二氧化碳、氧气、乙烯，以及其他煤层自然发火标志气体。

5.3.4 束管管路敷设应符合下列规定：

（1）束管应用吊钩悬挂，并应与动力、通信、信号等电缆分挂在巷道两侧。

（2）管路系统应采取防砸坏、防漏气、防积水、防堵塞等措施，地面管路还应采取防冻措施。

6 防灭火设施及器材

6.1 井下防灭火器材

6.1.1 硐室灭火器选择应符合下列规定：

（1）可能发生固体物质火灾的硐室，应选择水型灭火器、磷酸铵盐干粉灭火器或泡沫灭火器；

（2）可能发生液体火灾或可熔化固体物质火灾的硐室，应选择泡沫灭火器、碳酸氢钠干粉灭火器、磷酸铵盐干粉灭火器或二氧化碳灭火器；

（3）可能发生气体火灾的硐室，应选择磷酸铵盐干粉灭火器、碳酸氢钠干粉灭火器或二氧化碳灭火器；

（4）可能发生物体带电燃烧的硐室，应选择磷酸铵盐干粉灭火器、碳酸氢钠干粉灭火器或二氧化碳灭火器，不得选用装有金属喇叭喷筒的二氧化碳灭火器。

6.1.2 硐室灭火器规格应符合表 6.1.2 的规定。

表 6.1.2　灭火器规格

灭火器类型		水型		干粉型		泡沫型		二氧化碳型	
		手提式	推车式	手提式	推车式	手提式	推车式	手提式	推车式
灭火剂充装量	容量(L)	6、9	45、60	—	—	6、9	45、60	—	—
	重量(kg)	—	—	6、8、10	50、100	—	—	5、7	20、30

6.1.3　硐室内灭火器配备应符合下列规定：

(1) 每个硐室应配备 2～6 具灭火器，可能发生液体火灾的硐室应设置砂箱，其体积不小于 0.5 m^3。

(2) 设置液压装置、贮存油类的硐室和爆破材料库，应设置不少于 1 具推车式灭火器。

(3) 同一硐室选用两种及以上类型灭火器时，应选用灭火剂相容的灭火器。

(4) 硐室内灭火器应设置在明显和便于取用的地点，且不得影响安全疏散。

6.2　消防材料库及器材配备

6.2.1　井上消防材料库应设置在井口附近，消防器材运输应直达井口，但不得设在井口房内。

6.2.2　井下消防材料库应设置在每个生产水平的井底车场或主要运输大巷中，并应装备消防列车。

6.2.3　井上、井下消防材料库主要器材配置应符合本规范附录 A 的规定。

附录 A　井上、井下消防材料库主要器材配置

A.0.1　井上消防材料库主要器材配置应符合表 A.0.1 的规定。

表 A.0.1　井上消防材料库主要器材配置

序号	器材名称	规格	配置数量				备注
			单位	井型			
				小型	中型	大型	
1	清水泵	流量≥10 m^3/h	台	1	1	1	或存放于设备库中
2	泥水泵	流量≥10 m^3/h	台	1	2	2	

表 A.0.1(续)

序号	器材名称	规格	配置数量				备注
			单位	井型			
				小型	中型	大型	
3	消火水龙带	接口与井下消火阀门立柱出口匹配	m	600	700	800	—
4	多用消火水枪	接口与消火水龙带口径匹配	支	7	8	9	直流+喷雾
5	高倍数泡沫发生装置	发泡量≥200 m^3/min	套	1	1	1	或存放于设备库中
6	消防泡沫喷枪	发泡量≥1.5 m^3/min	套	1	2	2	
7	高倍数泡沫剂	发泡倍数≥500	t	0.3	0.4	0.5	
8	消防泡沫剂	发泡倍数≥15	t	0.1	0.2	0.2	
9	分流管	与井下洒水管快速接头匹配	个	2	3	4	—
10	集流管	与井下洒水管快速接头匹配	个	1	2	2	—
11	消火三通	—	个	2	3	4	根据井下不同管径分别配备
12	阀门	—	个	2	3	4	
13	快速接头及帽盖垫圈	与井下洒水管快速接头匹配	套	70	80	90	—
14	管钳子	适用于井下各种消防管路	把	4	6	8	—
15	折叠式帆布水箱	≥15 L	个	2	2	2	—
16	救生绳	长 20 m	根	2	3	4	—
17	伸缩梯	高度 4 m	副	1	1	1	—
18	普通梯	绝缘	副	1	2	2	—
19	泡沫灭火器	9 L	个	15	20	25	—
20	CO_2 灭火器	7 kg	个	6	8	10	—
21	干粉灭火器	8 kg	个	10	12	14	—
22	喷雾喷嘴	与井下洒水管快速接头匹配	个	2	3	4	—

表 A.0.1(续)

序号	器材名称	规格	配置数量				备注
			单位	井型			
				小型	中型	大型	
23	泡沫灭火器起泡药瓶	500 mL	个	15	20	25	硫酸铝溶液
		500 mL	个	15	20	25	碳酸氢钠溶液
24	灭火岩粉	粒度＜0.3 mm	kg	300	400	500	—
25	石棉毯	≥1 m×1 m	块	3	4	5	—
26	风筒布	矿用阻燃	m	300	400	500	—
27	水泥	强度等级≥42.5	t	3	4	5	—
28	水玻璃	工业级	t	1	1	1	—
29	石灰	普通石灰	t	2	3	4	—
30	连接钢管	根据井下不同管径分别配备	节	100	120	150	每节 10 m
31	胶管	—	m	1 000	1 200	1 500	根据井下不同管径分别配备
32	局扇	28 kW	台	2	3	3	—
		11 kW	台	2	3	3	—
33	接管工具	KJ-20-46	套	2	3	4	—
34	单相变压器	容量≥10 kV·A	台	2	3	3	—
35	电力开关	QBZ	台	2	3	3	—
36	电缆	矿用阻燃	m	300	400	500	—
37	玻璃棉	—	kg	500	800	1 000	—
38	风镐	—	台	1	2	2	—
39	安全带	承载 500 kg	条	3	4	5	—
40	镀锌钢丝绳	ϕ12 mm	m	100	150	200	—
41	潜水泵	—	台	1	2	2	或存放于设备库中

A.0.2 井下消防材料库主要器材配置应符合表A.0.2的规定。

表A.0.2 井下消防材料库主要器材配置

序号	器材名称	规格	配置数量				备注
			单位	井型			
				小型	中型	大型	
1	消火阀门立柱	接口与井下洒水管快速接头匹配	个	2	3	4	—
2	消火水龙带	接口与消火阀门立柱出口匹配	m	600	700	800	—
3	多用消火水枪	接口与消火水龙带口径匹配	支	4	4	4	直流＋喷雾
4	变径管节	—	个	10	12	14	根据井下不同管径逐级配备
5	喷嘴	与井下洒水管快速接头匹配	个	28	28	28	—
6	分流管	与井下洒水管快速接头匹配	个	3	3	3	—
7	集流管	与井下洒水管快速接头匹配	个	2	2	2	—
8	垫圈	—	套	50	60	70	根据井下不同管径分别配备
9	钢管	—	m	600	700	800	
10	胶管	—	m	600	700	800	
11	管钳子	适用于井下各种消防管路	把	2	4	6	管件维修安装
12	按管工具	KJ-20-46	套	2	2	2	—
13	救生绳	长20 m	根	2	3	4	—
14	伸缩梯	高度≥4 m	副	1	1	1	—
15	泡沫灭火器	9 L	个	15	20	25	—
16	CO_2灭火器	7 kg	个	6	8	10	—
17	干粉灭火器	8 kg	个	6	8	10	—
18	喷雾喷嘴	与井下洒水管快速接头匹配	个	2	3	4	—

表 A.0.2(续)

序号	器材名称	规格	配置数量				备注
			单位	井型			
				小型	中型	大型	
19	泡沫灭火器起泡药瓶	500 mL	个	15	20	25	硫酸铝溶液
		500 mL	个	15	20	25	碳酸氢钠溶液
20	灭火岩粉	粒度＜0.3 mm	kg	300	400	500	—
21	石棉毯	≥1 m×1 m	块	2	3	4	—
22	风筒布	矿用阻燃	m	300	400	500	—
23	水泥	强度等级≥42.5	t	1.0	1.5	2	—
24	石灰	普通石灰	t	1.0	1.5	2	—
25	安全带	承载 500 kg	条	3	4	5	—
26	绳梯	负载 100 kg	副	2	2	2	—
27	镀锌钢丝绳	ϕ12 mm	m	100	150	200	—
28	麻袋或塑料纺织袋	107 cm×74 cm	条	300	400	500	—
29	砖	240 mm×115 mm×53 mm	块	2 000	3 000	4 500	—
30	砂子	细砂	m^3	2	2	3	—
31	圆木	长 3 m，ϕ10 cm	m^3	1.5	1.5	2	—
32	木板	厚 15～30 mm	m^3	3	4	5	—
33	铁钉	2″、3″、4″	kg	15	15	20	—
34	斧头	防爆铜斧	把	2	2	2	—
35	平板锹	铜质	把	3	4	5	—
36	手动水泵	流量≥10 m^3/h	台	1	1	1	—
37	水桶	50 L	个	3	4	5	—
38	矿车	1 t 或 1.5 t 标准矿车	辆	8	8	8	采用轨道运输的矿井配备。综采配 1.5 t，普采及炮采配 1 t

本规范用词说明

(1) 为便于在执行本规范条文时区别对待，对要求严格程度不同的用词说明如下：

① 表示很严格，非这样做不可的：

正面词采用"必须"，反面词采用"严禁"；

② 表示严格，在正常情况下均应这样做的：

正面词采用"应"，反面词采用"不应"或"不得"；

③ 表示允许稍有选择，在条件许可时首先应这样做的：

正面词采用"宜"，反面词采用"不宜"；

④ 表示有选择，在一定条件下可以这样做的，采用"可"。

(2) 条文中指明应按其他有关标准执行的写法为："应符合……规定"或"应按……执行"。

引用标准名录

《煤炭工业矿井设计规范》GB 50215

《煤矿瓦斯抽采工程设计规范》GB 50471

《矿井通风安全装备标准》GB/T 50518

《煤矿用带式输送机　安全规范》GB 22340

《煤矿用非金属瓦斯输送管材安全技术要求》AQ 1071

《瓦斯管道输送自动喷粉抑爆装置通用技术条件》AQ 1079

《煤矿井下用聚合物制品阻燃抗静电性通用试验方法和判定规则》MT 113

《煤矿注浆防灭火技术规范》MT/T 702

《煤矿用电缆》MT 818.1～MT 818.13

《煤矿用阻燃电缆　第3单：煤矿用阻燃通信电缆》MT 818.14

《煤矿井筒装备防腐蚀技术规范》MT/T 5017

二、 煤矿灌(注)浆防灭火技术规范(MT/T 702—2020)

主编单位:中煤科工集团重庆研究院有限公司、西安科技大学。

批准部门:国家煤矿安全监察局。

施行日期:2021 年 1 月 1 日。

1 范　围

本标准规定了煤矿注浆防灭火工艺过程的一般要求、矿井注浆防灭火设计、注浆材料、主要注浆参数、制浆方式和方法、输浆管路、注浆方法和注浆防灭火的效果考察等。

本标准适用于矿井注浆防灭火的设计、施工与实施,也可作为矿井注胶防灭火的设计、施工与实施参考。

2 规范性引用文件

下列文件对于本文件的应用是必不可少的。凡是注日期的引用文件,仅注日期的版本适用于本文件。凡是不注日期的引用文件,其最新版本(包括所有的修改单)适用于本文件。

GB/T 50562　煤炭矿井工程基本术语标准

GB 51078　煤炭矿井设计防火规范

3 术语和定义

下列术语和定义适用于本标准。

3.1　注浆防灭火方法　method of preventing and extinguishing coal seam fire by means of grouting

将注浆材料细粒化后加水和添加剂制备成浆液,用水力输送到防灭火区域内,达到封堵漏风通道、包裹煤岩阻止氧化、冷却煤岩温度而预防或扑灭矿井火灾的一项技术措施。

3.2 沉降速度 settling velocity

浆液的悬浊液液面在量筒中下降的平均速度。

3.3 临界稳定时间 critical stable time

浆液的悬浊液液面在量筒中下降的时间。

3.4 塑性指数 plastics index

表征注浆材料的可塑性的指数。

3.5 黏度系数 viscosity coefficient

表征浆液内部微粒间阻碍其相对流动的一种内摩擦特征的系数。

3.6 胶体混合物含量 amount of magnesium oxide colloid mixture

浆液中的固体材料所含极细散胶体部分的体积百分比含量。

3.7 含砂量 quantity of sand

注浆材料中,0.05～0.25 mm 粒径的砂质成分的重量百分比。

3.8 氧化交叉温度 cross temperature in oxidation

物质在氧化反应炉中氧化升温曲线与反应炉加热升温线的交点的温度值。

3.9 土水比 ratio of clay to water

注浆防灭火浆液中的固体材料的自然堆积体积与水的体积之比。

3.10 浆液的制备 preparation of grout

将注浆材料、水和添加剂混合用水力或机械搅拌的方式形成浆液的制造方法。

3.11 注浆方法 ways of grouting

用钻孔或专门设置的管路将浆液注入防灭火区域的方法。

3.12 采空区氧化带 oxidation zone in gob

在采煤工作面采空区中的煤最易氧化自然发火的区段。

4 一般要求

4.1 采用注浆防灭火的矿井需备有完整的采掘工程平面图、通风系统图及注浆管路系统图。

4.2　新设计矿井应有所有煤层的自燃倾向性鉴定报告。

4.3　生产矿井延深新水平时，应有所有煤层的自燃倾向性鉴定报告。

4.4　应有注浆材料来源、种类、数量及其有关性能的分析资料。

5　矿井注浆防灭火设计

5.1　主要内容

矿井注浆防灭火设计的主要内容应包括：

a) 选用的注浆材料种类及其性能分析资料；

b) 主要注浆参数；

c) 浆液的制备方式和方法，注浆设备和系统；

d) 输送浆液的管路系统及计算；

e) 注浆方法；

f) 矿井注浆防灭火效果考察；

g) 矿井注浆防灭火安全措施。

5.2　工程实施

矿井注浆防灭火设计的工程实施由基建施工单位（基建矿井）或矿井（生产矿井）负责进行，设计部门派人到现场指导。

5.3　工程验收

矿井注浆防灭火设计的工程完工后由批准部门组织验收。

6　注浆材料

6.1　注浆材料种类

注浆材料主要包括：黄土、页岩、矸石、粉煤灰、尾矿、沙子、水泥、胶体材料等。

注浆添加剂主要包括：悬浮剂、增稠剂、发泡剂、胶凝剂、减水剂等。

6.2　成浆性能指标

注浆材料成浆性能指标应达到如下规定：

a) 沉降速度 1～10 mm/min；

b) 临界稳定时间为 20～60 min；

c) 塑性指数 7～14（粉煤灰可小于 7）；

d) 黏度系数(1～2)×10^{-3} Pa·s；

e) 如果纯浆液沉降速度、临界稳定时间、塑性指数及黏度系数达不到上述要求，可加入添加剂，使其满足上述要求。

6.3 氧化性能指标

用矸石、粉煤灰、尾矿作注浆材料时，其指标应达到如下规定：

a) 氧化交叉温度在 300 ℃以上；

b) 固定碳含量不大于 8%，含硫量不大于 1.5%，烧失减量不大于 20%，发热量不大于 2 000 J/g。

6.4 粒度要求

页岩、矸石应经破碎、湿式球磨机球磨，其粒度要求在 5 mm 以下，其中大于 0.5 mm 的粒料应占 10%以下，小于 0.1 mm 的粒料应占 60%以上。

6.5 注浆添加剂指标

用悬浮剂、增稠剂、发泡剂、胶凝剂、减水剂等作注浆添加剂时，其指标应达到如下规定：

a) 无毒无害，对人无危害，对设备无腐蚀，对环境无污染；

b) 具有良好的稳定性，灭火时不会产生有毒有害气体。

7 主要注浆参数

7.1 浆液覆盖层厚度

防火注浆浆液覆盖层厚度为 0.05～0.25 m，灭火注浆浆液覆盖层厚度相应加大。

7.2 土水比

矿井防灭火注浆浆液的土水比应为 1∶1～1∶5。

7.3 工作面注浆量

工作面注浆量按式(1)计算：

$$Q_W = \frac{GWh(\delta + 1)M}{\rho_c HLNt} \tag{1}$$

式中 Q_W——工作面注浆量，单位为立方米每小时(m^3/h)；

G——工作面日产煤量，单位为吨每天(t/d)；

W——沿工作面布置方向的注浆宽度，单位为米(m)；

h——浆液覆盖层厚度，可取 0.05～0.25，单位为米(m)；

δ——土水比的倒数；

M——浆液的制成率，可取 0.9；

ρ_c——煤的密度，单位为吨每立方米（t/m^3）；

H——工作面回采高度，单位为米（m）；

L——工作面长度，单位为米（m）；

N——注浆添加剂防灭火效率因子，可取 1.0～1.5；

t——矿井注浆时间，单位为小时每天（h/d）。

7.4　矿井注浆量

矿井注浆量按式(2)计算：

$$Q_k = \sum_{i=1}^{n} Q_{W,i} \tag{2}$$

式中　Q_k——矿井注浆量，单位为立方米每小时（m^3/h）；

N——同时注浆的工作面个数。

8　制浆方式和方法

8.1　制浆方式

根据矿井注浆材料的来源和当地气候条件等，可选择地面集中式制浆和井下移动式制浆方式。

8.2　黄泥、粉煤灰等细粒料的制浆方法

8.2.1　水力制浆

一般采用人工或机械取土（灰），将土（灰）疏松，经水力（水枪）冲刷混合成浆。当采用水枪直接取土时，其供水压力、水流量和台数应能满足取土制浆的要求。水力制浆过程中应严格控制土水比。

8.2.2　机械搅拌制浆

应建立浆池，黄土（灰）加水在浆池中搅拌成均匀浆液后即可输入井下。浆池应按需要设 2 个或者以上，一个进行注浆作业，另一个进行搅拌制浆，交替使用。浆池的容积应能保证注浆量的要求。

8.2.3　自动化机械搅拌制浆

采用机械化成套装置，把黄土（灰）和水定量混合制成浆液，在制浆过程中要保证浆液配比和流量稳定可靠。

8.3　页岩浆和矸石浆的制浆方法

页岩浆和矸石浆的制浆方法相似,将页岩和矸石破碎磨粉后进行制浆。

8.4 沙浆的制浆方法

从储沙场挖取沙子,运到矿井地面制浆站,将沙子或者沙子和悬浮剂用专门的搅拌筒加水搅拌成浆,或用专用设备制浆。

8.5 注浆期间浆液灌注量和土水比的测定

在注浆期间,每班测定浆液灌注量和土水比,测定浆液灌注量可用体积法,测定土水比可采用比重法。

8.6 胶体材料的制胶方法

煤矿防灭火用的胶体材料是由基料、促凝剂和稳定剂按一定的比例与水混合后,最终生成的胶体状混合液。

9 输浆管路

9.1 输浆管路临界直径

输浆管路临界直径按式(3)计算:

$$D_1 = \left[\frac{0.915\,8 \times Q}{3\,600 \times \pi}\right]^{24/53} \left(\frac{\alpha\lambda}{g^{11/8}}\right)^{8/53} \left[\frac{(\rho_s - \rho)\rho_m}{(\rho_m - \rho)(\rho_s - \rho_m)\bar{\omega}\Delta^3}\right]^{2/53} \tag{3}$$

式中 D_1——管路的临界直径(内径),单位为米(m);

Q——管路通过流量,单位为立方米每小时(m^3/h);

α——固体颗粒的抑紊减阻系数,可取 0.9;

λ——水的摩阻系数;

g——重力加速度,单位为米每二次方秒(m/s^2);

ρ_s——注浆材料的真密度,单位为吨每立方米(t/m^3);

ρ——水的密度,单位为吨每立方米(t/m^3);

ρ_m——浆液的密度,单位为吨每立方米(t/m^3);

$\bar{\omega}$——颗粒平均自由沉降速度,可取 0.001~0.01,单位为米每秒(m/s);

Δ——注浆管道的当量粗糙度,单位为米(m)。

9.2 输浆管路的水头损失

输浆管路的水头损失按式(4)计算:

$$i = \frac{\alpha\lambda v^2 \rho_m}{2gD\rho} + K_j u_s \left(\frac{\rho_m - \rho}{\rho_s - \rho}\right)\left(\frac{\rho_s - \rho_m}{\rho}\right)\frac{\bar{\omega}}{v} \times 10^{-2} \tag{4}$$

式中 i——输浆管路沿程水力坡度,单位为兆帕每米(MPa/m);

v——浆液流速，单位为米每秒(m/s)；

D——管道内径，单位为米(m)；

K_j——颗粒推移运动比例与自由沉降速度和流速之间的关系系数，可取11；

u_s——颗粒与管道的摩擦阻力系数，可取0.3～0.8。

9.3　输浆管路的总水头损失值

输浆管路的总水头损失值按式(5)计算：

$$H_T = (1 + K_\xi) \times \sum_{j=1}^{m} (L_j \times i_j) \tag{5}$$

式中　H_T——输浆管路的总水头损失数值，单位为兆帕(MPa)；

K_ξ——输浆管路局部阻力损失系数，可取0.1～0.15；

m——输浆管路段数；

L_j——分段管路长度，单位为米(m)。

9.4　输浆泵扬程计算

由输浆管路的总水头损失值，确定是采用自流(靠自然压头)输浆还是选用相适应(流量和压力)的浆液泵加压输浆，所需清水扬程按式(6)计算：

$$H_P = \frac{H_T\rho + H_0\rho_m - h_1\rho_m \times 10^{-2}}{\rho K_m K_f} \tag{6}$$

式中　H_P——输浆泵清水扬程，单位为兆帕(MPa)；

H_0——输浆管路末端剩余水头，单位为兆帕(MPa)；

h_1——输浆管路排出点管中心与输浆泵吸入口管中心的高差，单位为米(m)；

K_m——输浆泵扬程降系数，可取0.85～0.95；

K_f——输浆泵磨损扬程折减系数，可取0.85～0.95。

9.5　输浆管路铺设

9.5.1　输浆管路系统应避免出现“两头高中间低”的布置方式，并减少拐弯。

9.5.2　井下输浆管路应紧靠井巷壁铺设，固定牢固，并涂以防锈漆。

9.5.3　每次注浆后应立即用清水冲洗管路。

10　注浆方法

10.1　注浆方法的选择

根据矿井的具体条件,可选择一种或几种注浆方法。

10.2 钻孔注浆

按防灭火区的条件可采用两种形式:

a) 从井下巷道或钻场向注浆区域打注浆钻孔,封孔要严密,钻孔与输浆管路的连接要牢固,并能承受最大的注浆压力;

b) 从地面直接向注浆区域打注浆钻孔,钻孔内应全长度下套管或下至基岩端顶部。

10.3 埋管注浆

随着采煤工作面推进向采空区内埋设管道进行注浆,出浆口距工作面的距离应不小于 15 m。

10.4 密闭墙插管注浆

工作面回采后从密闭墙上方的注浆管向采空区注浆。此时,密闭墙的强度应满足注浆的要求,注浆时应派专人监护,一旦发现有溃浆征兆时,应立即停止注浆。

10.5 注浆区积水处理措施

注入采空区的浆液中脱出的水一部分被围岩吸收,一部分滞留在注浆区的下部空间。

a) 采用注浆防灭火时应当有注浆前疏水和注浆后防止溃浆、透水的措施。

b) 在注浆区下部进行采掘前,必须查明注浆区内的浆水积存情况。发现积存浆水,必须在采掘之前放出;在未放出前,严禁在注浆区下部进行采掘作业。

11 注浆防灭火的效果考察

11.1 注浆区温度和气体成分的检测

11.1.1 派专人定期检测注浆灭火区、注浆防火工作面、采空区内及钻孔孔底的气温、煤温和出水温度。

11.1.2 开采容易自燃和自燃煤层的矿井均应建立连续监测采空区气体成分变化的监测系统或地面气体分析实验室。气体分析成分主要有:氧气、甲烷、一氧化碳、二氧化碳等气体成分。

采集气体的地点为:

a) 采煤工作面的回风巷、回风隅角、采空区氧化带回风侧;

b) 通向火区的密闭墙内侧或钻孔内以及观测孔底部;

c）其他需要的地点。

采用人工取样在地面进行气体分析时，应符合以下要求：

a）取样应使用专用取样袋或取样器，取样后应在 5 h 内送到地面实验室进行分析；

b）注浆防火区域应定期对各取样点取一次样；

c）注浆灭火封闭区域内每天取一次样；

d）采煤工作面或其他地点在发火期间（未封闭的情况下）每班取一次样。

11.2 注浆防灭火区的管理

11.2.1 建立防灭火注浆台账，主要内容应包括：

a）注浆区位置；

b）钻孔工程；

c）注浆工程；

d）防灭火密闭墙工程；

e）气体分析及温度记录；

f）浆液分布状况等。

11.2.2 火区熄灭标准、注销和启封要求以及防火墙的管理，均应遵循《煤矿安全规程》的规定执行。

三、 矿井密闭防灭火技术规范
（AQ 1044—2007）

主编单位：煤炭科学研究总院抚顺分院、湖南省煤炭科学研究所、大同矿务局通风处。

批准部门：国家安全生产监督管理总局。

施行日期：2007 年 7 月 1 日。

1 范　　围

本标准规定了矿井密闭防灭火技术的使用范围、使用通则；技术方案的制定、实施、管理，防灭火效果强化和效果检验。

本标准适用于采用密闭防灭火技术的煤矿矿井火灾防治。

2 规范性引用文件

下列文件中的条款通过本标准的引用而成为本标准的条款。凡是注日期的引用文件，其随后所有的修改单（不包括勘误的内容）或修订版均不适用于本标准，然而，鼓励根据本标准达成协议的各方研究是否可使用这些文件的最新版本。凡是不注日期的引用文件，其最新版本适用于本标准。

AQ/T 1019　煤层自然发火标志气体色谱分析及指标优选方法

MT 142　煤矿井下气体采样方法

MT/T 626　矿井均压防灭火技术规范

MT/T 701　煤矿用氮气防灭火技术规范

MT/T 702　煤矿注浆防灭火技术规范

MT/T 757　煤矿自然发火束管监测系统通用技术条件

《矿山救护规程》

《煤矿安全规程》

3 术语和定义

本标准采用下列定义。

3.1 矿井密闭防灭火技术 technology on prevention and extinguish of mine fire by fire seal

一种采取封闭措施断绝氧气来源的矿井防灭火技术。采用这种技术将井下有煤炭自燃危险的区域进行封闭，断绝其氧气来源，以达到防灭火的目的；采用这种技术将井下已经发生自燃火灾或外源火灾的区域进行封闭，断绝其氧气来源，以达到灭火的目的。

注：封闭措施指封堵漏风以达到矿井正常生产期间防火和灾变期间灭火的技术手段。包括建筑各种密闭、建立隔绝带、留隔离煤柱、堵塞各种裂隙和空隙、形成采空区压实带、人工假顶及水封等。建立密闭是实施密闭防灭火技术的基础。

3.2 密闭（名词） air stopping

建筑在矿井生产区与欲封闭区之间的连通巷道中，用于切断连通巷道中的空气流动，同时防止人员进入的隔离构筑物。

为封闭火区而砌筑的密闭隔墙特指防火墙。

3.3 密闭（动词） seal

建筑密闭的行为。

3.4 封闭区 sealed area

矿井中为了防灭火用封闭措施隔离的区域。

3.5 火区 sealed area of fire

矿井中发生火灾时被封闭的火灾区域。

3.6 危险漏风 air leakage in dangerous condition

渗漏入封闭区或火区而产生发火危险的新鲜供氧风流。

4 总 则

4.1 密闭的分类与命名

4.1.1 按墙体倾角分

4.1.1.1 垂直密闭

墙体垂直布置，用于水平巷道和倾角小于等于30°的倾斜巷道中，墙体自重主要由基础支承。

4.1.1.2 倾斜密闭

墙体垂直于巷道轴线，用于倾角大于30°的倾斜巷道中，墙基表现为基座形式，墙体自重由基座支承，底板一侧受有侧压。

4.1.1.3 水平密闭

墙体水平布置，用于垂直巷道中，墙体自重由基座支承，基座四周均受有侧压。

4.1.2 按墙体受力特点及使用性能分

4.1.2.1 普通密闭

墙体主要承受地压与自重，用于一般场合。

4.1.2.2 防爆密闭

墙体能承受一定爆炸压力和冲击波，用于有瓦斯、煤尘爆炸危险的场合。

4.1.2.3 防水密闭

墙体能承受较大静水压力，用于尚需堵水的场合。

4.1.3 按服务时间分

4.1.3.1 临时密闭

发生火灾时，为了紧急切断风流控制火势或缩封火区锁风，用木板、帆布、砖等轻便材料建造的简易密闭。

4.1.3.2 永久密闭

为了长期封堵漏风、封闭防火或封闭灭火，用砖、石、水泥等不燃性耐久材料建造的坚固密闭。

4.1.3.3 防火门

防止井下火灾蔓延和控制风流的安全设施，包括为了紧急控制与隔离机电硐室等地点发生的外源火灾而设置的常开风门，以及工作面投产时进、回风顺槽构建的防火用常开风门等设施。

4.1.4 按墙体材料和结构分

4.1.4.1 木板密闭

墙体由立柱、顶梁、墙板上涂抹的黏土、石灰石或水泥砂浆组成，用作临时密闭。

4.1.4.2　排柱密闭

墙体由单排密集支柱和涂抹的黏土、石灰石或水泥砂浆组成，用作临时密闭。

4.1.4.3　风布密闭

墙体由立柱、衬板和衬板上钉挂的风布组成，用作临时密闭。

4.1.4.4　喷塑密闭

墙体由立柱、衬底和衬底上喷涂的泡沫塑料组成，用作临时密闭。

4.1.4.5　木段密闭

墙体用木段垒砌，木段之间逐层充填黏土或砂浆，可耐动压，常用作临时密闭。

4.1.4.6　沙(土)袋密闭

墙体用沙(土)袋垒砌，沙(土)袋常用麻袋、编织袋，每袋装其容量的60%～80%，不超过50 kg。能耐动压，抗冲击，可用作临时密闭或防爆密闭。

4.1.4.7　石膏密闭

墙体用石膏浇筑，整体性密封性强，可用作防爆防火墙。

4.1.4.8　砖墙密闭

墙体用砖砌筑，可用作临时密闭或永久密闭。

4.1.4.9　料石(或片石)密闭

墙体用料石(或片石)砌筑，承压性好，可用作永久密闭。

4.1.4.10　混凝土密闭

墙体用混凝土浇筑，整体性和承压性好，能防水、防爆，可用作永久密闭。

4.1.4.11　单墙充填密闭

仅用于倾角大于30°的倾斜巷道和垂直巷道，在砖密闭或料石密闭上方，充填河沙、黏土或粉煤灰等不燃性材料构筑的密闭，可做永久密闭。

4.1.4.12　双墙充填密闭

由两座密闭及其间充填的河沙、黏土、粉煤灰或凝胶等材料组成，能耐压，用于倾斜巷道和水平巷道，可做永久密闭。

4.1.4.13　充气气囊密闭

用塑料布或橡胶布等制成的气囊在现场充气，用作快速临时密闭。

4.2　密闭防灭火技术的使用范围

密闭防灭火技术主要适用于采煤工作面回采结束后的采空区、报废的煤巷、煤巷高冒区或空洞的自燃火灾防治，以及直接灭火缺乏条件或有危险或不奏效的外源火灾灭火。

4.3 密闭防灭火技术的使用通则

4.3.1 必须对发火地点、发火原因及漏风状况进行详细的分析，使密闭防灭火技术做到有的放矢、因地制宜。

4.3.2 必须正确选择密闭的位置、结构和施工方法，尽可能缩小封闭范围，减少密闭数量，并保证密闭的施工安全和工程质量，以提高密闭防灭火的窒息效果。

4.3.3 必须加强对封闭区的管理，加强对密闭的维护和检修，严格限制其邻近区域生产活动对封闭区的采动影响，以保证封闭区良好的封闭状态。

4.3.4 必须选定可靠的观测地点，建立完善的观测制度，随时随地掌握密闭区的自然发火趋势或火情变化。

5 密闭防灭火方案的制定

5.1 火情及漏风分析

5.1.1 对密闭防火而言必须分析掌握最易发生自燃的危险地点。

5.1.2 对密闭灭火而言必须查明发火原因、火源显现和潜伏的位置。

5.1.3 必须查明漏风分布、流向和危险漏风通道。

5.1.4 对存在疑问的漏风通道应做连通性分析判断，难以判断的可采用六氟化硫（SF_6）示踪气体做连通性判断（按 MT/T 626 进行）。

5.2 封闭范围圈定

5.2.1 封闭范围的圈定应尽可能小。

5.2.2 相邻的采空区与火区之间应尽可能隔离，避免连通。

5.2.3 几个相邻的封闭区可以再圈成一个大封闭区进行双层封闭。

5.3 密闭位置选择

5.3.1 密闭位置的选择应在确保施工安全的条件下使封闭范围尽可能小，尽可能靠近火源。

5.3.2 密闭位置应选择在动压影响小、围岩稳定、巷道规整的巷段内，密闭外侧离巷口应留有 4～5 m 的距离。

5.4 密闭结构选择

5.4.1 密闭的总体结构包括墙体和辅助设施，密闭的墙体必须具有足够的承压强度、气密性能和使用寿命，满足特殊使用性能；密闭的辅助设施应根据需要配齐。

5.4.2　临时密闭要求结构简单严密、材料质量轻、施工方便迅速，完成任务后需要拆除的应便于拆除。临时密闭一般选用木板密闭、风布密闭、喷塑密闭、砖密闭、石膏密闭或沙(土)袋密闭。

5.4.3　永久密闭必须采用不燃性建筑材料。

5.4.4　永久密闭要求墙体结构稳定严密、材料经久耐用，墙基与巷壁必须紧密结合，连成一体。永久密闭一般采用掏槽结构，也可采用锚杆注浆结构。煤巷密闭必须掏槽，帮槽深度为见实煤后 0.5 m，顶槽深度为见实煤后 0.3 m，底槽深度为见实煤后 0.2 m，掏槽宽度大于墙厚 0.3 m；岩巷上要求掏槽，但必须将松动岩体刨除，见硬岩体。

墙身应选用高强度材料砌筑或浇筑，墙厚可见附录 A，墙面覆盖层厚度应大于 20 mm，石墙不抹面的应勾缝，四周应抹裙边，厚度应大于 20 mm，宽度应大于 200 mm。

5.4.5　在倾角超过 30°的巷道砌筑密闭时，密闭墙体宜垂直于巷道轴线，并采用基座结构，用以承受侧压和墙体自重。墙基四周必须嵌入巷帮一定深度，岩壁宜大于 0.5 m，煤壁宜大于 1 m。墙体上方可充填河沙、黏土或粉煤灰等惰性材料或予以注浆。

5.4.6　对密闭有防爆要求时宜先作防爆密闭，再建筑永久密闭。

5.4.7　要求耐动压时宜选用木段密闭。

5.4.8　在巷帮破裂的巷道中可选用充填型密闭，或对巷帮进行注浆或喷混凝土处理。

5.4.9　要求承受一定的静水或灌浆压力时，宜选用料石或混凝土密闭，并进行承压计算。料石密闭内侧应边砌边用水泥砂浆抹面，静水压力大于 0.1 MPa时，应专门进行设计。

5.5　观测系统的确定

5.5.1　火区密闭和防火永久密闭都应在离底板高度为墙高的 2/3 处设置直径不小于 25 mm 的检测口，用于观测压差、气温和取气样；离底板高度为 0.3 m处应安装直径不小于 50 mm 的放水管，并带有水封结构或安装阀门，用于观测水温、释放积水；在密闭的顶部还要安装直径不小于 100 mm 的防灭火备用管。

5.5.2　选择封闭区回风侧密闭，定期观测封闭区内的气体状态，重点掌握封闭区内气体成分的变化，严格检验密闭防灭火方案的实施效果。用球胆或聚乙烯袋采集密闭内气样(按 MT 142 进行),或通过束管监测系统采取气样(按 MT/T 757 进行)进行气体成分分析,并将气体分析浓度等观测结果写入观测记录。

5.6　方案图纸与方案说明

5.6.1　以通风系统图为底图绘制密闭防灭火方案图,图上应按统一的符号和文字标明密闭的位置、漏风的路线和有关的通风设施。同时绘制封闭方案的通风网络图,在网络图中要详细绘出封闭区与系统的连接关系,在各节点要标明节点编号和节点压能值。网络图自下而上绘制进风段、用风段和回风段,用虚线绘出漏风路线。

5.6.2　封闭方案应有详尽的说明书,其内容应包括:

a) 基本情况的分析;

b) 封闭范围的圈定;

c) 密闭位置的选择;

d) 密闭结构的选择;

e) 观测系统的确定;

f) 方案实施的安排;

g) 封闭效果的预计;

h) 封闭时的装备保障;

i) 封闭时的安全技术措施。

6　密闭防灭火方案的实施

6.1　为了抓住密闭防火的有利时机,应根据煤的自然发火期,回采工作面回采结束后要及时进行封闭,必须在回采结束后 45 天内完成封闭。

6.2　必须制定可靠的安全措施,确保密闭施工安全。

6.2.1　密闭前 5 m 巷道内必须支护牢固,防止冒顶、片帮事故。

6.2.2　瓦斯矿井采用密闭灭火时,密闭结构必须具有足够的防爆能力。一般先作防爆密闭,再建筑永久密闭。

6.2.3　应根据通风方式和瓦斯涌出量大小合理确定火区封闭顺序(火区封闭顺序及工作实施按《矿山救护规程》进行)。

6.2.4　密闭过程中,必须严格掌握火区气体的爆炸危险趋向,采取正确的通风措施。建议采用爆炸三角形法判断火区气体的爆炸危险性和危险趋向

（见附录B）。

6.3　必须确保密闭的工程质量，严格按质量要求验收，密闭完成后应出具验收报告。

7　封闭区的管理

7.1　必须绘制封闭系统图（实施后的实际封闭方案图），所有密闭都必须编号、登记、上图。

7.2　所有密闭前都必须安设栅栏、警标和记事牌。记事牌内容包括密闭编号、密闭地点、密闭检查观测记录。

7.3　必须建立密闭管理卡片。密闭管理卡片内容包括密闭编号、密闭地点、巷道倾角、墙体结构、性能要求、建筑日期及完好程度、维修记录、观测记录等。

7.4　必须建立火区管理卡片。火区管理卡片在密闭工程管理卡片的基础上增加密闭观测记录汇总与灭火效果分析。

7.5　必须加强密闭的检查和维修，保证密闭完好。

7.6　严格限制对密闭防灭火效果有破坏作用的生产活动。

8　防灭火效果的强化

8.1　应加强对整个封闭区的封闭堵漏。

8.1.1　封闭区的所有通道均应密闭，所有密闭均应加强维修和堵漏。

8.1.2　井下大面积漏风地点宜建立隔绝带实行堵漏。

8.1.3　巷帮裂隙及碹外空帮等漏风地点宜采取注浆、充填等有效的局部堵漏措施。

8.1.4　地面漏风裂隙应采用黄土覆盖、充填等堵漏措施。

8.2　采取均压措施以降低封闭区的漏风压差，按MT/T 626进行技术实施，并满足以下要求：

a）设法使封闭区成为通风网络中的角联分支，进行均压调节；

b）设法使封闭区所有密闭同时处于通风系统中的进风侧或回风侧；

c）设法开辟与封闭区并联的通路。

8.3 采取灌注惰性气体的措施可以提高封闭区的惰化程度(封闭区注氮按 MT/T 701 进行),对于瓦斯矿井灭火还可起到阻爆的作用。

8.4 采取注水、注浆、注凝胶等措施可以降低密闭区内部温度(封闭区注浆按 MT/T 702 进行),加快灭火速度。

9 防灭火效果的检验

9.1 定期测定封闭区密闭内外压差,进行漏风分析。

9.2 指定有代表性的回风侧密闭,测定封闭区内、外的 O_2、CO、CO_2、CH_4、C_2H_4、C_2H_2 等气体浓度,空气温度及密闭四帮煤、岩温度,测定频率为每天一次。

9.3 每次测定都必须仔细填写观测记录,至少记录观测地点、观测日期和观测人名,并绘制观测曲线。

9.4 根据测定,出现下列现象之一即认定封闭区有自燃火灾隐患或危险:

a) 密闭内出现 CO 等火灾标志性气体(标志气体指标确定按 AQ/T 1019 进行),且呈上升趋势;

b) 密闭内水温、气温呈上升趋势;

c) 密闭附近煤温、岩温呈上升趋势;

d) 密闭内出现烟雾。

9.5 密闭火区熄灭、启封或注销按《煤矿安全规程》第二百四十八条执行。

9.6 火区长期封闭仅 O_2 浓度达不到熄灭条件且各种气体浓度综合分析不存在爆炸危险性时,可组织进行火区侦察,以确认火区是否熄灭。火区侦察必须制定侦察方案,报上级部门批准后由矿山救护队组织实施。

9.7 火区达到熄灭条件需要启封时,可以制定启封方案申报启封。启封时发现火尚未熄灭应立即进行直接灭火,直接灭火有危险或不奏效时,应立即重新封闭火区。

附录 A
(规范性附录)
各种防火墙使用条件汇总表

表 A.1

密闭结构		密闭厚度/m	服务年限/年	巷道断面/m^2	特殊性能
木板		0.3	0.25～0.3	小于 10	临时快速密闭
风布		—	0.1	小于 8	临时快速密闭
喷塑			0.1	小于 8	临时快速密闭
木段		0.8	0.5	小于 8	抗动压
沙(土)袋		4～10	1	—	防爆、抗冲击
石膏		2	1	—	充填密封
砖		0.24 0.37 0.50 0.75	1 2 3 3	小于 8 小于 10 小于 15 小于 15	抗较大地压
料石		0.80 1.60	大于 5 大于 5	大于 10 大于 10	抗较大地压和静水压力
混凝土		0.50 0.75 1.00	大于 6 大于 6 大于 6	小于 10 大于 10 大于 10	抗很大地压和静水压力
单墙充填	木板墙 砖墙 料石墙	充填 0.5,1 充填 2.0 充填 2.0	1 1.3 3.6	小于 6 小于 10 大于 10	抗一般地压 抗较大地压 抗较大地压
双墙充填	木板墙 砖墙 料石墙	充填 0.5,1 充填 3.5 充填 3.5	1 1.3 3.6	小于 8 小于 10 大于 10	抗一般地压 抗较大地压 抗很大地压

附录 B

(规范性附录)

判断火区气体爆炸危险性的爆炸三角形法

判断火区内气体爆炸危险性的爆炸三角形法,分为爆炸三角形合成法和爆炸三角形归一法两种。

B.1 爆炸三角形合成法

设火区气体中含有 n 种可爆炸气体,浓度分别为 $X_i(i=1,2,\cdots,n)$;含两种超量惰性气体(CO_2 和 N_2),浓度分别为 $\overline{X}_1$ 和 $\overline{X}_2$;含氧气浓度为 Y_P,火区气体爆炸三角形三顶点坐标按下列各式计算:

上限点 U 的坐标:

$$\begin{cases} X_U = \dfrac{\sum X_{Ui} \cdot X_i}{\sum X_i} \\ Y_U = \dfrac{\sum Y_{Ui} \cdot X_i}{\sum X_i} \end{cases} \tag{B-1}$$

下限点 L 的坐标:

$$\begin{cases} X_L = \dfrac{\sum X_{Li} \cdot X_i}{\sum X_i} \\ Y_L = \dfrac{\sum Y_{Li} \cdot X_i}{\sum X_i} \end{cases} \tag{B-2}$$

临界点 S 的坐标:

$$\begin{cases} X_S = \dfrac{\sum X_{Si} \cdot X_i}{\sum X_i} \\ Y_S = \dfrac{\sum Y_{Si} \cdot X_i}{\sum X_i} \end{cases} \tag{B-3}$$

式中

$$\begin{cases} X_{Si} = \dfrac{\sum X_{Sij} \cdot \overline{X}_j}{\sum X_j} \\ Y_{Ui} = \dfrac{\sum Y_{Sij} \cdot \overline{X}_j}{\sum X_j} \end{cases} \quad (j=1,2) \tag{B-4}$$

至此，可在直角坐标系中绘出火区气体合成爆炸三角形图。

按下式计算火区气体组成状态点 P 的横坐标：

$$X_P = \sum X_i \tag{B-5}$$

根据 X_P，Y_P 在爆炸三角形图中绘出 P 点，根据危险性的分区即可判断该火区气体的爆炸危险性（见图 B-1）。

P 点位于爆炸三角形图中的“爆炸危险区（即Ⅰ区）”时，随时存在爆炸危险性，应当立即停止作业，撤退人员；

P 点位于“减风危险区（即Ⅱ区）”时，应当适当增加风量；

P 点位于“增风危险区（即Ⅲ区）”时，应当适当减少风量；

P 点位于“增减风安全区（即Ⅳ区）”时，增减风量均无危险。

几种火区可爆性气体爆炸三角形三顶点坐标值见表 B.1。

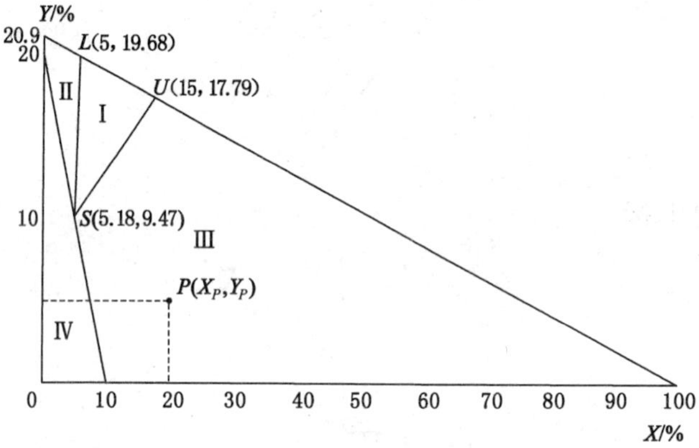

图 B-1　爆炸三角形图

表 B.1

气体名称	爆炸下限/%		爆炸上限/%		临界点 S/%			
					超 N_2 时		超 CO_2 时	
	X_L	Y_L	X_U	Y_U	X_S	Y_S	X_S	Y_S
CH_4	5.00	19.88	15.0	17.79	5.18	9.47	5.96	12.32
H_2	4.00	20.09	74.2	5.40	4.20	5.13	5.20	8.46
CO	12.5	18.81	74.2	5.40	13.06	5.16	15.57	8.01
C_2H_2	2.5	20.41	80.0	4.19	2.36	5.07	3.27	8.51
C_2H_4	2.75	20.35	28.6	14.49	2.89	6.06	3.53	9.45

表 B.1(续)

气体名称	爆炸下限/%		爆炸上限/%		临界点 S/%			
					超 N_2 时		超 CO_2 时	
	X_L	Y_L	X_U	Y_U	X_S	Y_S	X_S	Y_S
C_2H_6	3.00	20.30	12.5	18.31	3.12	8.41	3.82	11.17
C_3H_6	2.00	20.51	11.1	18.61	2.09	7.62	2.50	10.92
C_3H_8	2.12	20.49	9.35	18.97	2.21	8.36	2.61	11.57
C_4H_{10}	1.86	20.54	8.41	19.17	1.93	8.39	2.29	11.57

B.2 爆炸三角形归一法

下面介绍库-马归一法。该法由波兰库库兹卡河马楚拉提出，CH_4 爆炸三角形图为归一基准图，以爆炸气体总浓度为横坐标，按下式计算修正后的气体组成状态点 P 的坐标，根据危险性分区即可判别该火区气体的爆炸危险性。

$$\begin{cases} X'_P = \dfrac{\sum (c_i + d_i + e_i Y_P + f_i \alpha\beta_i) X_i}{\sum X_i} \\ Y'_P = \dfrac{\sum (c'_i + d'_i + e'_i Y_P + f'_i \alpha\beta_i) X_i}{\sum X_i} \end{cases} \quad (i=1,2,\cdots,n) \tag{B-6}$$

式中 α——CO_2 对爆炸三角形的影响系数；

$$\alpha = \frac{\overline{X}_1 - 0.03}{\overline{X}_1 + \overline{X}_2}$$

β——CO_2 对 P 点坐标的影响系数；

$$\beta = \frac{20.93 - (Y_P + 0.2093 \sum X_i)}{a_i - ab_i}$$

$a_i, b_i, c_i, d_i, f_i, e_i, c'_i, d'_i, e'_i, f'_i$——换算系数，由表 B.2 查得。

表 B.2

气体名称	换算系数									
	a_i	b_i	c_i	d_i	f_i	e_i	c'_i	d'_i	e'_i	f'_i
CH_4	10.376	3.016	0	1	0	−0.78	0	0	1	−2.852
H_2	14.918	3.533	4.643	0.14	−0.01	−0.107	5.401	0.116	0.698	−2.435
CO	13.039	3.396	3.117	0.101	−0.007	−0.4	3.622	0.144	0.797	−2.619
C_2H_2	15.308	3.577	4.901	0.277	0.011	−0.044	5.719	0.115	0.68	2.415

表 B.2(续)

气体名称	换算系数									
	a_i	b_i	c_i	d_i	f_i	e_i	c'_i	d'_i	e'_i	f'_i
C_2H_4	14.269	3.526	4.121	0.385	−0.009	−0.216	4.849	0.072	0.729	−2.519
C_2H_6	11.872	2.909	1.937	1.052	−0.005	−0.724	2.233	−0.037	0.875	−2.391
C_3H_6	12.896	3.383	2.937	1.098	−0.006	−0.429	3.442	−0.061	0.808	−2.637
C_3H_8	12.105	3.294	2.164	1.952	−0.005	−0.538	2.537	−0.110	0.859	−2.710
C_4H_{10}	12.139	3.264	2.296	1.525	−0.006	−0.530	2.562	−0.140	0.856	−2.677

四、 煤矿用氮气防灭火技术规范
(MT/T 701—1997)

主编单位:煤炭科学研究总院重庆分院。

批准部门:中华人民共和国煤炭工业部。

施行日期:1998 年 7 月 1 日。

1 范　　围

本标准规定了煤矿用氮气防灭火的氮气源设备、注氮防灭火工艺和方法及主要技术参数等。

本标准适用于具有煤炭自然发火而又有条件建立氮气防灭火系统的矿井。

2 引用标准

下列标准所包含的条文,通过在本标准中引用而构成为本标准的条文。本标准出版时,所示版本均为有效。所有标准都会被修订,使用本标准的各方应探讨使用下列标准最新版本的可能性。

《煤矿安全规程》 1992-12-22 中华人民共和国能源部

《矿井防灭火规范(试行)》 1988-10 中华人民共和国煤炭工业部制定

3 定　　义

本标准采用下列定义。

3.1 注氮防灭火方法 method of fire fighting by nitrogen injection

将氮气通过管路输送到需要防灭火的区域,使之降低该区域内空气中的氧气浓度,达到阻止煤炭氧化或窒息火源。

3.2　采空区三带　three zones of gob

工作面采空区沿走向方向，按其氧气浓度不同而划分的区域，即冷却带、氧化带、窒息带。

3.3　惰化防火指标　inertion index for fire prevention

煤的防火临界氧气浓度值。

3.4　惰化灭火指标　inertion index for fire extingishment

彻底扑灭火源并使其不再复燃的临界氧气浓度值。

3.5　惰化抑爆指标　inertion index for explosion suppression

氧气浓度降低到瓦斯失去爆炸条件时的临界氧气浓度值。

3.6　开放式注氮　open type of nitrogen injection

在需要注氮的区域未封闭的情况下，进行注氮。

3.7　封闭式注氮　seal type of nitrogen injection

为控制火情或防止瓦斯爆炸，将发生火灾或积聚瓦斯的区域先封闭后再进行注氮。

3.8　安全氧浓度指标　safety index of oxygen content

保证人员生命安全所必须的最低氧气浓度值(18.5%)。

3.9　安全通风量　safe ventilation air quantity

注氮过程中，为防止输氮管路内的氮气全部泄漏到巷道内或工作面，不致造成该处工作人员因缺氧而发生窒息事故所必需的最小通风量。

4　一般要求

4.1　应有完整的矿井开拓、开采图，通风系统图及输氮管路系统图。

4.2　新建矿井应有所有煤层、拟采水平和不同地质构造区域煤的自燃倾向性鉴定报告，以及开采同煤系煤层邻近生产矿井的自然发火危险程度等级资料。

4.3　生产矿井有矿井自然发火危险程度等级资料以及新开煤层、新水平和不同地质构造区域煤自燃倾向性鉴定报告。

4.4　生产矿井有历年煤自然发火资料。

5 注氮防灭火方案

5.1 注氮方案的主要内容

5.1.1 建立氮气防灭火系统：

a）现行常规防灭火技术措施的适应性和有效性分析；

b）氮气来源选取的技术经济分析；

c）供氮能力、输氮管路的计算与选取；

d）注氮防灭火工艺和方法；

e）注氮防灭火的效果考察；

f）投资概算与工程进度计划；

g）工程组织领导机构。

5.1.2 建立完善的火灾监测系统。

5.1.3 有可靠的防止向注氮区域内漏风和氮气泄漏的措施。

5.2 注氮方案的实施

5.2.1 制定的注氮防灭火方案必须报矿务局审批后方能实施。

5.2.2 注氮防灭火方案的工程应由基建施工单位（基建矿井）或矿井（生产矿井）负责组织实施。

5.2.3 注氮防灭火方案规定的工程完工后由批准部门负责组织验收。

6 氮气源设备

6.1 氮气源设备可选用地面固定式深冷空分制氮设备；地面固定式或井上、井下移动式变压吸附制氮装置；井上、井下固定式或移动式膜分离制氮装置。

6.2 井下制氮装置中的电气设备必须取得《防爆检验合格证》。

6.3 地面移动式制氮装置的外形尺寸应能满足公路和铁路运输的要求。

6.4 井下移动式制氮装置的外形尺寸应与矿用平板车、罐笼的允许尺寸相适应。

7　主要技术参数

7.1　供氮能力

制氮设备或装置的供氮能力应按矿井注氮工作面防火注氮需要选取，供氮能力可按式(1)计算(1个工作面注氮量)：

$$C_N = 60KQ_0 \frac{C_1 - C_2}{C_N + C_2 - 1} \tag{1}$$

式中　Q_0——采空区氧化带内漏风量，m^3/min；

C_1——采空区氧化带内平均氧浓度，%；

C_2——采空区惰化防火指标，其值为煤自燃临界氧浓度，%；

C_N——注入氮气的浓度，%；

K——备用系数，取1.2～1.5。

7.2　氮气纯度

向防火区注入氮气的纯度要视其能将采空区的氧浓度降低到煤自燃临界氧浓度而定。而向火区注入氮气纯度应不低于97%。

7.3　供氮压力

地面、井下制氮设备的供氮压力，可按7.4.2条的供氮压力公式计算，其管路末端的绝对压力应不低于0.2 MPa。

7.4　输氮管路

7.4.1　管材的选取

从地面供氮时，当供氮压力小于1.6 MPa时，输氮管路应选用无缝钢管。从井下供氮时，除应采用钢管外，在满足输氮压力的情况下，可选用耐压橡胶软管。但进入采空区或火区的管路必须采用无缝钢管。

7.4.2　输氮管路的直径应满足最大输氮流量和压力的要求。供氮压力能否满足要求，按式(2)进行计算：

$$P_1 = \left[0.0056\left(\frac{Q_{max}}{1000}\right)^2 \sum\left(\frac{D_0}{D_i}\right)^5\left(\frac{\lambda_i}{\lambda_0}\right)L_i + P_2^2\right]^{1/2} \tag{2}$$

式中　P_2——管路末端的绝对压力，MPa；

Q_{max}——最大输氮流量，m^3/h；

D_0——基准管径，150 mm；

D_i——实际输氮管径，mm；